花生种质资源图鉴

Illustrated Handbook of Peanut Germplasm (Volume 1)

（第一卷）

主编◎梁炫强

SPM 南方出版传媒
广东科技出版社｜全国优秀出版社
·广 州·

图书在版编目（CIP）数据

花生种质资源图鉴·第一卷 / 梁炫强主编. —广州：广东科技出版社，2017.6
ISBN 978-7-5359-6646-9

Ⅰ. ①花… Ⅱ. ①梁… Ⅲ. ①花生—种质资源—图解 Ⅳ. ① S565.202.4-64

中国版本图书馆 CIP 数据核字（2016）第 305128 号

花生种质资源图鉴（第一卷）

责任编辑：罗孝政
封面设计：柳国雄
责任印制：彭海波
出版发行：广东科技出版社
（广州市环市东路水荫路 11 号　邮政编码：510075）
http：//www.gdstp.com.cn
E-mail：gdkjyxb@ gdstp.com.cn（营销）
E-mail：gdkjzbb@ gdstp.com.cn（编务室）
经　　销：广东新华发行集团股份有限公司
印　　刷：广州市岭美彩印有限公司
（广州市荔湾区花地大道南海南工商贸易区 A 幢　邮政编码：510385）
规　　格：889mm × 1 194mm　1/16　印张 15.75　字数 400 千
版　　次：2017 年 6 月第 1 版
2017 年 6 月第 1 次印刷
定　　价：239.00 元

《花生种质资源图鉴》编委会

主　　编：梁炫强

副 主 编：李杏瑜　陈小平

周桂元　洪彦彬

编写人员：刘海燕　李杏瑜

陈小平　李少雄

李海芬　周桂元

洪彦彬　钟　旋

梁炫强　温世杰

CONTENTS 目录

第一章

地方品种种质资源 / 001

第二章
选育品种种质资源 / 039

第三章 国外引种种质资源 / 093

第一章
地方品种
种质资源

沙路大花生

种质库编号
GH00023

来源：广东省广州市

科名：豆科（Leguminosae） | 属名：落花生属（*Arachis* L.）
类型：珍珠豆型 | 观测地：广州市白云区 | 生长习性：半蔓生
倍性：异源四倍体 | 观测时间：2015 年 6 月 | 开花习性：连续开花
保存单位：广东省农业科学院作物研究所

●特征特性

植株长势旺盛，半蔓生生长，植株较矮，分枝数一般，收获期落叶性一般，田间表现为高抗锈病和高抗叶斑病。

叶片中等大小，叶绿色，呈长椭圆形。

荚果普通型，中间缢缩弱，果嘴一般明显，表面质地中等，无果脊。种仁呈锥形。种皮为粉红色，有少量裂纹。

单株农艺性状					
主茎高 /cm	38	结荚数 / 个	10	烂果率 /%	0
第一分枝长 /cm	63	果仁数 / 粒	2	百果重 /g	131.2
收获期主茎青叶数 / 片	13	饱果率 /%	60.0	百仁重 /g	83.6
总分枝 / 条	8	秕果率 /%	40.0	出仁率 /%	63.7

营养成分					
蛋白质含量 /%	24.58	粗脂肪含量 /%	49.63	氨基酸总含量 /%	22.95
油酸含量 /%	48.22	亚油酸含量 /%	32.89	油酸含量 / 亚油酸含量	1.47
硬脂酸含量 /%	0.08	花生酸含量 /%	0.64	二十四烷酸含量 /%	2.66
棕榈酸含量 /%	8.93	苏氨酸（Thr）含量 /%	0.90	缬氨酸（Val）含量 /%	1.19
赖氨酸（Lys）含量 /%	0.71	山嵛酸含量 /%	4.10	异亮氨酸（Ile）含量 /%	0.66
亮氨酸（Leu）含量 /%	1.53	苯丙氨酸（Phe）含量 /%	1.23	组氨酸（His）含量 /%	0.91
精氨酸（Arg）含量 /%	2.46	脯氨酸（Pro）含量 /%	1.35	蛋氨酸（Met）含量 /%	0.24

小花生

种质库编号
GH00061

来源：广东省广州市

科名：豆科（Leguminosae） | 属名：落花生属（*Arachis* L.）
类型：珍珠豆型 | 观测地：广州市白云区 | 生长习性：半蔓生
倍性：异源四倍体 | 观测时间：2015 年 6 月 | 开花习性：连续开花
保存单位：广东省农业科学院作物研究所

●特征特性

植株长势一般，半蔓生生长，中等高度，分枝数一般，收获期落叶性一般，田间表现为高抗锈病和高抗叶斑病。

叶片中等大小，叶绿色，呈长椭圆形。

荚果茧型，中间缢缩极弱，果嘴不明显，表面质地光滑，无果脊。种仁呈圆柱形。种皮为粉红色，有少量裂纹。

单株农艺性状					
主茎高 /cm	55	结荚数 / 个	32	烂果率 /%	3.1
第一分枝长 /cm	65	果仁数 / 粒	2	百果重 /g	91.2
收获期主茎青叶数 / 片	13	饱果率 /%	96.9	百仁重 /g	64.8
总分枝 / 条	8	秕果率 /%	3.1	出仁率 /%	71.1

营养成分					
蛋白质含量 /%	25.09	粗脂肪含量 /%	50.80	氨基酸总含量 /%	23.22
油酸含量 /%	36.99	亚油酸含量 /%	40.68	油酸含量 / 亚油酸含量	0.91
硬脂酸含量 /%	1.52	花生酸含量 /%	0.88	二十四烷酸含量 /%	1.92
棕榈酸含量 /%	11.46	苏氨酸（Thr）含量 /%	0.80	缬氨酸（Val）含量 /%	1.00
赖氨酸（Lys）含量 /%	0.75	山嵛酸含量 /%	3.65	异亮氨酸（Ile）含量 /%	0.69
亮氨酸（Leu）含量 /%	1.57	苯丙氨酸（Phe）含量 /%	1.25	组氨酸（His）含量 /%	0.80
精氨酸（Arg）含量 /%	2.65	脯氨酸（Pro）含量 /%	1.21	蛋氨酸（Met）含量 /%	0.25

大珠豆

种质库编号
GH00064

来源：广东省广州市

科名：豆科（Leguminosae） | 属名：落花生属（*Arachis* L.）
类型：普通型 | 观测地：广州市白云区 | 生长习性：蔓生
倍性：异源四倍体 | 观测时间：2015 年 6 月 | 开花习性：交替开花
保存单位：广东省农业科学院作物研究所

●特征特性

植株长势旺盛，蔓生生长，中等高度，分枝数一般，收获期基本不落叶，田间表现为高抗锈病和高抗叶斑病。

叶片中等大小，叶绿色，呈长椭圆形。

荚果普通型，中间缢缩弱，果嘴明显，表面质地中等，无果脊。种仁呈锥形。种皮为粉红色，有少量裂纹。

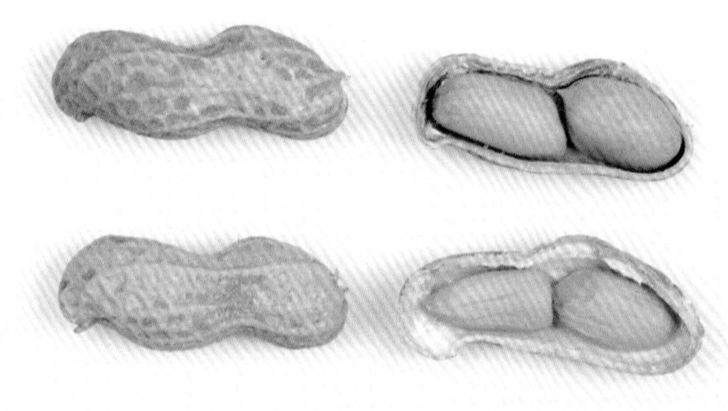

单株农艺性状					
主茎高 /cm	46	结荚数 / 个	34	烂果率 /%	0
第一分枝长 /cm	67	果仁数 / 粒	2	百果重 /g	166.4
收获期主茎青叶数 / 片	21	饱果率 /%	97.1	百仁重 /g	102.8
总分枝 / 条	11	秕果率 /%	2.9	出仁率 /%	61.8

营养成分					
蛋白质含量 /%	25.14	粗脂肪含量 /%	49.11	氨基酸总含量 /%	23.05
油酸含量 /%	29.50	亚油酸含量 /%	46.24	油酸含量 / 亚油酸含量	0.64
硬脂酸含量 /%	0.48	花生酸含量 /%	0.62	二十四烷酸含量 /%	2.74
棕榈酸含量 /%	12.08	苏氨酸（Thr）含量 /%	0.81	缬氨酸（Val）含量 /%	1.03
赖氨酸（Lys）含量 /%	0.56	山嵛酸含量 /%	4.49	异亮氨酸（Ile）含量 /%	0.67
亮氨酸（Leu）含量 /%	1.54	苯丙氨酸（Phe）含量 /%	1.26	组氨酸（His）含量 /%	0.94
精氨酸（Arg）含量 /%	2.62	脯氨酸（Pro）含量 /%	1.43	蛋氨酸（Met）含量 /%	0.23

早直生

种质库编号
GH00185

来源：广东省广州市

科名：豆科（Leguminosae）｜属名：落花生属（*Arachis* L.）
类型：珍珠豆型｜观测地：广州市白云区｜生长习性：半蔓生
倍性：异源四倍体｜观测时间：2015 年 6 月｜开花习性：连续开花
保存单位：广东省农业科学院作物研究所

●特征特性

植株长势一般，半蔓生生长，中等高度，分枝数一般，收获期落叶性一般，田间表现为高抗锈病和高抗叶斑病。

叶片中等大小，叶绿色，呈长椭圆形。

荚果普通型，中间缢缩极弱，果嘴明显，表面质地中等，无果脊。种仁呈圆柱形。种皮为粉红色，无裂纹。

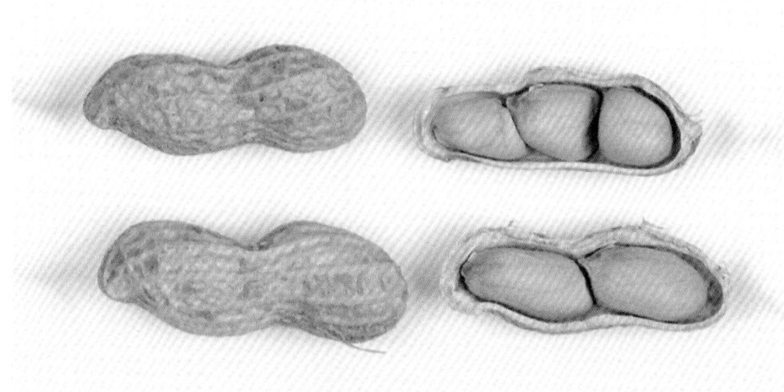

单株农艺性状					
主茎高 /cm	52	结荚数 / 个	44	烂果率 /%	0
第一分枝长 /cm	52	果仁数 / 粒	2~3	百果重 /g	165.2
收获期主茎青叶数 / 片	13	饱果率 /%	100	百仁重 /g	108.8
总分枝 / 条	11	秕果率 /%	0	出仁率 /%	65.9

营养成分					
蛋白质含量 /%	22.90	粗脂肪含量 /%	52.92	氨基酸总含量 /%	21.21
油酸含量 /%	36.90	亚油酸含量 /%	38.83	油酸含量 / 亚油酸含量	0.95
硬脂酸含量 /%	2.05	花生酸含量 /%	1.01	二十四烷酸含量 /%	1.30
棕榈酸含量 /%	11.45	苏氨酸（Thr）含量 /%	0.67	缬氨酸（Val）含量 /%	0.91
赖氨酸（Lys）含量 /%	0.95	山嵛酸含量 /%	2.97	异亮氨酸（Ile）含量 /%	0.63
亮氨酸（Leu）含量 /%	1.44	苯丙氨酸（Phe）含量 /%	1.16	组氨酸（His）含量 /%	0.80
精氨酸（Arg）含量 /%	2.39	脯氨酸（Pro）含量 /%	1.08	蛋氨酸（Met）含量 /%	0.24

罗油 1 号

种质库编号 GH00257

来源：广东省罗定市

科名：豆科（Leguminosae） | 属名：落花生属（*Arachis* L.）

类型：珍珠豆型 | 观测地：广州市白云区 | 生长习性：半蔓生

倍性：异源四倍体 | 观测时间：2015 年 6 月 | 开花习性：连续开花

保存单位：广东省农业科学院作物研究所

●特征特性

植株长势一般，半蔓生生长，植株较矮，分枝数一般，收获期落叶性好，田间表现为中抗锈病和中抗叶斑病。

叶片中等大小，叶绿色，呈长椭圆形。

荚果普通型，中间缢缩极弱，果嘴一般明显，表面质地中等，无果脊。种仁呈圆柱形。种皮为粉红色，无裂纹。

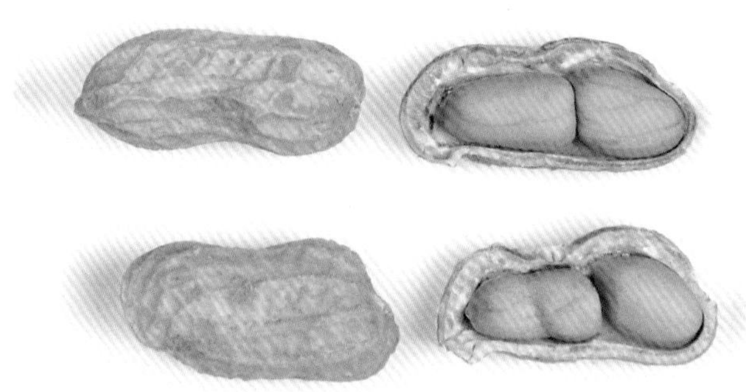

单株农艺性状

性状	值	性状	值	性状	值
主茎高 /cm	40	结荚数 / 个	41	烂果率 /%	19.5
第一分枝长 /cm	48	果仁数 / 粒	2	百果重 /g	154
收获期主茎青叶数 / 片	9	饱果率 /%	95.1	百仁重 /g	102.8
总分枝 / 条	8	秕果率 /%	4.9	出仁率 /%	66.8

营养成分

成分	值	成分	值	成分	值
蛋白质含量 /%	24.23	粗脂肪含量 /%	51.81	氨基酸总含量 /%	22.05
油酸含量 /%	33.40	亚油酸含量 /%	42.57	油酸含量 / 亚油酸含量	0.78
硬脂酸含量 /%	2.71	花生酸含量 /%	1.24	二十四烷酸含量 /%	1.11
棕榈酸含量 /%	11.62	苏氨酸（Thr）含量 /%	0.77	缬氨酸（Val）含量 /%	0.98
赖氨酸（Lys）含量 /%	0.98	山嵛酸含量 /%	2.48	异亮氨酸（Ile）含量 /%	0.66
亮氨酸（Leu）含量 /%	1.49	苯丙氨酸（Phe）含量 /%	1.20	组氨酸（His）含量 /%	0.76
精氨酸（Arg）含量 /%	2.53	脯氨酸（Pro）含量 /%	0.95	蛋氨酸（Met）含量 /%	0.24

阳选 1 号

种质库编号
GH00270

来源：广东省阳江市

科名：豆科（Leguminosae） | 属名：落花生属（*Arachis* L.）
类型：珍珠豆型 | 观测地：广州市白云区 | 生长习性：直立
倍性：异源四倍体 | 观测时间：2015 年 6 月 | 开花习性：连续开花
保存单位：广东省农业科学院作物研究所

●特征特性

植株长势一般，直立生长，中等高度，分枝数少，收获期落叶性好，田间表现为高抗锈病和高抗叶斑病。

叶片中等大小，叶绿色，呈长椭圆形。

荚果普通型，中间缢缩极弱，果嘴不明显，表面质地光滑，无果脊。种仁呈圆柱形。种皮为浅褐色，有少量裂纹。

单株农艺性状					
主茎高 /cm	64	结荚数 / 个	18	烂果率 /%	0
第一分枝长 /cm	70	果仁数 / 粒	2	百果重 /g	131.6
收获期主茎青叶数 / 片	6	饱果率 /%	100	百仁重 /g	91.6
总分枝 / 条	5	秕果率 /%	0	出仁率 /%	69.6

营养成分					
蛋白质含量 /%	23.13	粗脂肪含量 /%	51.15	氨基酸总含量 /%	21.53
油酸含量 /%	33.50	亚油酸含量 /%	43.23	油酸含量 / 亚油酸含量	0.77
硬脂酸含量 /%	1.27	花生酸含量 /%	0.80	二十四烷酸含量 /%	1.98
棕榈酸含量 /%	12.03	苏氨酸（Thr）含量 /%	0.80	缬氨酸（Val）含量 /%	1.01
赖氨酸（Lys）含量 /%	0.89	山嵛酸含量 /%	3.67	异亮氨酸（Ile）含量 /%	0.64
亮氨酸（Leu）含量 /%	1.45	苯丙氨酸（Phe）含量 /%	1.17	组氨酸（His）含量 /%	0.80
精氨酸（Arg）含量 /%	2.43	脯氨酸（Pro）含量 /%	1.17	蛋氨酸（Met）含量 /%	0.24

郷江花生

种质库编号
GH00484

来源：广东省茂名市

科名：豆科（Leguminosae） | 属名：落花生属（*Arachis* L.）
类型：珍珠豆型 | 观测地：广州市白云区 | 生长习性：直立
倍性：异源四倍体 | 观测时间：2015 年 6 月 | 开花习性：连续开花
保存单位：广东省农业科学院作物研究所

●特征特性

植株长势一般，直立生长，中等高度，分枝数一般，收获期落叶性好，田间表现为高抗锈病和高抗叶斑病。

叶片中等大小，叶绿色，呈长椭圆形。

荚果茧型，中间缢缩极弱，果嘴一般明显，表面质地光滑，无果脊。种仁呈圆柱形。种皮为粉红色，无裂纹。

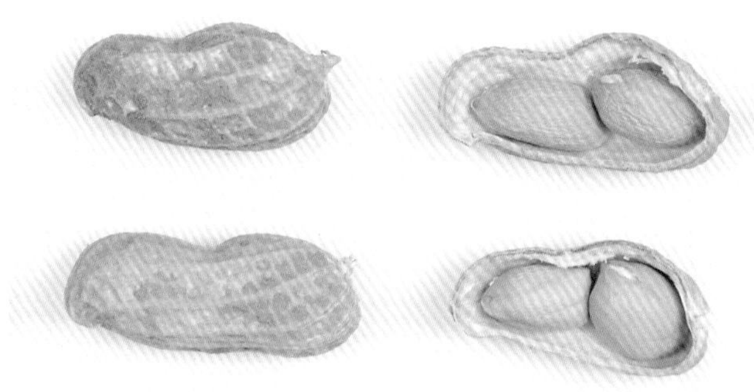

单株农艺性状

性状	数值	性状	数值	性状	数值
主茎高 /cm	58	结荚数 / 个	47	烂果率 /%	2.1
第一分枝长 /cm	60	果仁数 / 粒	2	百果重 /g	106.4
收获期主茎青叶数 / 片	9	饱果率 /%	95.7	百仁重 /g	72.8
总分枝 / 条	9	秕果率 /%	4.3	出仁率 /%	68.4

营养成分

成分	数值	成分	数值	成分	数值
蛋白质含量 /%	21.27	粗脂肪含量 /%	52.55	氨基酸总含量 /%	19.96
油酸含量 /%	37.23	亚油酸含量 /%	39.57	油酸含量 / 亚油酸含量	0.94
硬脂酸含量 /%	0.57	花生酸含量 /%	0.59	二十四烷酸含量 /%	2.25
棕榈酸含量 /%	11.26	苏氨酸（Thr）含量 /%	0.61	缬氨酸（Val）含量 /%	0.86
赖氨酸（Lys）含量 /%	0.62	山嵛酸含量 /%	3.91	异亮氨酸（Ile）含量 /%	0.58
亮氨酸（Leu）含量 /%	1.35	苯丙氨酸（Phe）含量 /%	1.09	组氨酸（His）含量 /%	0.83
精氨酸（Arg）含量 /%	2.17	脯氨酸（Pro）含量 /%	1.22	蛋氨酸（Met）含量 /%	0.23

大豆花生

种质库编号
GH00637

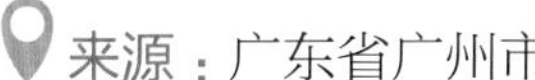
来源：广东省广州市

科名：豆科（Leguminosae） | 属名：落花生属（*Arachis* L.）
类型：珍珠豆型 | 观测地：广州市白云区 | 生长习性：直立
倍性：异源四倍体 | 观测时间：2015 年 6 月 | 开花习性：连续开花
保存单位：广东省农业科学院作物研究所

●特征特性

植株长势旺盛，直立生长，植株较矮，分枝数一般，收获期落叶性好，田间表现为高抗锈病和高抗叶斑病。

叶片较小，叶色深绿，呈长椭圆形。

荚果普通型，中间缢缩极弱，果嘴一般明显，表面质地光滑，无果脊。种仁呈锥形。种皮为粉红色，有少量裂纹。

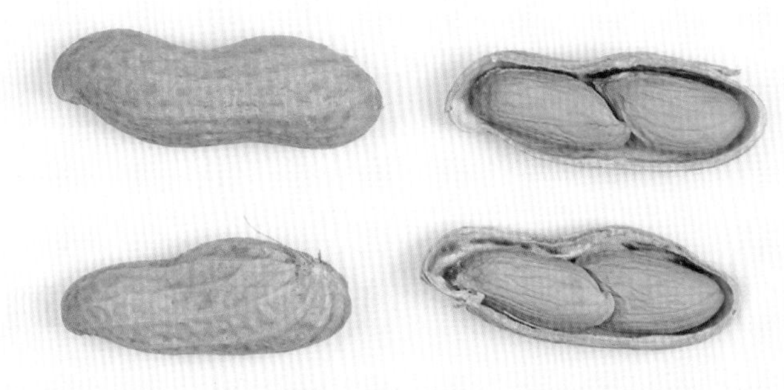

单株农艺性状

主茎高 /cm	29	结荚数 / 个	26	烂果率 /%	0
第一分枝长 /cm	47	果仁数 / 粒	2	百果重 /g	127.2
收获期主茎青叶数 / 片	9	饱果率 /%	80.8	百仁重 /g	86.8
总分枝 / 条	10	秕果率 /%	19.2	出仁率 /%	68.2

营养成分

蛋白质含量 /%	27.52	粗脂肪含量 /%	48.19	氨基酸总含量 /%	25.38
油酸含量 /%	42.25	亚油酸含量 /%	38.45	油酸含量 / 亚油酸含量	1.10
硬脂酸含量 /%	0.60	花生酸含量 /%	0.88	二十四烷酸含量 /%	2.30
棕榈酸含量 /%	9.45	苏氨酸（Thr）含量 /%	0.96	缬氨酸（Val）含量 /%	1.30
赖氨酸（Lys）含量 /%	0.65	山嵛酸含量 /%	3.24	异亮氨酸（Ile）含量 /%	0.73
亮氨酸（Leu）含量 /%	1.69	苯丙氨酸（Phe）含量 /%	1.34	组氨酸（His）含量 /%	0.90
精氨酸（Arg）含量 /%	2.85	脯氨酸（Pro）含量 /%	1.21	蛋氨酸（Met）含量 /%	0.27

大只豆

种质库编号
GH00641

来源：广东省惠州市

科名：豆科（Leguminosae） | 属名：落花生属（*Arachis* L.）
类型：普通型 | 观测地：广州市白云区 | 生长习性：半蔓生
倍性：异源四倍体 | 观测时间：2015 年 6 月 | 开花习性：交替开花
保存单位：广东省农业科学院作物研究所

●特征特性

植株长势旺盛，半蔓生生长，植株较矮，分枝数一般，收获期落叶性一般，田间表现为高抗锈病和高抗叶斑病。

叶片较小，叶绿色，呈长椭圆形。

荚果普通型，中间缢缩弱，果嘴一般明显，表面质地中等，无果脊。种仁呈锥形。种皮为粉红色，有少量裂纹。

单株农艺性状					
主茎高 /cm	40	结荚数 / 个	27	烂果率 /%	0
第一分枝长 /cm	55	果仁数 / 粒	2	百果重 /g	104.0
收获期主茎青叶数 / 片	11	饱果率 /%	85.2	百仁重 /g	67.6
总分枝 / 条	11	秕果率 /%	14.8	出仁率 /%	65.0

营养成分					
蛋白质含量 /%	25.85	粗脂肪含量 /%	49.11	氨基酸总含量 /%	24.13
油酸含量 /%	41.88	亚油酸含量 /%	37.39	油酸含量 / 亚油酸含量	1.12
硬脂酸含量 /%	2.18	花生酸含量 /%	1.26	二十四烷酸含量 /%	1.21
棕榈酸含量 /%	10.08	苏氨酸（Thr）含量 /%	0.71	缬氨酸（Val）含量 /%	1.12
赖氨酸（Lys）含量 /%	0.82	山嵛酸含量 /%	1.74	异亮氨酸（Ile）含量 /%	0.69
亮氨酸（Leu）含量 /%	1.61	苯丙氨酸（Phe）含量 /%	1.29	组氨酸（His）含量 /%	0.84
精氨酸（Arg）含量 /%	2.72	脯氨酸（Pro）含量 /%	0.91	蛋氨酸（Met）含量 /%	0.31

墩笃仔

种质库编号
GH00665

来源：广东省惠州市

科名：豆科（Leguminosae）｜属名：落花生属（*Arachis* L.）
类型：珍珠豆型｜观测地：广州市白云区｜生长习性：半蔓生
倍性：异源四倍体｜观测时间：2015 年 6 月｜开花习性：连续开花
保存单位：广东省农业科学院作物研究所

●特征特性

植株长势旺盛，半蔓生生长，植株较矮，分枝数一般，收获期落叶性一般，田间表现为高抗锈病和高抗叶斑病。

叶片较小，叶绿色，呈长椭圆形。

荚果呈茧型，中间缢缩极弱，果嘴不明显，表面质地中等，无果脊。种仁呈圆柱形。种皮为粉红色，无裂纹。

单株农艺性状					
主茎高 /cm	37	结荚数 / 个	23	烂果率 /%	0
第一分枝长 /cm	60	果仁数 / 粒	2	百果重 /g	127.6
收获期主茎青叶数 / 片	10	饱果率 /%	83.3	百仁重 /g	81.2
总分枝 / 条	7	秕果率 /%	16.7	出仁率 /%	63.6

营养成分					
蛋白质含量 /%	26.18	粗脂肪含量 /%	48.81	氨基酸总含量 /%	24.36
油酸含量 /%	46.24	亚油酸含量 /%	34.18	油酸含量 / 亚油酸含量	1.35
硬脂酸含量 /%	0.75	花生酸含量 /%	0.85	二十四烷酸含量 /%	2.32
棕榈酸含量 /%	8.95	苏氨酸（Thr）含量 /%	0.89	缬氨酸（Val）含量 /%	1.21
赖氨酸（Lys）含量 /%	0.66	山嵛酸含量 /%	3.20	异亮氨酸（Ile）含量 /%	0.70
亮氨酸（Leu）含量 /%	1.63	苯丙氨酸（Phe）含量 /%	1.30	组氨酸（His）含量 /%	0.93
精氨酸（Arg）含量 /%	2.70	脯氨酸（Pro）含量 /%	1.24	蛋氨酸（Met）含量 /%	0.27

增城石滩

种质库编号 GH00907

来源：广东省广州市

科名：豆科（Leguminosae） | 属名：落花生属（*Arachis* L.）

类型：珍珠豆型 | 观测地：广州市白云区 | 生长习性：直立

倍性：异源四倍体 | 观测时间：2015 年 6 月 | 开花习性：连续开花

保存单位：广东省农业科学院作物研究所

●**特征特性**

植株长势一般，直立生长，中等高度，分枝数一般，收获期落叶性一般，田间表现为高抗锈病和高抗叶斑病。

叶片中等大小，叶色淡绿，呈长椭圆形。

荚果普通型，中间缢缩极弱，果嘴一般明显，表面质地中等，无果脊。种仁呈圆柱形。种皮为粉红色，有少量裂纹。

单株农艺性状

性状	值	性状	值	性状	值
主茎高 /cm	52	结荚数 / 个	37	烂果率 /%	0
第一分枝长 /cm	81	果仁数 / 粒	2	百果重 /g	124.0
收获期主茎青叶数 / 片	10	饱果率 /%	100	百仁重 /g	92.0
总分枝 / 条	9	秕果率 /%	0	出仁率 /%	74.2

营养成分

成分	值	成分	值	成分	值
蛋白质含量 /%	23.30	粗脂肪含量 /%	52.73	氨基酸总含量 /%	22.05
油酸含量 /%	42.37	亚油酸含量 /%	35.97	油酸含量 / 亚油酸含量	1.18
硬脂酸含量 /%	0.76	花生酸含量 /%	0.72	二十四烷酸含量 /%	2.80
棕榈酸含量 /%	10.52	苏氨酸（Thr）含量 /%	0.71	缬氨酸（Val）含量 /%	0.99
赖氨酸（Lys）含量 /%	0.35	山嵛酸含量 /%	5.24	异亮氨酸（Ile）含量 /%	0.64
亮氨酸（Leu）含量 /%	1.49	苯丙氨酸（Phe）含量 /%	1.20	组氨酸（His）含量 /%	0.90
精氨酸（Arg）含量 /%	2.40	脯氨酸（Pro）含量 /%	1.60	蛋氨酸（Met）含量 /%	0.24

猛豆 306

种质库编号 GH01317

来源：广东省东莞市

科名：豆科（Leguminosae）　属名：落花生属（*Arachis* L.）

类型：珍珠豆型　观测地：广州市白云区　生长习性：直立

倍性：异源四倍体　观测时间：2015 年 6 月　开花习性：连续开花

保存单位：广东省农业科学院作物研究所

●特征特性

植株长势一般，直立生长，植株较矮，分枝数一般，收获期落叶性一般，田间表现为高抗锈病和高抗叶斑病。

叶片中等大小，叶绿色，呈长椭圆形。

荚果普通型，中间缢缩极弱，果嘴明显，表面质地中等，无果脊。种仁呈圆柱形。种皮为粉红色，无裂纹。

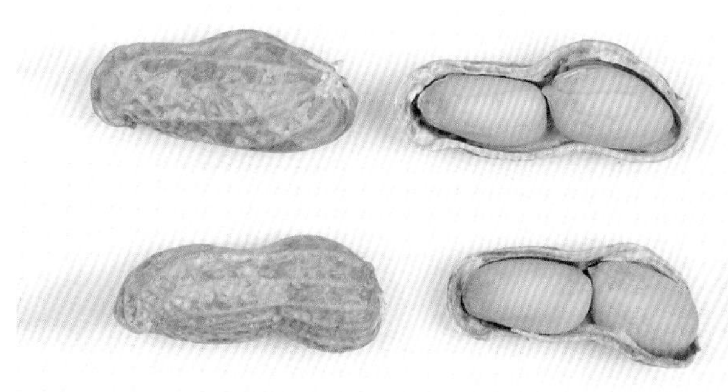

单株农艺性状

主茎高 /cm	36	结荚数 / 个	42	烂果率 /%	7.1
第一分枝长 /cm	49	果仁数 / 粒	2	百果重 /g	139.2
收获期主茎青叶数 / 片	13	饱果率 /%	100	百仁重 /g	101.2
总分枝 / 条	10	秕果率 /%	0	出仁率 /%	72.7

营养成分

蛋白质含量 /%	25.60	粗脂肪含量 /%	52.99	氨基酸总含量 /%	23.89
油酸含量 /%	39.25	亚油酸含量 /%	38.08	油酸含量 / 亚油酸含量	1.03
硬脂酸含量 /%	0.86	花生酸含量 /%	0.75	二十四烷酸含量 /%	1.92
棕榈酸含量 /%	10.99	苏氨酸（Thr）含量 /%	0.78	缬氨酸（Val）含量 /%	0.97
赖氨酸（Lys）含量 /%	0.89	山嵛酸含量 /%	3.70	异亮氨酸（Ile）含量 /%	0.70
亮氨酸（Leu）含量 /%	1.62	苯丙氨酸（Phe）含量 /%	1.28	组氨酸（His）含量 /%	0.87
精氨酸（Arg）含量 /%	2.70	脯氨酸（Pro）含量 /%	1.43	蛋氨酸（Met）含量 /%	0.25

曲江引

种质库编号
GH02195

来源：广东省韶关市

科名：豆科（Leguminosae） | 属名：落花生属（*Arachis* L.）
类型：珍珠豆型 | 观测地：广州市白云区 | 生长习性：直立
倍性：异源四倍体 | 观测时间：2015 年 6 月 | 开花习性：连续开花
保存单位：广东省农业科学院作物研究所

●特征特性

植株长势旺盛，直立生长，中等高度，分枝数一般，收获期落叶性好，田间表现为高抗锈病和高抗叶斑病。

叶片中等大小，叶绿色，呈长椭圆形。

荚果普通型，中间缢缩极弱，果嘴一般明显，表面质地粗糙，无果脊。种仁呈圆柱形。种皮为粉红色，有少量裂纹。

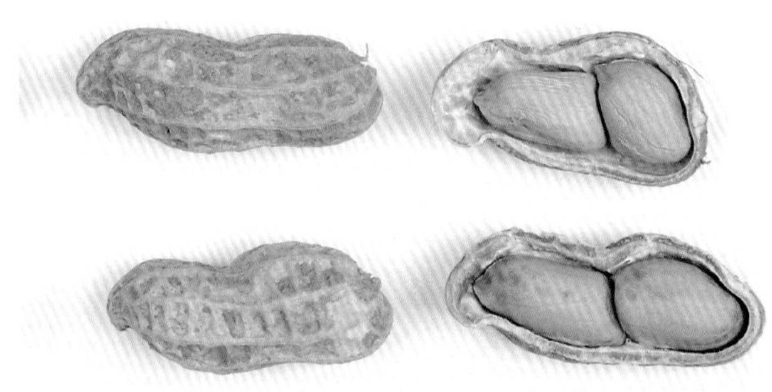

单株农艺性状

主茎高 /cm	47	结荚数 / 个	48	烂果率 /%	0
第一分枝长 /cm	50	果仁数 / 粒	2	百果重 /g	165.6
收获期主茎青叶数 / 片	6	饱果率 /%	97.9	百仁重 /g	110.0
总分枝 / 条	8	秕果率 /%	2.1	出仁率 /%	66.4

营养成分

蛋白质含量 /%	22.22	粗脂肪含量 /%	51.74	氨基酸总含量 /%	21.06
油酸含量 /%	31.99	亚油酸含量 /%	45.43	油酸含量 / 亚油酸含量	0.70
硬脂酸含量 /%	0.74	花生酸含量 /%	0.73	二十四烷酸含量 /%	2.26
棕榈酸含量 /%	12.01	苏氨酸（Thr）含量 /%	0.75	缬氨酸（Val）含量 /%	0.93
赖氨酸（Lys）含量 /%	0.95	山嵛酸含量 /%	4.29	异亮氨酸（Ile）含量 /%	0.60
亮氨酸（Leu）含量 /%	1.41	苯丙氨酸（Phe）含量 /%	1.15	组氨酸（His）含量 /%	0.86
精氨酸（Arg）含量 /%	2.28	脯氨酸（Pro）含量 /%	1.39	蛋氨酸（Met）含量 /%	0.24

圭峰大珠

种质库编号
GH02196

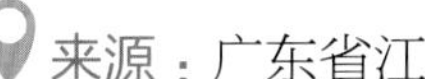 来源：广东省江门市

科名：豆科（Leguminosae）｜属名：落花生属（*Arachis* L.）

类型：珍珠豆型｜观测地：广州市白云区｜生长习性：半蔓生

倍性：异源四倍体｜观测时间：2015 年 6 月｜开花习性：连续开花

保存单位：广东省农业科学院作物研究所

●特征特性

植株长势一般，半蔓生生长，中等高度，分枝数一般，收获期落叶性一般，田间表现为高抗锈病和高抗叶斑病。

叶片中等大小，叶绿色，呈长椭圆形。

荚果普通型，中间缢缩弱，果嘴一般明显，表面质地中等，无果脊。种仁呈圆柱形。种皮为粉红色，无裂纹。

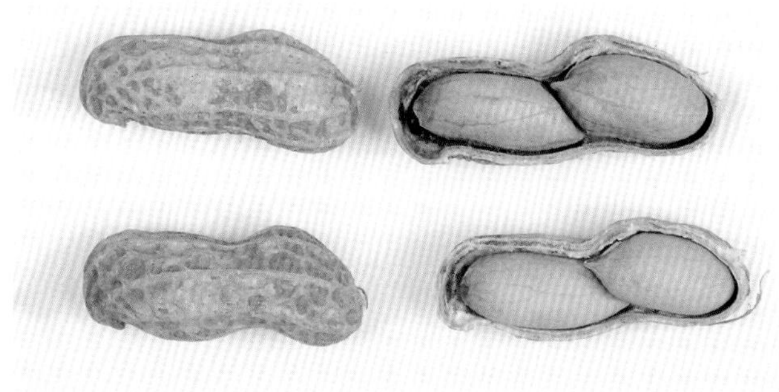

单株农艺性状

性状	数值	性状	数值	性状	数值
主茎高 /cm	47	结荚数 / 个	35	烂果率 /%	0
第一分枝长 /cm	68	果仁数 / 粒	2	百果重 /g	139.2
收获期主茎青叶数 / 片	13	饱果率 /%	100	百仁重 /g	98.0
总分枝 / 条	8	秕果率 /%	0	出仁率 /%	70.4

营养成分

成分	数值	成分	数值	成分	数值
蛋白质含量 /%	24.28	粗脂肪含量 /%	51.68	氨基酸总含量 /%	22.73
油酸含量 /%	37.25	亚油酸含量 /%	39.06	油酸含量 / 亚油酸含量	0.95
硬脂酸含量 /%	1.14	花生酸含量 /%	0.80	二十四烷酸含量 /%	2.24
棕榈酸含量 /%	11.37	苏氨酸（Thr）含量 /%	0.71	缬氨酸（Val）含量 /%	0.98
赖氨酸（Lys）含量 /%	0.39	山嵛酸含量 /%	4.21	异亮氨酸（Ile）含量 /%	0.66
亮氨酸（Leu）含量 /%	1.54	苯丙氨酸（Phe）含量 /%	1.24	组氨酸（His）含量 /%	0.89
精氨酸（Arg）含量 /%	2.53	脯氨酸（Pro）含量 /%	1.50	蛋氨酸（Met）含量 /%	0.24

洋菁

种质库编号
GH02242

来源：广东省湛江市

科名：豆科（Leguminosae） | 属名：落花生属（*Arachis* L.）
类型：珍珠豆型 | 观测地：广州市白云区 | 生长习性：直立
倍性：异源四倍体 | 观测时间：2015 年 6 月 | 开花习性：连续开花
保存单位：广东省农业科学院作物研究所

●特征特性

植株长势一般，直立生长，中等高度，分枝数一般，收获期落叶性一般，田间表现为高抗锈病和高抗叶斑病。

叶片中等大小，叶色淡绿，呈长椭圆形。

荚果茧型，中间缢缩极弱，果嘴一般明显，表面质地中等，无果脊。种仁呈圆柱形。种皮为粉红色，无裂纹。

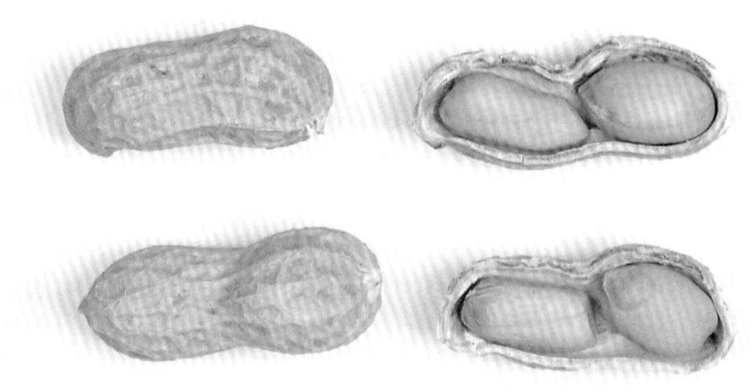

单株农艺性状

性状	数值	性状	数值	性状	数值
主茎高 /cm	59	结荚数 / 个	50	烂果率 /%	0
第一分枝长 /cm	71	果仁数 / 粒	2	百果重 /g	104.8
收获期主茎青叶数 / 片	12	饱果率 /%	84.0	百仁重 /g	78.0
总分枝 / 条	7	秕果率 /%	16.0	出仁率 /%	74.4

营养成分

成分	数值	成分	数值	成分	数值
蛋白质含量 /%	25.99	粗脂肪含量 /%	51.15	氨基酸总含量 /%	24.57
油酸含量 /%	46.61	亚油酸含量 /%	33.69	油酸含量 / 亚油酸含量	1.38
硬脂酸含量 /%	0.21	花生酸含量 /%	0.63	二十四烷酸含量 /%	2.19
棕榈酸含量 /%	10.01	苏氨酸（Thr）含量 /%	0.74	缬氨酸（Val）含量 /%	0.99
赖氨酸（Lys）含量 /%	0.31	山嵛酸含量 /%	3.84	异亮氨酸（Ile）含量 /%	0.70
亮氨酸（Leu）含量 /%	1.66	苯丙氨酸（Phe）含量 /%	1.31	组氨酸（His）含量 /%	0.95
精氨酸（Arg）含量 /%	2.68	脯氨酸（Pro）含量 /%	1.76	蛋氨酸（Met）含量 /%	0.25

鸡乸棵

种质库编号
GH02454

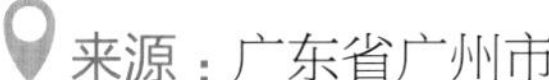

科名：豆科（Leguminosae）｜属名：落花生属（*Arachis* L.）
类型：珍珠豆型｜观测地：广州市白云区｜生长习性：蔓生
倍性：异源四倍体｜观测时间：2015 年 6 月｜开花习性：连续开花
保存单位：广东省农业科学院作物研究所

●特征特性

植株长势一般，蔓生生长，中等高度，分枝数一般，收获期落叶性一般，田间表现为高抗锈病和高抗叶斑病。

叶片中等大小，叶色淡绿，呈长椭圆形。

荚果普通型，中间缢缩较弱，果嘴明显，表面质地中等，无果脊。种仁呈圆柱形。种皮为粉红色，无裂纹。

单株农艺性状

性状	数值	性状	数值	性状	数值
主茎高 /cm	43	结荚数 / 个	47	烂果率 /%	14.9
第一分枝长 /cm	53	果仁数 / 粒	2	百果重 /g	150.4
收获期主茎青叶数 / 片	12	饱果率 /%	97.9	百仁重 /g	109.6
总分枝 / 条	11	秕果率 /%	2.1	出仁率 /%	72.9

营养成分

成分	数值	成分	数值	成分	数值
蛋白质含量 /%	26.85	粗脂肪含量 /%	51.19	氨基酸总含量 /%	24.84
油酸含量 /%	38.47	亚油酸含量 /%	39.27	油酸含量 / 亚油酸含量	0.98
硬脂酸含量 /%	1.25	花生酸含量 /%	0.88	二十四烷酸含量 /%	2.51
棕榈酸含量 /%	11.41	苏氨酸（Thr）含量 /%	0.83	缬氨酸（Val）含量 /%	1.06
赖氨酸（Lys）含量 /%	0.82	山嵛酸含量 /%	4.70	异亮氨酸（Ile）含量 /%	0.74
亮氨酸（Leu）含量 /%	1.69	苯丙氨酸（Phe）含量 /%	1.33	组氨酸（His）含量 /%	0.85
精氨酸（Arg）含量 /%	2.87	脯氨酸（Pro）含量 /%	1.34	蛋氨酸（Met）含量 /%	0.26

A85

种质库编号
GH02681

来源：广东省梅州市

科名：豆科（Leguminosae） | 属名：落花生属（*Arachis* L.）
类型：珍珠豆型 | 观测地：广州市白云区 | 生长习性：直立
倍性：异源四倍体 | 观测时间：2015 年 6 月 | 开花习性：连续开花
保存单位：广东省农业科学院作物研究所

●特征特性

植株长势一般，直立生长，中等高度，分枝数一般，收获期落叶性一般，田间表现为高抗锈病和高抗叶斑病。

叶片中等大小，叶绿色，呈长椭圆形。

荚果普通型，中间缢缩极弱，果嘴明显，表面质地中等，无果脊。种仁呈圆柱形。种皮为红色，无裂纹。

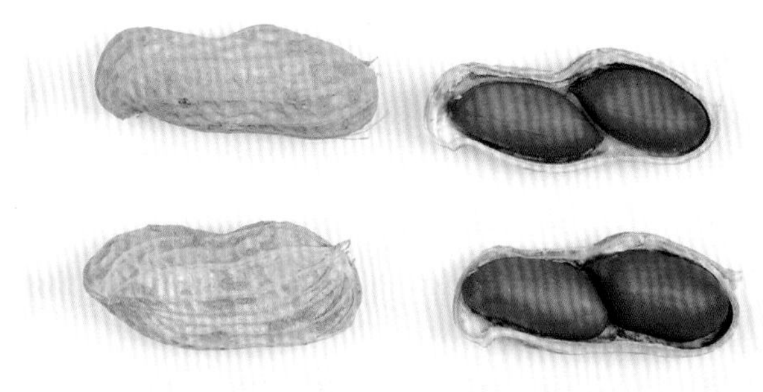

单株农艺性状					
主茎高 /cm	70	结荚数 / 个	34	烂果率 /%	0
第一分枝长 /cm	77	果仁数 / 粒	2	百果重 /g	136.0
收获期主茎青叶数 / 片	10	饱果率 /%	97.1	百仁重 /g	90.8
总分枝 / 条	8	秕果率 /%	2.9	出仁率 /%	66.8

营养成分					
蛋白质含量 /%	24.98	粗脂肪含量 /%	50.31	氨基酸总含量 /%	23.56
油酸含量 /%	40.32	亚油酸含量 /%	37.62	油酸含量 / 亚油酸含量	1.07
硬脂酸含量 /%	0.50	花生酸含量 /%	0.69	二十四烷酸含量 /%	3.34
棕榈酸含量 /%	10.95	苏氨酸（Thr）含量 /%	0.74	缬氨酸（Val）含量 /%	1.03
赖氨酸（Lys）含量 /%	0.78	山嵛酸含量 /%	6.56	异亮氨酸（Ile）含量 /%	0.68
亮氨酸（Leu）含量 /%	1.58	苯丙氨酸（Phe）含量 /%	1.27	组氨酸（His）含量 /%	0.92
精氨酸（Arg）含量 /%	2.59	脯氨酸（Pro）含量 /%	1.51	蛋氨酸（Met）含量 /%	0.25

崩江种

种质库编号
GH02789

来源：广东省广州市

科名：豆科（Leguminosae）	属名：落花生属（*Arachis* L.）	
类型：珍珠豆型	观测地：广州市白云区	生长习性：直立
倍性：异源四倍体	观测时间：2015 年 6 月	开花习性：连续开花
保存单位：广东省农业科学院作物研究所		

●特征特性

植株长势一般，直立生长，中等高度，分枝数少，收获期落叶性好，田间表现为高抗锈病和高抗叶斑病。

叶片中等大小，叶绿色，呈长椭圆形。

荚果茧型，中间缢缩极弱，果嘴一般明显，表面质地中等，无果脊。种仁呈圆柱形。种皮为粉红色，有少量裂纹。

单株农艺性状

主茎高 /cm	46	结荚数 / 个	16	烂果率 /%	37.5
第一分枝长 /cm	50	果仁数 / 粒	2	百果重 /g	138.8
收获期主茎青叶数 / 片	7	饱果率 /%	100	百仁重 /g	100.8
总分枝 / 条	5	秕果率 /%	0	出仁率 /%	72.6

营养成分

蛋白质含量 /%	24.51	粗脂肪含量 /%	52.04	氨基酸总含量 /%	22.99
油酸含量 /%	41.12	亚油酸含量 /%	36.09	油酸含量 / 亚油酸含量	1.14
硬脂酸含量 /%	1.78	花生酸含量 /%	0.97	二十四烷酸含量 /%	0.80
棕榈酸含量 /%	10.84	苏氨酸（Thr）含量 /%	0.85	缬氨酸（Val）含量 /%	0.99
赖氨酸（Lys）含量 /%	0.92	山嵛酸含量 /%	1.58	异亮氨酸（Ile）含量 /%	0.68
亮氨酸（Leu）含量 /%	1.56	苯丙氨酸（Phe）含量 /%	1.24	组氨酸（His）含量 /%	0.82
精氨酸（Arg）含量 /%	2.56	脯氨酸（Pro）含量 /%	1.33	蛋氨酸（Met）含量 /%	0.24

堵仁

种质库编号
GH02802

来源：广东省汕头市

科名：豆科（Leguminosae） | 属名：落花生属（*Arachis* L.）
类型：珍珠豆型 | 观测地：广州市白云区 | 生长习性：直立
倍性：异源四倍体 | 观测时间：2015 年 6 月 | 开花习性：连续开花
保存单位：广东省农业科学院作物研究所

●特征特性

植株长势一般，直立生长，中等高度，分枝数少，收获期落叶性一般，田间表现为高抗锈病和高抗叶斑病。

叶片中等大小，叶绿色，呈长椭圆形。

荚果普通型，中间缢缩弱，果嘴一般明显，表面质地中等，无果脊。种仁呈圆柱形。种皮为粉红色，无裂纹。

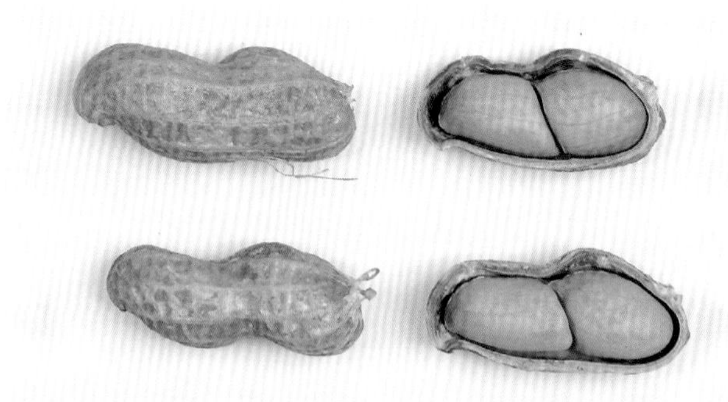

单株农艺性状

性状	数值	性状	数值	性状	数值
主茎高 /cm	59	结荚数 / 个	23	烂果率 /%	8.7
第一分枝长 /cm	83	果仁数 / 粒	2	百果重 /g	133.6
收获期主茎青叶数 / 片	12	饱果率 /%	95.7	百仁重 /g	102.0
总分枝 / 条	6	秕果率 /%	4.3	出仁率 /%	76.3

营养成分

成分	数值	成分	数值	成分	数值
蛋白质含量 /%	25.67	粗脂肪含量 /%	50.44	氨基酸总含量 /%	23.83
油酸含量 /%	39.28	亚油酸含量 /%	38.66	油酸含量 / 亚油酸含量	1.02
硬脂酸含量 /%	1.37	花生酸含量 /%	0.86	二十四烷酸含量 /%	2.54
棕榈酸含量 /%	11.14	苏氨酸（Thr）含量 /%	0.78	缬氨酸（Val）含量 /%	1.03
赖氨酸（Lys）含量 /%	0.69	山嵛酸含量 /%	4.96	异亮氨酸（Ile）含量 /%	0.71
亮氨酸（Leu）含量 /%	1.62	苯丙氨酸（Phe）含量 /%	1.29	组氨酸（His）含量 /%	0.86
精氨酸（Arg）含量 /%	2.75	脯氨酸（Pro）含量 /%	1.41	蛋氨酸（Met）含量 /%	0.25

河源大粒细纹

种质库编号
GH02945

来源：广东省河源市

科名：豆科（Leguminosae） | 属名：落花生属（*Arachis* L.）
类型：珍珠豆型 | 观测地：广州市白云区 | 生长习性：直立
倍性：异源四倍体 | 观测时间：2015 年 6 月 | 开花习性：连续开花
保存单位：广东省农业科学院作物研究所

●特征特性

植株长势旺盛，直立生长，中等高度，分枝数少，收获期落叶性好，田间表现为高抗锈病和高抗叶斑病。

叶片中等大小，叶绿色，呈长椭圆形。

荚果蜂腰型，中间缢缩中等，无果嘴，表面质地中等，无果脊。种仁呈圆柱形。种皮为粉红色，无裂纹。

单株农艺性状					
主茎高 /cm	47	结荚数 / 个	14	烂果率 /%	14.3
第一分枝长 /cm	54	果仁数 / 粒	2	百果重 /g	178.4
收获期主茎青叶数 / 片	7	饱果率 /%	100	百仁重 /g	122.8
总分枝 / 条	6	秕果率 /%	0	出仁率 /%	68.8

营养成分					
蛋白质含量 /%	26.38	粗脂肪含量 /%	52.40	氨基酸总含量 /%	24.41
油酸含量 /%	36.89	亚油酸含量 /%	39.34	油酸含量 / 亚油酸含量	0.94
硬脂酸含量 /%	1.86	花生酸含量 /%	1.01	二十四烷酸含量 /%	2.14
棕榈酸含量 /%	11.51	苏氨酸（Thr）含量 /%	0.80	缬氨酸（Val）含量 /%	1.05
赖氨酸（Lys）含量 /%	0.73	山嵛酸含量 /%	4.41	异亮氨酸（Ile）含量 /%	0.74
亮氨酸（Leu）含量 /%	1.67	苯丙氨酸（Phe）含量 /%	1.32	组氨酸（His）含量 /%	0.84
精氨酸（Arg）含量 /%	2.86	脯氨酸（Pro）含量 /%	1.30	蛋氨酸（Met）含量 /%	0.27

伏阳早小齐

种质库编号 GH02949

来源：广东省广州市

科名：豆科（Leguminosae） | 属名：落花生属（*Arachis* L.）
类型：普通型 | 观测地：广州市白云区 | 生长习性：直立
倍性：异源四倍体 | 观测时间：2015 年 6 月 | 开花习性：交替开花
保存单位：广东省农业科学院作物研究所

●特征特性

植株长势旺盛，直立生长，中等高度，分枝数一般，收获期落叶性好，田间表现为高抗锈病和高抗叶斑病。

叶片较小，叶绿色，呈长椭圆形。

荚果蜂腰型，中间缢缩中等，果嘴明显，表面质地中等，无果脊。种仁呈圆柱形。种皮为粉红色，无裂纹。

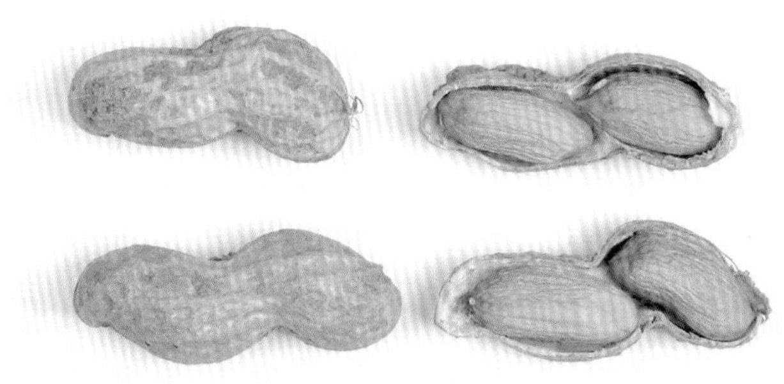

单株农艺性状

性状	数值	性状	数值	性状	数值
主茎高 /cm	41	结荚数 / 个	17	烂果率 /%	5.9
第一分枝长 /cm	44	果仁数 / 粒	2	百果重 /g	142.0
收获期主茎青叶数 / 片	9	饱果率 /%	88.2	百仁重 /g	90.0
总分枝 / 条	12	秕果率 /%	11.8	出仁率 /%	63.4

营养成分

成分	数值	成分	数值	成分	数值
蛋白质含量 /%	23.76	粗脂肪含量 /%	50.31	氨基酸总含量 /%	22.08
油酸含量 /%	39.72	亚油酸含量 /%	38.69	油酸含量 / 亚油酸含量	1.03
硬脂酸含量 /%	1.50	花生酸含量 /%	0.93	二十四烷酸含量 /%	2.12
棕榈酸含量 /%	10.59	苏氨酸（Thr）含量 /%	0.81	缬氨酸（Val）含量 /%	1.02
赖氨酸（Lys）含量 /%	0.68	山嵛酸含量 /%	3.09	异亮氨酸（Ile）含量 /%	0.65
亮氨酸（Leu）含量 /%	1.48	苯丙氨酸（Phe）含量 /%	1.20	组氨酸（His）含量 /%	0.83
精氨酸（Arg）含量 /%	2.47	脯氨酸（Pro）含量 /%	1.18	蛋氨酸（Met）含量 /%	0.25

英德大只豆

种质库编号
GH02983

来源：广东省英德市

科名：豆科（Leguminosae） | 属名：落花生属（*Arachis* L.）
类型：珍珠豆型 | 观测地：广州市白云区 | 生长习性：半蔓生
倍性：异源四倍体 | 观测时间：2015 年 6 月 | 开花习性：连续开花
保存单位：广东省农业科学院作物研究所

●特征特性

植株长势旺盛，半蔓生生长，中等高度，分枝数一般，收获期落叶性一般，田间表现为高抗锈病和高抗叶斑病。

叶片中等大小，叶色淡绿，呈长椭圆形。

荚果普通型，中间缢缩弱，果嘴一般明显，表面质地粗糙，无果脊。种仁呈圆柱形。种皮为粉红色，无裂纹。

单株农艺性状

主茎高 /cm	41	结荚数 / 个	48	烂果率 /%	0
第一分枝长 /cm	62	果仁数 / 粒	2	百果重 /g	154.8
收获期主茎青叶数 / 片	11	饱果率 /%	100	百仁重 /g	105.2
总分枝 / 条	10	秕果率 /%	0	出仁率 /%	68.0

营养成分

蛋白质含量 /%	21.57	粗脂肪含量 /%	53.34	氨基酸总含量 /%	20.49
油酸含量 /%	37.79	亚油酸含量 /%	40.17	油酸含量 / 亚油酸含量	0.94
硬脂酸含量 /%	0.40	花生酸含量 /%	0.59	二十四烷酸含量 /%	2.49
棕榈酸含量 /%	11.20	苏氨酸（Thr）含量 /%	0.76	缬氨酸（Val）含量 /%	0.97
赖氨酸（Lys）含量 /%	0.92	山嵛酸含量 /%	4.53	异亮氨酸（Ile）含量 /%	0.59
亮氨酸（Leu）含量 /%	1.38	苯丙氨酸（Phe）含量 /%	1.11	组氨酸（His）含量 /%	0.85
精氨酸（Arg）含量 /%	2.18	脯氨酸（Pro）含量 /%	1.36	蛋氨酸（Met）含量 /%	0.23

三号仔

种质库编号
GH02987

来源：广东省广州市

科名：豆科（Leguminosae） | 属名：落花生属（*Arachis* L.）
类型：珍珠豆型 | 观测地：广州市白云区 | 生长习性：半蔓生
倍性：异源四倍体 | 观测时间：2015 年 6 月 | 开花习性：连续开花
保存单位：广东省农业科学院作物研究所

●特征特性

植株长势旺盛，半蔓生生长，植株较矮，分枝数一般，收获期落叶性一般，田间表现为高抗锈病和高抗叶斑病。

叶片中等大小，叶绿色，呈长椭圆形。

荚果曲棍型，中间缢缩中等，果嘴一般明显，表面质地中等，无果脊。种仁呈圆柱形。种皮为粉红色，有少量裂纹。

单株农艺性状

性状	数值	性状	数值	性状	数值
主茎高 /cm	29	结荚数 / 个	15	烂果率 /%	0
第一分枝长 /cm	35	果仁数 / 粒	2~3	百果重 /g	128.4
收获期主茎青叶数 / 片	11	饱果率 /%	66.7	百仁重 /g	79.6
总分枝 / 条	8	秕果率 /%	33.3	出仁率 /%	62.0

营养成分

成分	数值	成分	数值	成分	数值
蛋白质含量 /%	24.79	粗脂肪含量 /%	47.48	氨基酸总含量 /%	23.15
油酸含量 /%	41.53	亚油酸含量 /%	37.12	油酸含量 / 亚油酸含量	1.12
硬脂酸含量 /%	1.11	花生酸含量 /%	0.91	二十四烷酸含量 /%	2.18
棕榈酸含量 /%	9.05	苏氨酸（Thr）含量 /%	0.78	缬氨酸（Val）含量 /%	1.15
赖氨酸（Lys）含量 /%	0.64	山嵛酸含量 /%	3.48	异亮氨酸（Ile）含量 /%	0.65
亮氨酸（Leu）含量 /%	1.53	苯丙氨酸（Phe）含量 /%	1.25	组氨酸（His）含量 /%	0.95
精氨酸（Arg）含量 /%	2.53	脯氨酸（Pro）含量 /%	1.27	蛋氨酸（Met）含量 /%	0.27

连平

种质库编号
GH03120

来源：广东省河源市

科名：豆科（Leguminosae）　属名：落花生属（*Arachis* L.）

类型：珍珠豆型　观测地：广州市白云区　生长习性：直立

倍性：异源四倍体　观测时间：2015 年 6 月　开花习性：连续开花

保存单位：广东省农业科学院作物研究所

●**特征特性**

植株长势一般，直立生长，中等高度，分枝数少，收获期落叶性一般，田间表现为高抗锈病和高抗叶斑病。

叶片中等大小，叶绿色，呈长椭圆形。

荚果普通型，中间缢缩弱，果嘴一般明显，表面质地光滑，无果脊。种仁呈圆柱形。种皮为粉红色，无裂纹。

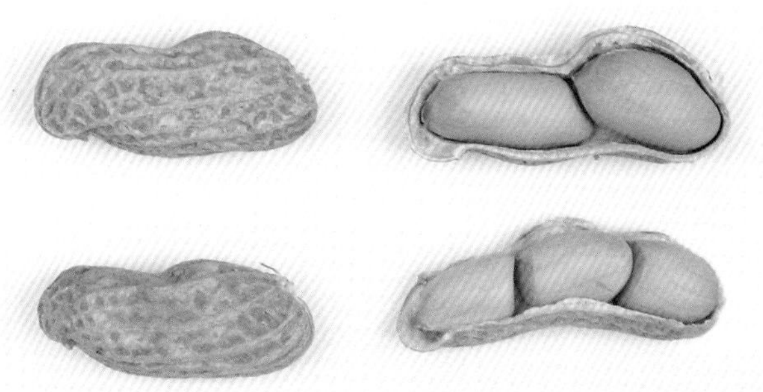

单株农艺性状

性状	数值	性状	数值	性状	数值
主茎高 /cm	50	结荚数 / 个	30	烂果率 /%	0
第一分枝长 /cm	38	果仁数 / 粒	2~3	百果重 /g	116.8
收获期主茎青叶数 / 片	12	饱果率 /%	100	百仁重 /g	78.4
总分枝 / 条	6	秕果率 /%	0	出仁率 /%	67.1

营养成分

成分	数值	成分	数值	成分	数值
蛋白质含量 /%	24.33	粗脂肪含量 /%	51.37	氨基酸总含量 /%	22.63
油酸含量 /%	40.01	亚油酸含量 /%	37.49	油酸含量 / 亚油酸含量	1.07
硬脂酸含量 /%	1.17	花生酸含量 /%	0.79	二十四烷酸含量 /%	2.01
棕榈酸含量 /%	11.04	苏氨酸（Thr）含量 /%	0.74	缬氨酸（Val）含量 /%	0.94
赖氨酸（Lys）含量 /%	0.77	山嵛酸含量 /%	3.88	异亮氨酸（Ile）含量 /%	0.67
亮氨酸（Leu）含量 /%	1.53	苯丙氨酸（Phe）含量 /%	1.22	组氨酸（His）含量 /%	0.84
精氨酸（Arg）含量 /%	2.54	脯氨酸（Pro）含量 /%	1.33	蛋氨酸（Met）含量 /%	0.25

阳春铺地毡

种质库编号 GH03722

来源：广东省阳江市

科名：豆科（Leguminosae） 属名：落花生属（*Arachis* L.）
类型：龙生型 观测地：广州市白云区 生长习性：蔓生
倍性：异源四倍体 观测时间：2015 年 6 月 开花习性：交替开花
保存单位：广东省农业科学院作物研究所

●特征特性

植株长势一般，蔓生生长，中等高度，分枝数一般，收获期落叶性一般，田间表现为高抗锈病和高抗叶斑病。

叶片较小，叶绿色，呈长椭圆形。

荚果曲棍型，中间缢缩弱，果嘴明显，表面质地中等，果脊中等。种仁呈圆柱形。种皮为粉红色，有少量裂纹。

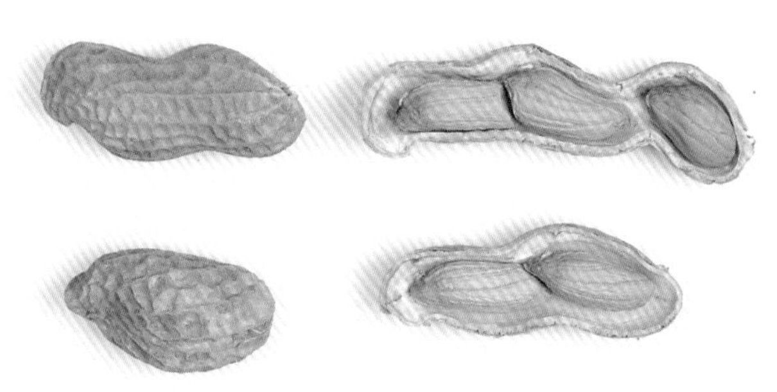

单株农艺性状

性状	数值	性状	数值	性状	数值
主茎高 /cm	49	结荚数 / 个	18	烂果率 /%	0
第一分枝长 /cm	51	果仁数 / 粒	2~3	百果重 /g	148.0
收获期主茎青叶数 / 片	12	饱果率 /%	83.3	百仁重 /g	83.2
总分枝 / 条	8	秕果率 /%	16.7	出仁率 /%	56.2

营养成分

成分	数值	成分	数值	成分	数值
蛋白质含量 /%	25.28	粗脂肪含量 /%	49.05	氨基酸总含量 /%	23.91
油酸含量 /%	45.88	亚油酸含量 /%	34.67	油酸含量 / 亚油酸含量	1.32
硬脂酸含量 /%	0.03	花生酸含量 /%	0.61	二十四烷酸含量 /%	2.43
棕榈酸含量 /%	9.87	苏氨酸（Thr）含量 /%	0.82	缬氨酸（Val）含量 /%	1.09
赖氨酸（Lys）含量 /%	0.48	山嵛酸含量 /%	3.45	异亮氨酸（Ile）含量 /%	0.68
亮氨酸（Leu）含量 /%	1.59	苯丙氨酸（Phe）含量 /%	1.27	组氨酸（His）含量 /%	0.91
精氨酸（Arg）含量 /%	2.59	脯氨酸（Pro）含量 /%	1.43	蛋氨酸（Met）含量 /%	0.28

博罗横岭耙豆

种质库编号
GH03749

来源：广东省惠州市

科名：豆科（Leguminosae）　属名：落花生属（*Arachis* L.）
类型：普通型　观测地：广州市白云区　生长习性：半蔓生
倍性：异源四倍体　观测时间：2015 年 6 月　开花习性：交替开花
保存单位：广东省农业科学院作物研究所

●特征特性

植株长势一般，半蔓生生长，植株较矮，分枝数少，收获期落叶性一般，田间表现为高抗锈病和高抗叶斑病。

叶片中等大小，叶绿色，呈长椭圆形。

荚果普通型，中间缢缩极弱，果嘴明显，表面质地中等，无果脊。种仁呈圆柱形。种皮为粉红色，无裂纹。

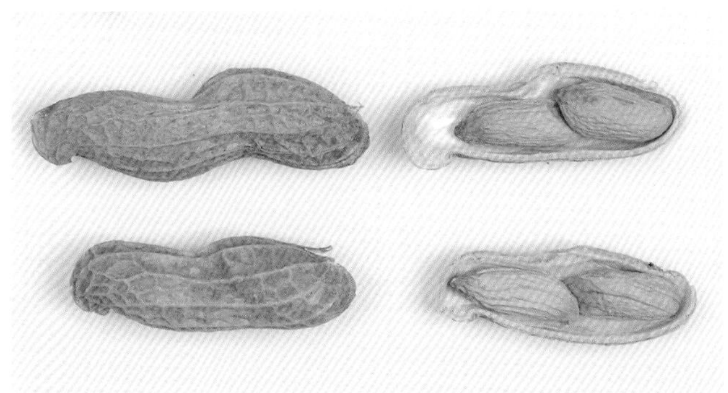

单株农艺性状

性状	数值	性状	数值	性状	数值
主茎高 /cm	40	结荚数 / 个	20	烂果率 /%	0
第一分枝长 /cm	58	果仁数 / 粒	2	百果重 /g	128.4
收获期主茎青叶数 / 片	14	饱果率 /%	95.0	百仁重 /g	73.6
总分枝 / 条	6	秕果率 /%	5.0	出仁率 /%	57.3

营养成分

成分	数值	成分	数值	成分	数值
蛋白质含量 /%	26.05	粗脂肪含量 /%	49.31	氨基酸总含量 /%	23.84
油酸含量 /%	36.67	亚油酸含量 /%	42.88	油酸含量 / 亚油酸含量	0.86
硬脂酸含量 /%	2.48	花生酸含量 /%	1.43	二十四烷酸含量 /%	1.31
棕榈酸含量 /%	9.15	苏氨酸（Thr）含量 /%	0.76	缬氨酸（Val）含量 /%	1.22
赖氨酸（Lys）含量 /%	0.84	山嵛酸含量 /%	1.96	异亮氨酸（Ile）含量 /%	0.69
亮氨酸（Leu）含量 /%	1.59	苯丙氨酸（Phe）含量 /%	1.27	组氨酸（His）含量 /%	0.84
精氨酸（Arg）含量 /%	2.73	脯氨酸（Pro）含量 /%	0.73	蛋氨酸（Met）含量 /%	0.28

翁源大勾豆

种质库编号
GH03801

来源：广东省韶关市

科名：豆科（Leguminosae） | 属名：落花生属（*Arachis* L.）
类型：普通型 | 观测地：广州市白云区 | 生长习性：直立
倍性：异源四倍体 | 观测时间：2015 年 6 月 | 开花习性：交替开花
保存单位：广东省农业科学院作物研究所

●特征特性

植株长势旺盛，直立生长，中等高度，分枝数一般，收获期落叶性好，田间表现为高抗锈病和高抗叶斑病。

叶片中等大小，叶绿色，呈长椭圆形。

荚果茧型，中间缢缩极弱，果嘴明显，表面质地光滑，无果脊。种仁呈圆柱形。种皮为红色，无裂纹。

单株农艺性状					
主茎高 /cm	41	结荚数 / 个	36	烂果率 /%	0
第一分枝长 /cm	48	果仁数 / 粒	2	百果重 /g	156.4
收获期主茎青叶数 / 片	8	饱果率 /%	97.2	百仁重 /g	112.0
总分枝 / 条	11	秕果率 /%	2.8	出仁率 /%	71.6

营养成分					
蛋白质含量 /%	19.56	粗脂肪含量 /%	52.51	氨基酸总含量 /%	18.66
油酸含量 /%	28.28	亚油酸含量 /%	47.82	油酸含量 / 亚油酸含量	0.59
硬脂酸含量 /%	1.12	花生酸含量 /%	0.76	二十四烷酸含量 /%	1.90
棕榈酸含量 /%	12.39	苏氨酸（Thr）含量 /%	0.69	缬氨酸（Val）含量 /%	0.89
赖氨酸（Lys）含量 /%	0.69	山嵛酸含量 /%	3.83	异亮氨酸（Ile）含量 /%	0.53
亮氨酸（Leu）含量 /%	1.25	苯丙氨酸（Phe）含量 /%	1.03	组氨酸（His）含量 /%	0.83
精氨酸（Arg）含量 /%	1.95	脯氨酸（Pro）含量 /%	1.36	蛋氨酸（Met）含量 /%	0.21

小粒种 200GY

种质库编号 GH04311

来源：广东省广州市

科名：豆科（Leguminosae） | 属名：落花生属（*Arachis* L.）
类型：珍珠豆型 | 观测地：广州市白云区 | 生长习性：直立
倍性：异源四倍体 | 观测时间：2015 年 6 月 | 开花习性：连续开花
保存单位：广东省农业科学院作物研究所

●特征特性

植株长势旺盛，直立生长，植株较矮，分枝数一般，收获期落叶性一般，田间表现为高抗锈病和高抗叶斑病。

叶片较大，叶色淡绿，呈长椭圆形。

荚果茧型，中间缢缩极弱，果嘴一般明显，表面质地光滑，无果脊。种仁呈圆柱形。种皮为粉红色，无裂纹。

单株农艺性状					
主茎高 /cm	36	结荚数 / 个	50	烂果率 /%	0
第一分枝长 /cm	40	果仁数 / 粒	2	百果重 /g	80.8
收获期主茎青叶数 / 片	14	饱果率 /%	96.0	百仁重 /g	57.6
总分枝 / 条	10	秕果率 /%	4.0	出仁率 /%	71.3

营养成分					
蛋白质含量 /%	24.12	粗脂肪含量 /%	53.45	氨基酸总含量 /%	22.46
油酸含量 /%	40.54	亚油酸含量 /%	37.16	油酸含量 / 亚油酸含量	1.09
硬脂酸含量 /%	0.92	花生酸含量 /%	0.70	二十四烷酸含量 /%	2.14
棕榈酸含量 /%	10.96	苏氨酸（Thr）含量 /%	0.70	缬氨酸（Val）含量 /%	0.92
赖氨酸（Lys）含量 /%	0.64	山嵛酸含量 /%	3.77	异亮氨酸（Ile）含量 /%	0.67
亮氨酸（Leu）含量 /%	1.53	苯丙氨酸（Phe）含量 /%	1.21	组氨酸（His）含量 /%	0.84
精氨酸（Arg）含量 /%	2.52	脯氨酸（Pro）含量 /%	1.33	蛋氨酸（Met）含量 /%	0.25

龙岩

种质库编号
GH00005

来源：福建省龙岩市

科名：豆科（Leguminosae） | 属名：落花生属（*Arachis* L.）
类型：珍珠豆型 | 观测地：广州市白云区 | 生长习性：直立
倍性：异源四倍体 | 观测时间：2015 年 6 月 | 开花习性：连续开花
保存单位：广东省农业科学院作物研究所

●特征特性

植株长势一般，直立生长，中等高度，分枝数一般，收获期落叶性一般，田间表现为高抗锈病和高抗叶斑病。

叶片中等大小，叶绿色，呈长椭圆形。

荚果普通型，中间缢缩极弱，果嘴一般明显，表面质地中等，无果脊。种仁呈圆柱形。种皮为粉红色，无裂纹。

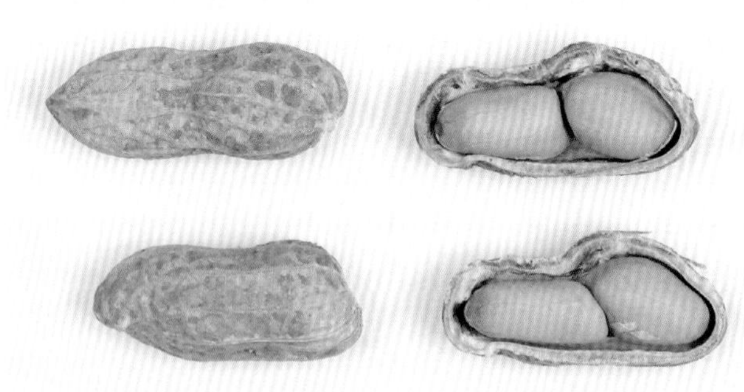

单株农艺性状

性状	值	性状	值	性状	值
主茎高 /cm	46	结荚数 / 个	57	烂果率 /%	0
第一分枝长 /cm	63	果仁数 / 粒	2	百果重 /g	166.0
收获期主茎青叶数 / 片	10	饱果率 /%	98.2	百仁重 /g	114.0
总分枝 / 条	10	秕果率 /%	1.8	出仁率 /%	68.7

营养成分

成分	值	成分	值	成分	值
蛋白质含量 /%	24.18	粗脂肪含量 /%	51.12	氨基酸总含量 /%	22.69
油酸含量 /%	31.79	亚油酸含量 /%	43.40	油酸含量 / 亚油酸含量	0.73
硬脂酸含量 /%	0.85	花生酸含量 /%	0.68	二十四烷酸含量 /%	1.99
棕榈酸含量 /%	12.16	苏氨酸（Thr）含量 /%	0.74	缬氨酸（Val）含量 /%	0.99
赖氨酸（Lys）含量 /%	1.13	山嵛酸含量 /%	4.00	异亮氨酸（Ile）含量 /%	0.66
亮氨酸（Leu）含量 /%	1.53	苯丙氨酸（Phe）含量 /%	1.23	组氨酸（His）含量 /%	0.89
精氨酸（Arg）含量 /%	2.55	脯氨酸（Pro）含量 /%	1.37	蛋氨酸（Met）含量 /%	0.26

琼山花生

种质库编号 GH00672

来源：海南省海口市

科名：豆科（Leguminosae） | 属名：落花生属（*Arachis* L.）

类型：普通型 | 观测地：广州市白云区 | 生长习性：直立

倍性：异源四倍体 | 观测时间：2015 年 6 月 | 开花习性：交替开花

保存单位：广东省农业科学院作物研究所

●特征特性

植株长势旺盛，直立生长，中等高度，分枝数多，收获期落叶性一般，田间表现为高抗锈病和高抗叶斑病。

叶片中等大小，叶绿色，呈长椭圆形。

荚果曲棍型，中间缢缩极弱，果嘴非常明显，表面质地粗糙，果脊明显。种仁呈锥形。种皮为粉红色，有少量裂纹。

单株农艺性状

性状	数值	性状	数值	性状	数值
主茎高 /cm	50	结荚数 / 个	13	烂果率 /%	0
第一分枝长 /cm	77	果仁数 / 粒	2	百果重 /g	130.0
收获期主茎青叶数 / 片	10	饱果率 /%	84.6	百仁重 /g	67.2
总分枝 / 条	14	秕果率 /%	15.4	出仁率 /%	51.7

营养成分

成分	数值	成分	数值	成分	数值
蛋白质含量 /%	27.69	粗脂肪含量 /%	46.82	氨基酸总含量 /%	25.46
油酸含量 /%	32.36	亚油酸含量 /%	47.51	油酸含量 / 亚油酸含量	0.68
硬脂酸含量 /%	1.50	花生酸含量 /%	1.22	二十四烷酸含量 /%	2.08
棕榈酸含量 /%	9.34	苏氨酸（Thr）含量 /%	0.90	缬氨酸（Val）含量 /%	1.36
赖氨酸（Lys）含量 /%	0.64	山嵛酸含量 /%	2.69	异亮氨酸（Ile）含量 /%	0.71
亮氨酸（Leu）含量 /%	1.68	苯丙氨酸（Phe）含量 /%	1.35	组氨酸（His）含量 /%	0.92
精氨酸（Arg）含量 /%	2.90	脯氨酸（Pro）含量 /%	0.88	蛋氨酸（Met）含量 /%	0.29

琼山珠豆

种质库编号
GH02908

来源：海南省海口市

科名：豆科（Leguminosae） | 属名：落花生属（*Arachis* L.）
类型：珍珠豆型 | 观测地：广州市白云区 | 生长习性：直立
倍性：异源四倍体 | 观测时间：2015 年 6 月 | 开花习性：连续开花
保存单位：广东省农业科学院作物研究所

●特征特性

植株长势一般，直立生长，中等高度，分枝数一般，收获期不落叶，田间表现为高抗锈病和高抗叶斑病。

叶片中等大小，叶绿色，呈长椭圆形。

荚果普通型，中间缢缩较弱，果嘴一般明显，表面质地光滑，无果脊。种仁呈圆柱形。种皮为粉红色，无裂纹。

单株农艺性状

性状	数值	性状	数值	性状	数值
主茎高 /cm	45	结荚数 / 个	29	烂果率 /%	0
第一分枝长 /cm	69	果仁数 / 粒	2	百果重 /g	133.2
收获期主茎青叶数 / 片	16	饱果率 /%	96.6	百仁重 /g	96.8
总分枝 / 条	7	秕果率 /%	3.4	出仁率 /%	72.7

营养成分

成分	数值	成分	数值	成分	数值
蛋白质含量 /%	25.54	粗脂肪含量 /%	50.33	氨基酸总含量 /%	23.95
油酸含量 /%	40.39	亚油酸含量 /%	37.21	油酸含量 / 亚油酸含量	1.09
硬脂酸含量 /%	0.88	花生酸含量 /%	0.77	二十四烷酸含量 /%	2.44
棕榈酸含量 /%	10.83	苏氨酸（Thr）含量 /%	0.66	缬氨酸（Val）含量 /%	0.96
赖氨酸（Lys）含量 /%	0.46	山嵛酸含量 /%	4.63	异亮氨酸（Ile）含量 /%	0.69
亮氨酸（Leu）含量 /%	1.61	苯丙氨酸（Phe）含量 /%	1.30	组氨酸（His）含量 /%	0.93
精氨酸（Arg）含量 /%	2.68	脯氨酸（Pro）含量 /%	1.56	蛋氨酸（Met）含量 /%	0.25

文摘墩

种质库编号 GH02470

来源：海南省文昌市

科名：豆科（Leguminosae）｜属名：落花生属（*Arachis* L.）
类型：珍珠豆型｜观测地：广州市白云区｜生长习性：蔓生
倍性：异源四倍体｜观测时间：2015 年 6 月｜开花习性：连续开花
保存单位：广东省农业科学院作物研究所

●特征特性

植株长势旺盛，蔓生生长，中等高度，分枝数少，收获期落叶性一般，田间表现为高抗锈病和高抗叶斑病。

叶片中等大小，叶绿色，呈长椭圆形。

荚果茧型，中间缢缩较弱，果嘴一般明显，表面质地光滑，无果脊。种仁呈圆柱形。种皮为粉红色，有较多裂纹。

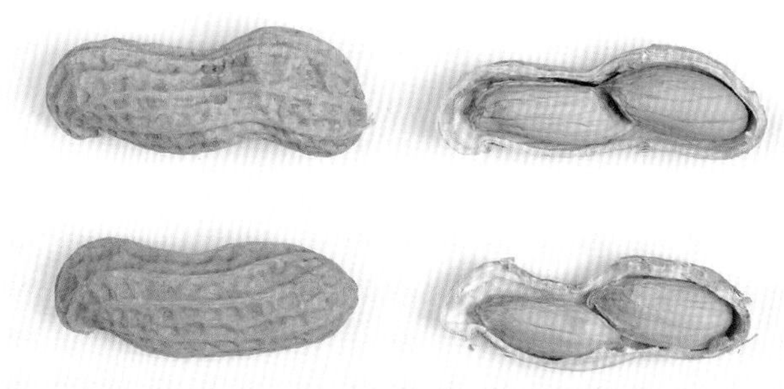

单株农艺性状

性状	值	性状	值	性状	值
主茎高 /cm	53	结荚数 / 个	6	烂果率 /%	0
第一分枝长 /cm	50	果仁数 / 粒	2	百果重 /g	129.6
收获期主茎青叶数 / 片	13	饱果率 /%	100	百仁重 /g	83.2
总分枝 / 条	5	秕果率 /%	0	出仁率 /%	64.2

营养成分

成分	值	成分	值	成分	值
蛋白质含量 /%	28.08	粗脂肪含量 /%	48.88	氨基酸总含量 /%	26.10
油酸含量 /%	47.66	亚油酸含量 /%	34.59	油酸含量 / 亚油酸含量	1.38
硬脂酸含量 /%	0.30	花生酸含量 /%	0.83	二十四烷酸含量 /%	1.49
棕榈酸含量 /%	8.33	苏氨酸（Thr）含量 /%	1.10	缬氨酸（Val）含量 /%	1.39
赖氨酸（Lys）含量 /%	0.58	山嵛酸含量 /%	1.04	异亮氨酸（Ile）含量 /%	0.74
亮氨酸（Leu）含量 /%	1.74	苯丙氨酸（Phe）含量 /%	1.38	组氨酸（His）含量 /%	0.97
精氨酸（Arg）含量 /%	2.88	脯氨酸（Pro）含量 /%	1.40	蛋氨酸（Met）含量 /%	0.27

徐系 1 号

种质库编号
GH00271

来源：江苏省徐州市

科名：豆科（Leguminosae） | 属名：落花生属（*Arachis* L.）
类型：珍珠豆型 | 观测地：广州市白云区 | 生长习性：半蔓生
倍性：异源四倍体 | 观测时间：2015 年 6 月 | 开花习性：连续开花
保存单位：广东省农业科学院作物研究所

● **特征特性**

植株长势一般，半蔓生生长，中等高度，分枝数少，收获期落叶性一般，田间表现为高抗锈病和高抗叶斑病。

叶片中等大小，叶绿色，呈长椭圆形。

荚果普通型，中间缢缩极弱，果嘴不明显，表面质地光滑，无果脊。种仁呈圆柱形。种皮为粉红色，无裂纹。

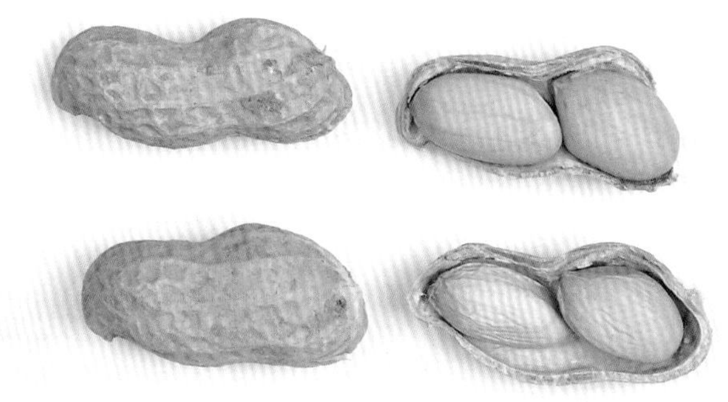

单株农艺性状					
主茎高 /cm	52	结荚数 / 个	16	烂果率 /%	0
第一分枝长 /cm	66	果仁数 / 粒	2	百果重 /g	126.8
收获期主茎青叶数 / 片	11	饱果率 /%	81.3	百仁重 /g	88.4
总分枝 / 条	5	秕果率 /%	18.7	出仁率 /%	69.7

营养成分					
蛋白质含量 /%	26.5	粗脂肪含量 /%	49.06	氨基酸总含量 /%	24.7
油酸含量 /%	42.27	亚油酸含量 /%	37.15	油酸含量 / 亚油酸含量	1.14
硬脂酸含量 /%	0.70	花生酸含量 /%	0.80	二十四烷酸含量 /%	2.85
棕榈酸含量 /%	10.63	苏氨酸（Thr）含量 /%	0.85	缬氨酸（Val）含量 /%	1.06
赖氨酸（Lys）含量 /%	1.19	山嵛酸含量 /%	5.29	异亮氨酸（Ile）含量 /%	0.71
亮氨酸（Leu）含量 /%	1.66	苯丙氨酸（Phe）含量 /%	1.33	组氨酸（His）含量 /%	0.90
精氨酸（Arg）含量 /%	2.76	脯氨酸（Pro）含量 /%	1.46	蛋氨酸（Met）含量 /%	0.26

六月爆

种质库编号
GH00783

来源：江西省赣州市

科名：豆科（Leguminosae）　属名：落花生属（*Arachis* L.）
类型：珍珠豆型　观测地：广州市白云区　生长习性：直立
倍性：异源四倍体　观测时间：2015 年 6 月　开花习性：连续开花
保存单位：广东省农业科学院作物研究所

●特征特性

植株长势一般，直立生长，中等高度，分枝数一般，收获期落叶性一般，田间表现为高抗锈病和高抗叶斑病。

叶片中等大小，叶绿色，呈长椭圆形。

荚果茧型，中间缢缩极弱，果嘴一般明显，表面质地中等，无果脊。种仁呈圆柱形。种皮为粉红色，无裂纹。

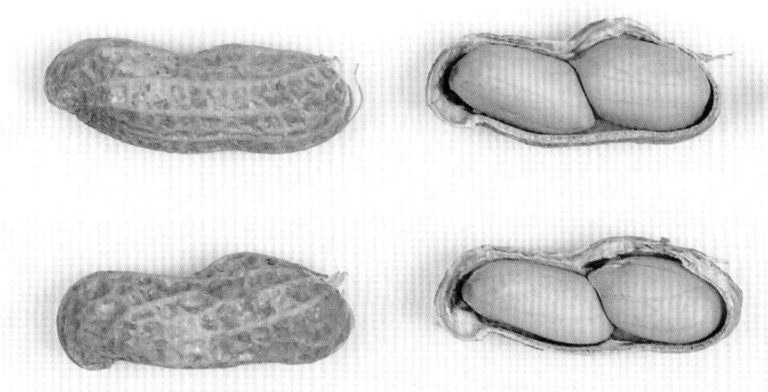

单株农艺性状					
主茎高 /cm	43	结荚数 / 个	30	烂果率 /%	10
第一分枝长 /cm	72	果仁数 / 粒	2	百果重 /g	111.6
收获期主茎青叶数 / 片	15	饱果率 /%	96.7	百仁重 /g	81.2
总分枝 / 条	7	秕果率 /%	3.3	出仁率 /%	72.8

营养成分					
蛋白质含量 /%	24.12	粗脂肪含量 /%	51.85	氨基酸总含量 /%	22.46
油酸含量 /%	35.07	亚油酸含量 /%	40.74	油酸含量 / 亚油酸含量	0.86
硬脂酸含量 /%	2.12	花生酸含量 /%	1.04	二十四烷酸含量 /%	1.80
棕榈酸含量 /%	11.63	苏氨酸（Thr）含量 /%	0.69	缬氨酸（Val）含量 /%	0.94
赖氨酸（Lys）含量 /%	0.76	山嵛酸含量 /%	3.83	异亮氨酸（Ile）含量 /%	0.67
亮氨酸（Leu）含量 /%	1.52	苯丙氨酸（Phe）含量 /%	1.22	组氨酸（His）含量 /%	0.82
精氨酸（Arg）含量 /%	2.56	脯氨酸（Pro）含量 /%	1.23	蛋氨酸（Met）含量 /%	0.26

强盗花生

种质库编号
GH00917

来源：江西省高安市

科名：豆科（Leguminosae） | 属名：落花生属（*Arachis* L.）
类型：珍珠豆型 | 观测地：广州市白云区 | 生长习性：直立
倍性：异源四倍体 | 观测时间：2015 年 6 月 | 开花习性：连续开花
保存单位：广东省农业科学院作物研究所

●特征特性

植株长势一般，直立生长，植株较矮，分枝数一般，收获期落叶性一般，田间表现为高抗锈病和高抗叶斑病。

叶片中等大小，叶色淡绿，呈长椭圆形。

荚果普通型，中间缢缩弱，果嘴不明显，表面质地中等，无果脊。种仁呈圆柱形。种皮为粉红色，无裂纹。

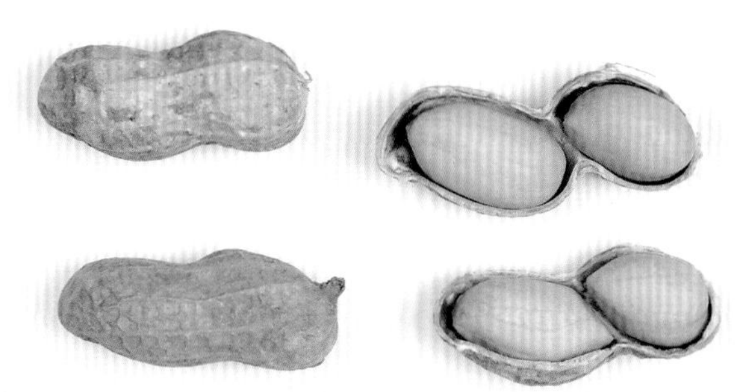

单株农艺性状					
主茎高 /cm	40	结荚数 / 个	50	烂果率 /%	0
第一分枝长 /cm	60	果仁数 / 粒	2	百果重 /g	106.4
收获期主茎青叶数 / 片	14	饱果率 /%	100	百仁重 /g	84.8
总分枝 / 条	7	秕果率 /%	0	出仁率 /%	79.7

营养成分					
蛋白质含量 /%	24.49	粗脂肪含量 /%	52.88	氨基酸总含量 /%	22.79
油酸含量 /%	41.81	亚油酸含量 /%	36.87	油酸含量 / 亚油酸含量	1.13
硬脂酸含量 /%	1.52	花生酸含量 /%	0.87	二十四烷酸含量 /%	1.92
棕榈酸含量 /%	10.42	苏氨酸（Thr）含量 /%	0.81	缬氨酸（Val）含量 /%	0.96
赖氨酸（Lys）含量 /%	0.80	山嵛酸含量 /%	3.56	异亮氨酸（Ile）含量 /%	0.68
亮氨酸（Leu）含量 /%	1.56	苯丙氨酸（Phe）含量 /%	1.23	组氨酸（His）含量 /%	0.82
精氨酸（Arg）含量 /%	2.60	脯氨酸（Pro）含量 /%	1.34	蛋氨酸（Met）含量 /%	0.25

泗阳大鹰嘴

种质库编号
GH02976

来源：江苏省宿迁市

科名：豆科（Leguminosae）｜属名：落花生属（*Arachis* L.）

类型：珍珠豆型｜观测地：广州市白云区｜生长习性：直立

倍性：异源四倍体｜观测时间：2015 年 6 月｜开花习性：连续开花

保存单位：广东省农业科学院作物研究所

●特征特性

植株长势旺盛，直立生长，中等高度，分枝数一般，收获期落叶性好，田间表现为高抗锈病和高抗叶斑病。

叶片中等大小，叶绿色，呈长椭圆形。

荚果普通型，中间缢缩弱，果嘴一般明显，表面质地中等，无果脊。种仁呈锥形。种皮为粉红色，有少量裂纹。

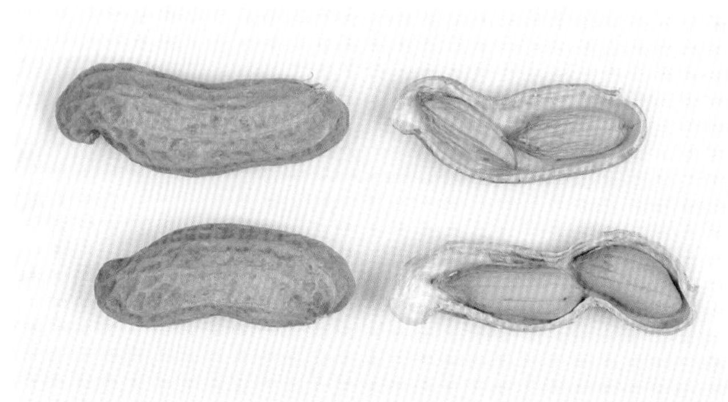

单株农艺性状

主茎高 /cm	42	结荚数 / 个	22	烂果率 /%	0
第一分枝长 /cm	45	果仁数 / 粒	2	百果重 /g	160.0
收获期主茎青叶数 / 片	8	饱果率 /%	90.9	百仁重 /g	99.2
总分枝 / 条	9	秕果率 /%	9.1	出仁率 /%	62.0

营养成分

蛋白质含量 /%	24.13	粗脂肪含量 /%	52.18	氨基酸总含量 /%	22.3
油酸含量 /%	48.68	亚油酸含量 /%	29.3	油酸含量 / 亚油酸含量	1.66
硬脂酸含量 /%	2.31	花生酸含量 /%	1.18	二十四烷酸含量 /%	1.16
棕榈酸含量 /%	9.96	苏氨酸（Thr）含量 /%	0.68	缬氨酸（Val）含量 /%	0.95
赖氨酸（Lys）含量 /%	0.85	山嵛酸含量 /%	2.28	异亮氨酸（Ile）含量 /%	0.67
亮氨酸（Leu）含量 /%	1.52	苯丙氨酸（Phe）含量 /%	1.20	组氨酸（His）含量 /%	0.75
精氨酸（Arg）含量 /%	2.49	脯氨酸（Pro）含量 /%	0.88	蛋氨酸（Met）含量 /%	0.25

台珍 148

种质库编号
GH00200

来源：台湾省台南市

科名：豆科（Leguminosae） | 属名：落花生属（*Arachis* L.）
类型：珍珠豆型 | 观测地：广州市白云区 | 生长习性：直立
倍性：异源四倍体 | 观测时间：2015 年 6 月 | 开花习性：连续开花
保存单位：广东省农业科学院作物研究所

●特征特性

植株长势旺盛，直立生长，植株较矮，分枝数一般，收获期落叶性一般，田间表现为高抗锈病和高抗叶斑病。

叶片较小，叶色深绿，呈长椭圆形。

荚果普通型，中间缢缩中等，果嘴一般明显，表面质地光滑，无果脊。种仁呈锥形。种皮为粉红色，有少量裂纹。

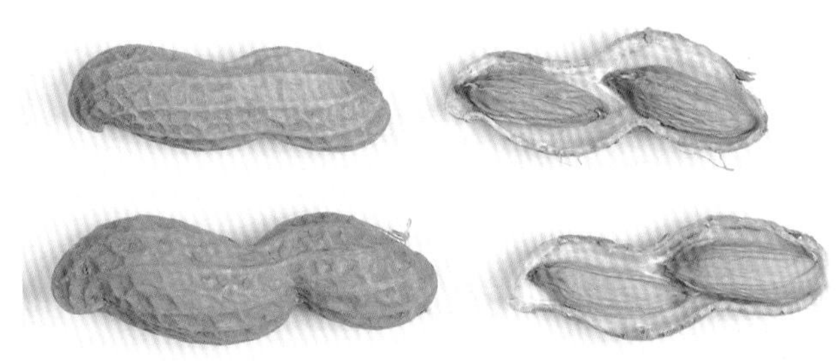

单株农艺性状					
主茎高 /cm	40	结荚数 / 个	8	烂果率 /%	12.5
第一分枝长 /cm	45	果仁数 / 粒	2	百果重 /g	127.2
收获期主茎青叶数 / 片	12	饱果率 /%	75.0	百仁重 /g	70.8
总分枝 / 条	7	秕果率 /%	25.0	出仁率 /%	55.7

营养成分					
蛋白质含量 /%	27.25	粗脂肪含量 /%	46.80	氨基酸总含量 /%	25.22
油酸含量 /%	40.94	亚油酸含量 /%	39.17	油酸含量 / 亚油酸含量	1.05
硬脂酸含量 /%	1.39	花生酸含量 /%	1.10	二十四烷酸含量 /%	2.05
棕榈酸含量 /%	9.44	苏氨酸（Thr）含量 /%	0.88	缬氨酸（Val）含量 /%	1.27
赖氨酸（Lys）含量 /%	0.60	山嵛酸含量 /%	2.84	异亮氨酸（Ile）含量 /%	0.72
亮氨酸（Leu）含量 /%	1.68	苯丙氨酸（Phe）含量 /%	1.35	组氨酸（His）含量 /%	0.91
精氨酸（Arg）含量 /%	2.85	脯氨酸（Pro）含量 /%	1.07	蛋氨酸（Met）含量 /%	0.29

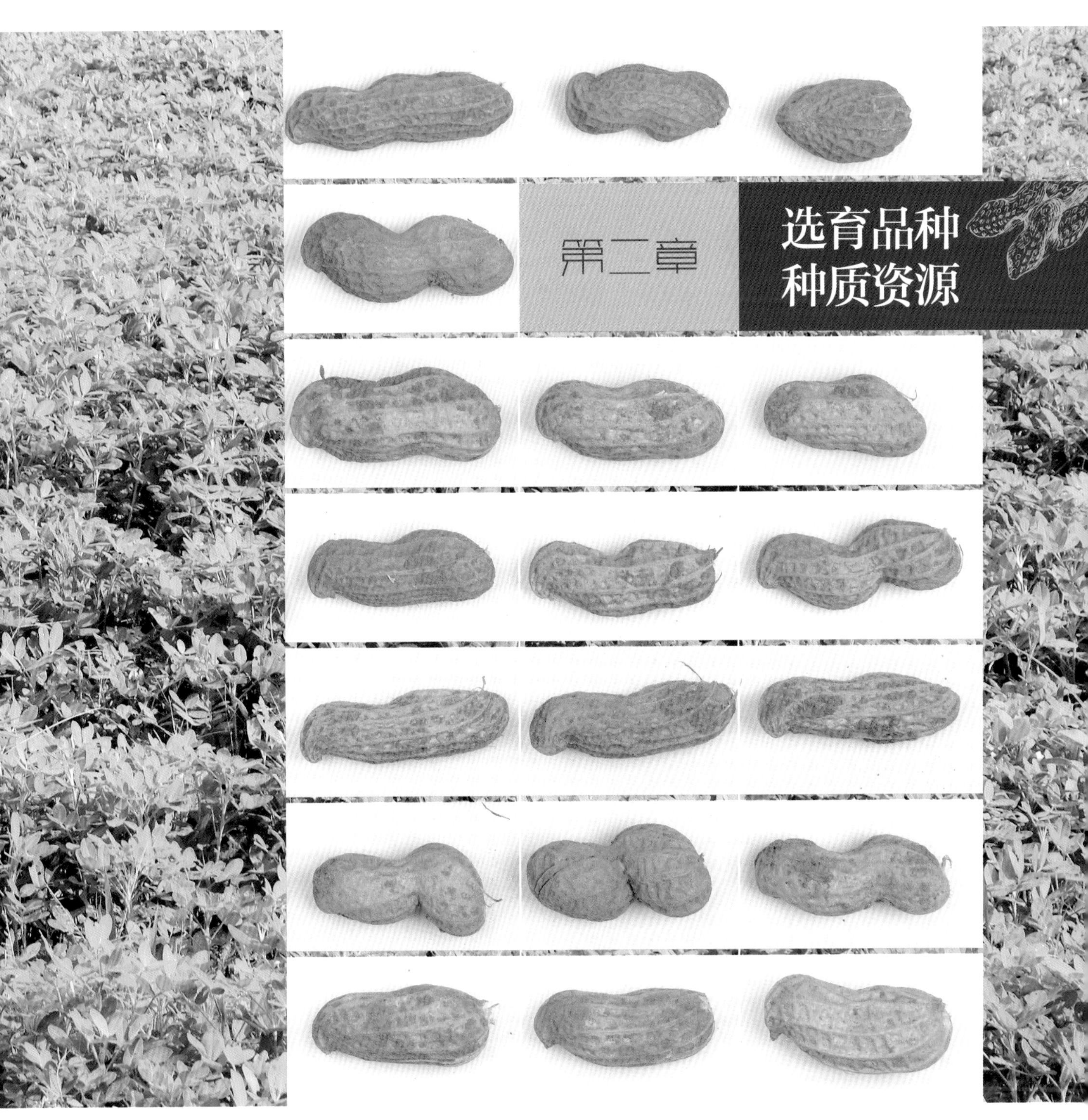

第二章 选育品种 种质资源

粤油四粒白

种质库编号
GH00043

来源：广东省广州市

科名：豆科（Leguminosae） | 属名：落花生属（*Arachis* L.）
类型：珍珠豆型 | 观测地：广州市白云区 | 生长习性：直立
倍性：异源四倍体 | 观测时间：2015 年 6 月 | 开花习性：连续开花
保存单位：广东省农业科学院作物研究所

●**特征特性**

植株长势一般，直立生长，中等高度，分枝数少，收获期落叶性一般，田间表现为高抗锈病和高抗叶斑病。

叶片中等大小，叶绿色，呈长椭圆形。

荚果串珠型，中间缢缩极弱，果嘴不明显，表面质地光滑，无果脊。种仁呈球形。种皮为粉红色，有少量裂纹。

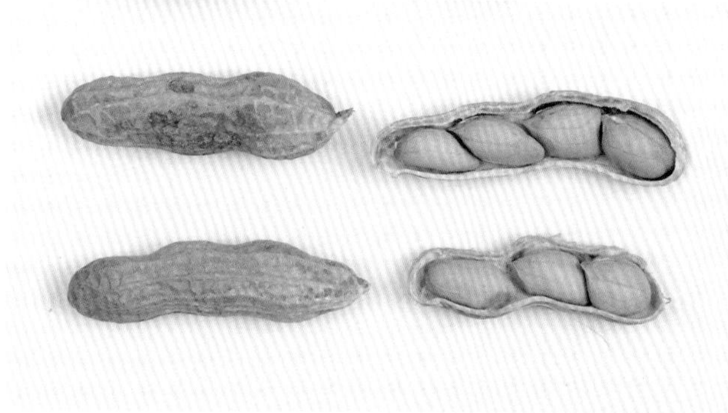

单株农艺性状					
主茎高 /cm	44	结荚数 / 个	11	烂果率 /%	0
第一分枝长 /cm	57	果仁数 / 粒	3~4	百果重 /g	172.8
收获期主茎青叶数 / 片	10	饱果率 /%	81.8	百仁重 /g	121.2
总分枝 / 条	5	秕果率 /%	18.2	出仁率 /%	70.1

营养成分					
蛋白质含量 /%	26.28	粗脂肪含量 /%	50.71	氨基酸总含量 /%	24.27
油酸含量 /%	35.35	亚油酸含量 /%	40.08	油酸含量 / 亚油酸含量	0.88
硬脂酸含量 /%	1.91	花生酸含量 /%	0.99	二十四烷酸含量 /%	1.94
棕榈酸含量 /%	11.84	苏氨酸（Thr）含量 /%	0.75	缬氨酸（Val）含量 /%	1.03
赖氨酸（Lys）含量 /%	0.57	山嵛酸含量 /%	4.08	异亮氨酸（Ile）含量 /%	0.73
亮氨酸（Leu）含量 /%	1.65	苯丙氨酸（Phe）含量 /%	1.32	组氨酸（His）含量 /%	0.84
精氨酸（Arg）含量 /%	2.84	脯氨酸（Pro）含量 /%	1.29	蛋氨酸（Met）含量 /%	0.26

粤油 29

种质库编号
GH00051

来源：广东省广州市

科名：豆科（Leguminosae） | 属名：落花生属（*Arachis* L.）
类型：珍珠豆型 | 观测地：广州市白云区 | 生长习性：直立
倍性：异源四倍体 | 观测时间：2015 年 6 月 | 开花习性：连续开花
保存单位：广东省农业科学院作物研究所

●特征特性

植株长势一般，直立生长，中等高度，分枝数一般，收获期落叶性一般，田间表现为中感锈病和中感叶斑病。

叶片中等大小，叶绿色，呈长椭圆形。

荚果普通型，中间缢缩极弱，果嘴一般明显，表面质地粗糙，无果脊。种仁呈锥形。种皮为粉红色，无裂纹。

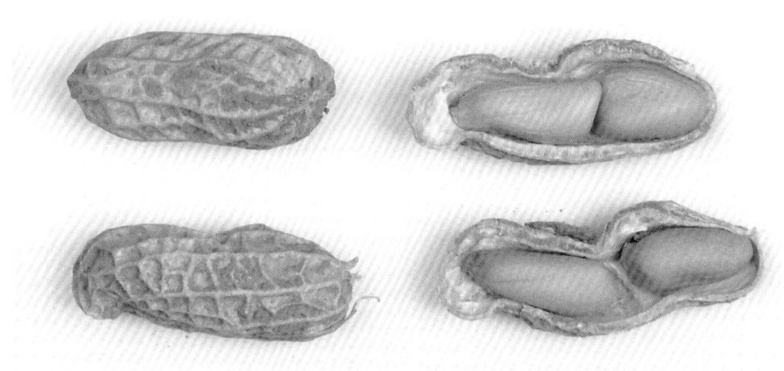

单株农艺性状

性状	数值	性状	数值	性状	数值
主茎高 /cm	45	结荚数 / 个	52	烂果率 /%	3.8
第一分枝长 /cm	55	果仁数 / 粒	2	百果重 /g	172.8
收获期主茎青叶数 / 片	12	饱果率 /%	96.2	百仁重 /g	101.2
总分枝 / 条	11	秕果率 /%	3.8	出仁率 /%	58.6

营养成分

成分	数值	成分	数值	成分	数值
蛋白质含量 /%	23.98	粗脂肪含量 /%	49.88	氨基酸总含量 /%	21.97
油酸含量 /%	28.49	亚油酸含量 /%	47.15	油酸含量 / 亚油酸含量	0.60
硬脂酸含量 /%	0.50	花生酸含量 /%	0.59	二十四烷酸含量 /%	2.90
棕榈酸含量 /%	12.31	苏氨酸（Thr）含量 /%	0.84	缬氨酸（Val）含量 /%	1.06
赖氨酸（Lys）含量 /%	0.38	山嵛酸含量 /%	4.92	异亮氨酸（Ile）含量 /%	0.64
亮氨酸（Leu）含量 /%	1.47	苯丙氨酸（Phe）含量 /%	1.19	组氨酸（His）含量 /%	0.89
精氨酸（Arg）含量 /%	2.46	脯氨酸（Pro）含量 /%	1.38	蛋氨酸（Met）含量 /%	0.22

粤油四粒红

种质库编号 GH00055

来源：广东省广州市

科名：豆科（Leguminosae） | 属名：落花生属（*Arachis* L.）
类型：多粒型 | 观测地：广州市白云区 | 生长习性：直立
倍性：异源四倍体 | 观测时间：2015 年 6 月 | 开花习性：连续开花
保存单位：广东省农业科学院作物研究所

●特征特性

植株长势一般，直立生长，中等高度，分枝数少，收获期落叶性一般，田间表现为高抗锈病和高抗叶斑病。

叶片中等大小，叶色淡绿，呈长椭圆形。

荚果串珠型，中间缢缩极弱，果嘴一般明显，表面质地粗糙，果脊明显。种仁呈圆柱形。种皮为红色，无裂纹。

单株农艺性状					
主茎高 /cm	44	结荚数 / 个	18	烂果率 /%	16.7
第一分枝长 /cm	59	果仁数 / 粒	3~4	百果重 /g	224
收获期主茎青叶数 / 片	13	饱果率 /%	94.4	百仁重 /g	166.0
总分枝 / 条	5	秕果率 /%	5.6	出仁率 /%	74.1

营养成分					
蛋白质含量 /%	27.39	粗脂肪含量 /%	52.02	氨基酸总含量 /%	25.12
油酸含量 /%	35.95	亚油酸含量 /%	39.87	油酸含量 / 亚油酸含量	0.90
硬脂酸含量 /%	3.06	花生酸含量 /%	1.32	二十四烷酸含量 /%	1.59
棕榈酸含量 /%	11.41	苏氨酸（Thr）含量 /%	0.78	缬氨酸（Val）含量 /%	1.02
赖氨酸（Lys）含量 /%	0.72	山嵛酸含量 /%	3.88	异亮氨酸（Ile）含量 /%	0.77
亮氨酸（Leu）含量 /%	1.73	苯丙氨酸（Phe）含量 /%	1.36	组氨酸（His）含量 /%	0.79
精氨酸（Arg）含量 /%	3.01	脯氨酸（Pro）含量 /%	1.20	蛋氨酸（Met）含量 /%	0.27

粤油 169

种质库编号
GH00084

来源：广东省广州市

科名：豆科（Leguminosae）　属名：落花生属（*Arachis* L.）
类型：珍珠豆型　观测地：广州市白云区　生长习性：蔓生
倍性：异源四倍体　观测时间：2015 年 6 月　开花习性：连续开花
保存单位：广东省农业科学院作物研究所

●特征特性

植株长势旺盛，蔓生生长，植株较高，分枝数少，收获期不落叶，田间表现为高抗锈病和高抗叶斑病。

叶片较大，叶绿色，呈长椭圆形。

荚果普通型，中间缢缩极弱，果嘴明显，表面质地中等，无果脊。种仁呈锥形。种皮为红色，无裂纹。

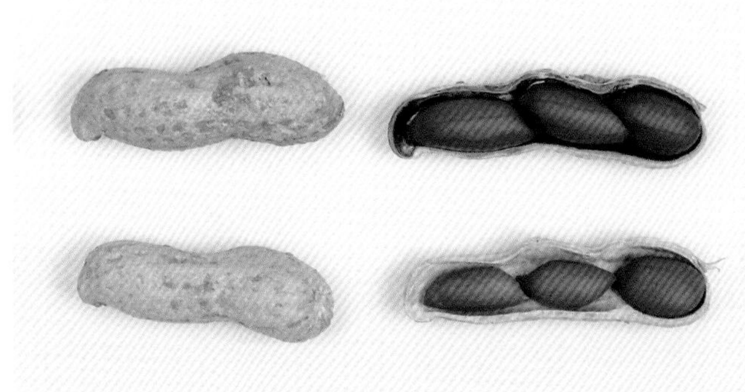

单株农艺性状

性状	数值	性状	数值	性状	数值
主茎高 /cm	70	结荚数 / 个	36	烂果率 /%	0
第一分枝长 /cm	78	果仁数 / 粒	3	百果重 /g	126.4
收获期主茎青叶数 / 片	25	饱果率 /%	97.2	百仁重 /g	91.6
总分枝 / 条	5	秕果率 /%	2.8	出仁率 /%	72.5

营养成分

成分	数值	成分	数值	成分	数值
蛋白质含量 /%	26.89	粗脂肪含量 /%	48.51	氨基酸总含量 /%	24.89
油酸含量 /%	32.92	亚油酸含量 /%	44.08	油酸含量 / 亚油酸含量	0.75
硬脂酸含量 /%	1.45	花生酸含量 /%	0.92	二十四烷酸含量 /%	2.00
棕榈酸含量 /%	12.00	苏氨酸（Thr）含量 /%	0.80	缬氨酸（Val）含量 /%	1.07
赖氨酸（Lys）含量 /%	0.56	山嵛酸含量 /%	4.05	异亮氨酸（Ile）含量 /%	0.73
亮氨酸（Leu）含量 /%	1.67	苯丙氨酸（Phe）含量 /%	1.35	组氨酸（His）含量 /%	0.90
精氨酸（Arg）含量 /%	2.85	脯氨酸（Pro）含量 /%	1.50	蛋氨酸（Met）含量 /%	0.25

粤油200

种质库编号
GH00109

来源：广东省广州市

科名：豆科（Leguminosae） | 属名：落花生属（*Arachis* L.）
类型：珍珠豆型 | 观测地：广州市白云区 | 生长习性：半蔓生
倍性：异源四倍体 | 观测时间：2015年6月 | 开花习性：连续开花
保存单位：广东省农业科学院作物研究所

●特征特性

植株长势一般，半蔓生生长，中等高度，分枝数少，收获期落叶性好，田间表现为高抗锈病和高抗叶斑病。

叶片中等大小，叶绿色，呈长椭圆形。

荚果普通型，中间缢缩极弱，果嘴不明显，表面质地中等，无果脊。种仁呈圆柱形。种皮为粉红色，无裂纹。

单株农艺性状					
主茎高 /cm	45	结荚数 / 个	20	烂果率 /%	10
第一分枝长 /cm	50	果仁数 / 粒	2	百果重 /g	142.4
收获期主茎青叶数 / 片	8	饱果率 /%	100	百仁重 /g	97.2
总分枝 / 条	6	秕果率 /%	0	出仁率 /%	68.3

营养成分					
蛋白质含量 /%	23.60	粗脂肪含量 /%	50.79	氨基酸总含量 /%	22.24
油酸含量 /%	37.69	亚油酸含量 /%	40.30	油酸含量 / 亚油酸含量	0.94
硬脂酸含量 /%	0.29	花生酸含量 /%	0.57	二十四烷酸含量 /%	2.50
棕榈酸含量 /%	11.22	苏氨酸（Thr）含量 /%	0.74	缬氨酸（Val）含量 /%	0.98
赖氨酸（Lys）含量 /%	0.66	山嵛酸含量 /%	4.58	异亮氨酸（Ile）含量 /%	0.64
亮氨酸（Leu）含量 /%	1.49	苯丙氨酸（Phe）含量 /%	1.21	组氨酸（His）含量 /%	0.91
精氨酸（Arg）含量 /%	2.43	脯氨酸（Pro）含量 /%	1.54	蛋氨酸（Met）含量 /%	0.24

粤油 320

种质库编号
GH00125

来源：广东省广州市

科名：豆科（Leguminosae）　属名：落花生属（*Arachis* L.）
类型：珍珠豆型　观测地：广州市白云区　生长习性：半蔓生
倍性：异源四倍体　观测时间：2015 年 6 月　开花习性：连续开花
保存单位：广东省农业科学院作物研究所

●特征特性

植株长势一般，半蔓生生长，中等高度，分枝数少，收获期落叶性一般，田间表现为高抗锈病和高抗叶斑病。

叶片中等大小，叶绿色，呈长椭圆形。

荚果茧型，中间缢缩弱，果嘴一般明显，表面质地中等，无果脊。种仁呈圆柱形。种皮为粉红色，无裂纹。

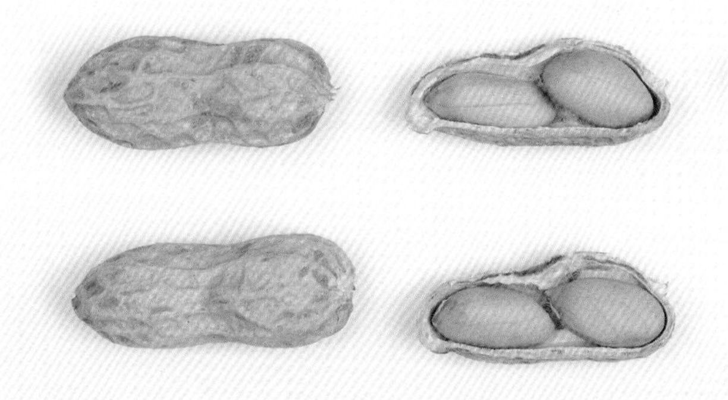

单株农艺性状

性状	数值	性状	数值	性状	数值
主茎高 /cm	43	结荚数 / 个	42	烂果率 /%	0
第一分枝长 /cm	64	果仁数 / 粒	2	百果重 /g	126.0
收获期主茎青叶数 / 片	15	饱果率 /%	78.6	百仁重 /g	86.8
总分枝 / 条	5	秕果率 /%	21.4	出仁率 /%	68.9

营养成分

成分	数值	成分	数值	成分	数值
蛋白质含量 /%	24.52	粗脂肪含量 /%	52.59	氨基酸总含量 /%	22.88
油酸含量 /%	42.30	亚油酸含量 /%	36.34	油酸含量 / 亚油酸含量	1.16
硬脂酸含量 /%	0.31	花生酸含量 /%	0.62	二十四烷酸含量 /%	2.74
棕榈酸含量 /%	10.81	苏氨酸（Thr）含量 /%	0.78	缬氨酸（Val）含量 /%	1.01
赖氨酸（Lys）含量 /%	0.31	山嵛酸含量 /%	4.84	异亮氨酸（Ile）含量 /%	0.67
亮氨酸（Leu）含量 /%	1.55	苯丙氨酸（Phe）含量 /%	1.23	组氨酸（His）含量 /%	0.86
精氨酸（Arg）含量 /%	2.53	脯氨酸（Pro）含量 /%	1.47	蛋氨酸（Met）含量 /%	0.23

辐 152

种质库编号
GH00260

来源：广东省广州市

科名：豆科（Leguminosae） | 属名：落花生属（*Arachis* L.）
类型：珍珠豆型 | 观测地：广州市白云区 | 生长习性：半蔓生
倍性：异源四倍体 | 观测时间：2015 年 6 月 | 开花习性：连续开花
保存单位：广东省农业科学院作物研究所

●特征特性

植株长势一般，半蔓生生长，中等高度，分枝数一般，收获期落叶性一般，田间表现为高抗锈病和高抗叶斑病。

叶片中等大小，叶绿色，呈长椭圆形。

荚果茧型，中间缢缩极弱，无果嘴，表面质地中等，无果脊。种仁呈锥形。种皮为粉红色，有少量裂纹。

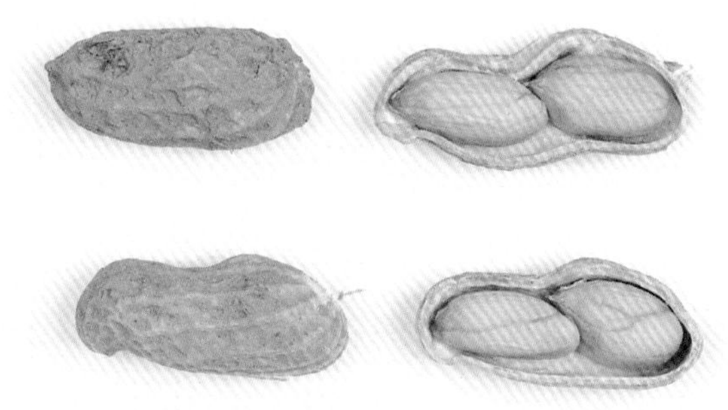

单株农艺性状					
主茎高 /cm	52	结荚数 / 个	47	烂果率 /%	8.5
第一分枝长 /cm	65	果仁数 / 粒	2	百果重 /g	108.4
收获期主茎青叶数 / 片	14	饱果率 /%	97.9	百仁重 /g	68.4
总分枝 / 条	8	秕果率 /%	2.1	出仁率 /%	63.1

营养成分					
蛋白质含量 /%	21.44	粗脂肪含量 /%	52.12	氨基酸总含量 /%	20.12
油酸含量 /%	44.72	亚油酸含量 /%	33.42	油酸含量 / 亚油酸含量	1.34
硬脂酸含量 /%	1.58	花生酸含量 /%	0.89	二十四烷酸含量 /%	2.06
棕榈酸含量 /%	10.42	苏氨酸（Thr）含量 /%	0.67	缬氨酸（Val）含量 /%	0.89
赖氨酸（Lys）含量 /%	0.61	山嵛酸含量 /%	3.97	异亮氨酸（Ile）含量 /%	0.60
亮氨酸（Leu）含量 /%	1.37	苯丙氨酸（Phe）含量 /%	1.10	组氨酸（His）含量 /%	0.76
精氨酸（Arg）含量 /%	2.19	脯氨酸（Pro）含量 /%	1.11	蛋氨酸（Met）含量 /%	0.22

粤油 85

种质库编号
GH00290

来源：广东省广州市

科名：豆科（Leguminosae）｜属名：落花生属（*Arachis* L.）
类型：珍珠豆型｜观测地：广州市白云区｜生长习性：直立
倍性：异源四倍体｜观测时间：2015 年 6 月｜开花习性：连续开花
保存单位：广东省农业科学院作物研究所

●特征特性

植株长势一般，直立生长，中等高度，分枝数一般，收获期落叶性好，田间表现为中抗锈病和中抗叶斑病。

叶片中等大小，叶绿色，呈长椭圆形。

荚果茧型，中间缢缩极弱，果嘴一般明显，表面质地粗糙，无果脊。种仁呈锥形。种皮为粉红色，无裂纹。

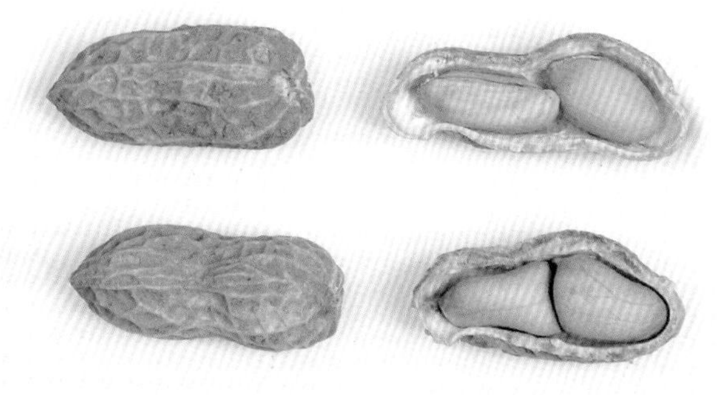

单株农艺性状

性状	数值	性状	数值	性状	数值
主茎高 /cm	44	结荚数 / 个	26	烂果率 /%	0
第一分枝长 /cm	55	果仁数 / 粒	2	百果重 /g	186.4
收获期主茎青叶数 / 片	7	饱果率 /%	92.3	百仁重 /g	114.8
总分枝 / 条	8	秕果率 /%	7.7	出仁率 /%	61.6

营养成分

成分	数值	成分	数值	成分	数值
蛋白质含量 /%	24.81	粗脂肪含量 /%	49.07	氨基酸总含量 /%	22.95
油酸含量 /%	26.02	亚油酸含量 /%	48.64	油酸含量 / 亚油酸含量	0.53
硬脂酸含量 /%	0.92	花生酸含量 /%	0.72	二十四烷酸含量 /%	2.43
棕榈酸含量 /%	12.71	苏氨酸（Thr）含量 /%	0.87	缬氨酸（Val）含量 /%	1.07
赖氨酸（Lys）含量 /%	0.63	山嵛酸含量 /%	4.20	异亮氨酸（Ile）含量 /%	0.66
亮氨酸（Leu）含量 /%	1.53	苯丙氨酸（Phe）含量 /%	1.26	组氨酸（His）含量 /%	0.94
精氨酸（Arg）含量 /%	2.59	脯氨酸（Pro）含量 /%	1.51	蛋氨酸（Met）含量 /%	0.24

粤油三粒白

种质库编号
GH00293

来源：广东省广州市

科名：豆科（Leguminosae） | 属名：落花生属（*Arachis* L.）
类型：多粒型 | 观测地：广州市白云区 | 生长习性：蔓生
倍性：异源四倍体 | 观测时间：2015 年 6 月 | 开花习性：连续开花
保存单位：广东省农业科学院作物研究所

●特征特性

植株长势一般，蔓生生长，中等高度，分枝数少，收获期落叶性一般，田间表现为高抗锈病和高抗叶斑病。

叶片中等大小，叶绿色，呈长椭圆形。

荚果曲棍型，中间缢缩极弱，果嘴不明显，表面质地中等，果脊中等。种仁呈圆柱形。种皮为粉红色，无裂纹。

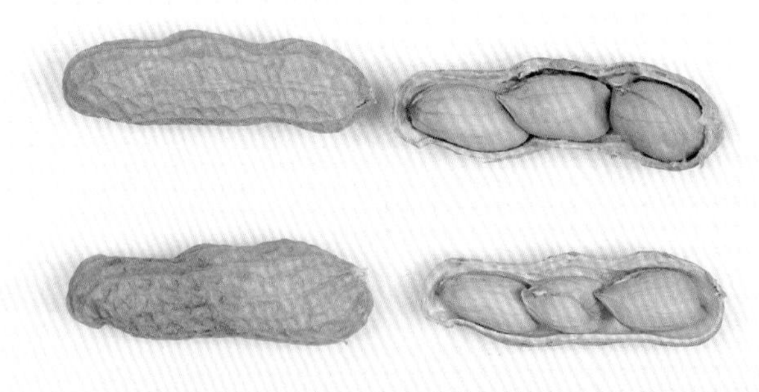

单株农艺性状

性状	值	性状	值	性状	值
主茎高 /cm	65	结荚数 / 个	11	烂果率 /%	0
第一分枝长 /cm	68	果仁数 / 粒	3	百果重 /g	122.8
收获期主茎青叶数 / 片	12	饱果率 /%	81.8	百仁重 /g	85.2
总分枝 / 条	6	秕果率 /%	18.2	出仁率 /%	69.4

营养成分

成分	值	成分	值	成分	值
蛋白质含量 /%	25.45	粗脂肪含量 /%	48.53	氨基酸总含量 /%	23.78
油酸含量 /%	41.38	亚油酸含量 /%	37.2	油酸含量 / 亚油酸含量	1.11
硬脂酸含量 /%	0.94	花生酸含量 /%	0.75	二十四烷酸含量 /%	2.36
棕榈酸含量 /%	10.80	苏氨酸（Thr）含量 /%	0.72	缬氨酸（Val）含量 /%	0.99
赖氨酸（Lys）含量 /%	0.40	山嵛酸含量 /%	4.60	异亮氨酸（Ile）含量 /%	0.69
亮氨酸（Leu）含量 /%	1.60	苯丙氨酸（Phe）含量 /%	1.29	组氨酸（His）含量 /%	0.91
精氨酸（Arg）含量 /%	2.67	脯氨酸（Pro）含量 /%	1.57	蛋氨酸（Met）含量 /%	0.25

粤油 450

种质库编号
GH00471

来源：广东省广州市

科名：豆科（Leguminosae）｜属名：落花生属（*Arachis* L.）
类型：珍珠豆型｜观测地：广州市白云区｜生长习性：半蔓生
倍性：异源四倍体｜观测时间：2015 年 6 月｜开花习性：连续开花
保存单位：广东省农业科学院作物研究所

●特征特性

植株长势一般，半蔓生生长，中等高度，分枝数一般，收获期落叶性一般，田间表现为中抗锈病和高抗叶斑病。

叶片中等大小，叶绿色，呈长椭圆形。

荚果普通型，中间缢缩极弱，果嘴明显，表面质地粗糙，无果脊。种仁呈圆柱形。种皮为粉红色，有少量裂纹。

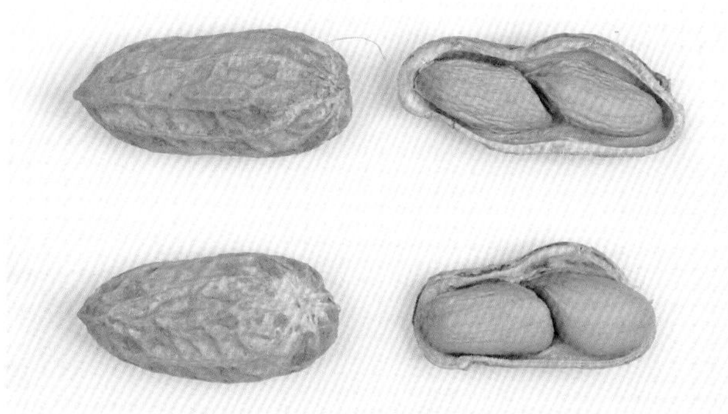

单株农艺性状

性状	数值	性状	数值	性状	数值
主茎高 /cm	42	结荚数 / 个	64	烂果率 /%	4.7
第一分枝长 /cm	48	果仁数 / 粒	2	百果重 /g	113.6
收获期主茎青叶数 / 片	12	饱果率 /%	90.6	百仁重 /g	82.0
总分枝 / 条	9	秕果率 /%	9.4	出仁率 /%	72.2

营养成分

成分	数值	成分	数值	成分	数值
蛋白质含量 /%	23.85	粗脂肪含量 /%	51.21	氨基酸总含量 /%	22.00
油酸含量 /%	40.87	亚油酸含量 /%	37.07	油酸含量 / 亚油酸含量	1.10
硬脂酸含量 /%	2.69	花生酸含量 /%	1.29	二十四烷酸含量 /%	1.18
棕榈酸含量 /%	10.60	苏氨酸（Thr）含量 /%	0.69	缬氨酸（Val）含量 /%	0.94
赖氨酸（Lys）含量 /%	0.94	山嵛酸含量 /%	2.50	异亮氨酸（Ile）含量 /%	0.65
亮氨酸（Leu）含量 /%	1.49	苯丙氨酸（Phe）含量 /%	1.19	组氨酸（His）含量 /%	0.75
精氨酸（Arg）含量 /%	2.49	脯氨酸（Pro）含量 /%	0.92	蛋氨酸（Met）含量 /%	0.25

粤油 89

种质库编号
GH00474

来源：广东省广州市

科名：豆科（Leguminosae） | 属名：落花生属（*Arachis* L.）
类型：珍珠豆型 | 观测地：广州市白云区 | 生长习性：半蔓生
倍性：异源四倍体 | 观测时间：2015 年 6 月 | 开花习性：连续开花
保存单位：广东省农业科学院作物研究所

● **特征特性**

植株长势一般，半蔓生生长，中等高度，分枝数一般，收获期落叶性好，田间表现为中抗锈病和中抗叶斑病。

叶片中等大小，叶绿色，呈长椭圆形。

荚果蜂腰型，中间缢缩中等，果嘴一般明显，表面质地粗糙，无果脊。种仁呈圆柱形。种皮为粉红色，有少量裂纹。

单株农艺性状

主茎高 /cm	45	结荚数 / 个	29	烂果率 /%	0
第一分枝长 /cm	48	果仁数 / 粒	2	百果重 /g	153.2
收获期主茎青叶数 / 片	9	饱果率 /%	89.7	百仁重 /g	104.4
总分枝 / 条	7	秕果率 /%	10.3	出仁率 /%	68.1

营养成分

蛋白质含量 /%	23.61	粗脂肪含量 /%	50.34	氨基酸总含量 /%	21.93
油酸含量 /%	39.11	亚油酸含量 /%	38.82	油酸含量 / 亚油酸含量	1.01
硬脂酸含量 /%	1.16	花生酸含量 /%	0.91	二十四烷酸含量 /%	1.87
棕榈酸含量 /%	10.01	苏氨酸（Thr）含量 /%	0.85	缬氨酸（Val）含量 /%	1.09
赖氨酸（Lys）含量 /%	1.15	山嵛酸含量 /%	2.95	异亮氨酸（Ile）含量 /%	0.63
亮氨酸（Leu）含量 /%	1.46	苯丙氨酸（Phe）含量 /%	1.19	组氨酸（His）含量 /%	0.87
精氨酸（Arg）含量 /%	2.39	脯氨酸（Pro）含量 /%	1.14	蛋氨酸（Met）含量 /%	0.24

粤油 12

种质库编号
GH00475

来源：广东省广州市

科名：豆科（Leguminosae）　属名：落花生属（*Arachis* L.）
类型：珍珠豆型　观测地：广州市白云区　生长习性：直立
倍性：异源四倍体　观测时间：2015 年 6 月　开花习性：连续开花
保存单位：广东省农业科学院作物研究所

●特征特性

植株长势一般，直立生长，中等高度，分枝数一般，收获期落叶性好，田间表现为高抗锈病和高抗叶斑病。

叶片中等大小，叶绿色，呈长椭圆形。

荚果普通型，中间缢缩极弱，果嘴一般明显，表面质地中等，无果脊。种仁呈圆柱形。种皮为粉红色，无裂纹。

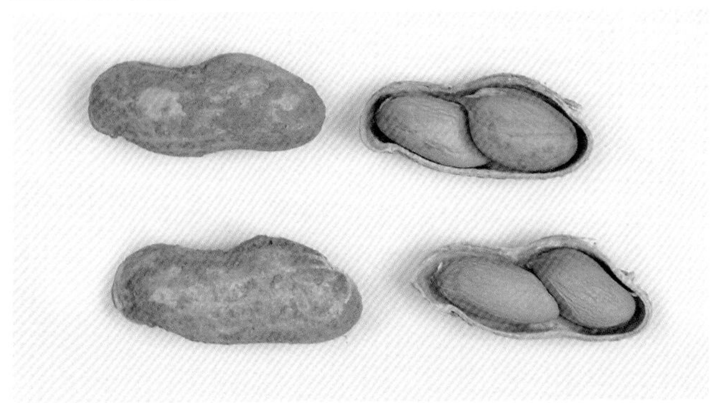

单株农艺性状

性状	数值	性状	数值	性状	数值
主茎高 /cm	60	结荚数 / 个	38	烂果率 /%	7.9
第一分枝长 /cm	61	果仁数 / 粒	2	百果重 /g	96.0
收获期主茎青叶数 / 片	8	饱果率 /%	78.9	百仁重 /g	46.8
总分枝 / 条	7	秕果率 /%	21.1	出仁率 /%	48.8

营养成分

成分	数值	成分	数值	成分	数值
蛋白质含量 /%	26.79	粗脂肪含量 /%	46.62	氨基酸总含量 /%	24.78
油酸含量 /%	34.02	亚油酸含量 /%	47.09	油酸含量 / 亚油酸含量	0.72
硬脂酸含量 /%	0.28	花生酸含量 /%	0.83	二十四烷酸含量 /%	2.81
棕榈酸含量 /%	10.21	苏氨酸（Thr）含量 /%	0.82	缬氨酸（Val）含量 /%	1.15
赖氨酸（Lys）含量 /%	0.42	山嵛酸含量 /%	4.38	异亮氨酸（Ile）含量 /%	0.69
亮氨酸（Leu）含量 /%	1.64	苯丙氨酸（Phe）含量 /%	1.31	组氨酸（His）含量 /%	0.96
精氨酸（Arg）含量 /%	2.74	脯氨酸（Pro）含量 /%	1.41	蛋氨酸（Met）含量 /%	0.27

粤油 147

种质库编号
GH00476

来源：广东省广州市

科名：豆科（Leguminosae）｜属名：落花生属（*Arachis* L.）
类型：珍珠豆型｜观测地：广州市白云区｜生长习性：半蔓生
倍性：异源四倍体｜观测时间：2015 年 6 月｜开花习性：连续开花
保存单位：广东省农业科学院作物研究所

●特征特性

植株长势一般，半蔓生生长，中等高度，分枝数一般，收获期落叶性一般，田间表现为中感锈病和中感叶斑病。

叶片中等大小，叶绿色，呈长椭圆形。

荚果普通型，中间缢缩弱，果嘴一般明显，表面质地粗糙，无果脊。种仁呈圆柱形。种皮为粉红色，无裂纹。

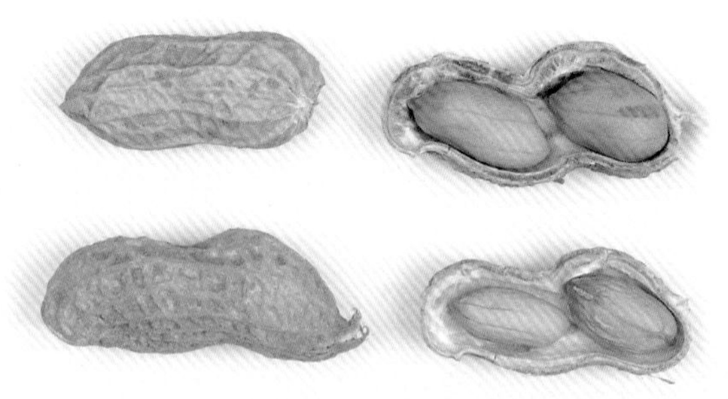

单株农艺性状

性状	数值	性状	数值	性状	数值
主茎高 /cm	57	结荚数 / 个	50	烂果率 /%	2.0
第一分枝长 /cm	65	果仁数 / 粒	2	百果重 /g	225.2
收获期主茎青叶数 / 片	12	饱果率 /%	90.0	百仁重 /g	130.0
总分枝 / 条	10	秕果率 /%	10.0	出仁率 /%	57.7

营养成分

成分	数值	成分	数值	成分	数值
蛋白质含量 /%	25.7	粗脂肪含量 /%	48.78	氨基酸总含量 /%	23.55
油酸含量 /%	30.57	亚油酸含量 /%	45.25	油酸含量 / 亚油酸含量	0.68
硬脂酸含量 /%	1.59	花生酸含量 /%	0.98	二十四烷酸含量 /%	2.24
棕榈酸含量 /%	11.54	苏氨酸（Thr）含量 /%	0.81	缬氨酸（Val）含量 /%	1.11
赖氨酸（Lys）含量 /%	0.66	山嵛酸含量 /%	3.86	异亮氨酸（Ile）含量 /%	0.68
亮氨酸（Leu）含量 /%	1.57	苯丙氨酸（Phe）含量 /%	1.28	组氨酸（His）含量 /%	0.87
精氨酸（Arg）含量 /%	2.69	脯氨酸（Pro）含量 /%	1.12	蛋氨酸（Met）含量 /%	0.25

粤油 159

种质库编号
GH00478

来源：广东省广州市

科名：豆科（Leguminosae）｜属名：落花生属（*Arachis* L.）
类型：珍珠豆型｜观测地：广州市白云区｜生长习性：蔓生
倍性：异源四倍体｜观测时间：2015 年 6 月｜开花习性：连续开花
保存单位：广东省农业科学院作物研究所

●特征特性

植株长势一般，蔓生生长，中等高度，分枝数少，收获期落叶性好，田间表现为高抗锈病和中抗叶斑病。

叶片中等大小，叶绿色，呈长椭圆形。

荚果茧型，中间缢缩极弱，果嘴不明显，表面质地中等，无果脊。种仁呈圆柱形。种皮为粉红色，有较多裂纹。

单株农艺性状

性状	数值	性状	数值	性状	数值
主茎高 /cm	60	结荚数 / 个	24	烂果率 /%	15.0
第一分枝长 /cm	80	果仁数 / 粒	2	百果重 /g	105.2
收获期主茎青叶数 / 片	9	饱果率 /%	95.8	百仁重 /g	80.0
总分枝 / 条	5	秕果率 /%	4.2	出仁率 /%	76.0

营养成分

成分	数值	成分	数值	成分	数值
蛋白质含量 /%	23.82	粗脂肪含量 /%	54.16	氨基酸总含量 /%	22.12
油酸含量 /%	42.39	亚油酸含量 /%	33.87	油酸含量 / 亚油酸含量	1.25
硬脂酸含量 /%	2.98	花生酸含量 /%	1.31	二十四烷酸含量 /%	1.07
棕榈酸含量 /%	10.74	苏氨酸（Thr）含量 /%	0.68	缬氨酸（Val）含量 /%	0.91
赖氨酸（Lys）含量 /%	0.94	山嵛酸含量 /%	2.81	异亮氨酸（Ile）含量 /%	0.67
亮氨酸（Leu）含量 /%	1.52	苯丙氨酸（Phe）含量 /%	1.20	组氨酸（His）含量 /%	0.73
精氨酸（Arg）含量 /%	2.53	脯氨酸（Pro）含量 /%	0.99	蛋氨酸（Met）含量 /%	0.25

粤油 77

种质库编号
GH00487

来源：广东省广州市

科名：豆科（Leguminosae） | 属名：落花生属（*Arachis* L.）
类型：珍珠豆型 | 观测地：广州市白云区 | 生长习性：直立
倍性：异源四倍体 | 观测时间：2015 年 6 月 | 开花习性：连续开花
保存单位：广东省农业科学院作物研究所

●特征特性

植株长势一般，直立生长，中等高度，分枝数少，收获期落叶性一般，田间表现为中抗锈病和中抗叶斑病。

叶片中等大小，叶绿色，呈长椭圆形。

荚果普通型，中间缢缩极弱，果嘴一般明显，表面质地粗糙，无果脊。种仁呈圆柱形。种皮为粉红色，无裂纹。

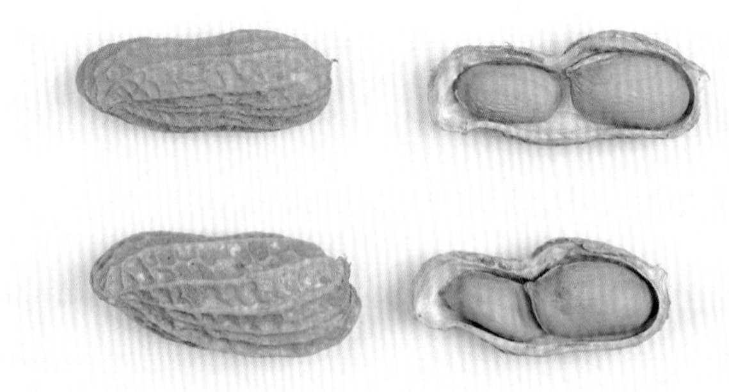

单株农艺性状

主茎高 /cm	45	结荚数 / 个	18	烂果率 /%	13.3
第一分枝长 /cm	43	果仁数 / 粒	2	百果重 /g	118
收获期主茎青叶数 / 片	12	饱果率 /%	83.3	百仁重 /g	69.6
总分枝 / 条	4	秕果率 /%	16.7	出仁率 /%	59

营养成分

蛋白质含量 /%	20.72	粗脂肪含量 /%	50.90	氨基酸总含量 /%	19.23
油酸含量 /%	32.96	亚油酸含量 /%	43.57	油酸含量 / 亚油酸含量	0.76
硬脂酸含量 /%	0.36	花生酸含量 /%	0.49	二十四烷酸含量 /%	2.19
棕榈酸含量 /%	11.29	苏氨酸（Thr）含量 /%	0.82	缬氨酸（Val）含量 /%	1.02
赖氨酸（Lys）含量 /%	0.71	山嵛酸含量 /%	3.26	异亮氨酸（Ile）含量 /%	0.56
亮氨酸（Leu）含量 /%	1.29	苯丙氨酸（Phe）含量 /%	1.05	组氨酸（His）含量 /%	0.83
精氨酸（Arg）含量 /%	2.06	脯氨酸（Pro）含量 /%	1.12	蛋氨酸（Met）含量 /%	0.21

粤油 33

种质库编号
GH00560

来源：广东省广州市

科名：豆科（Leguminosae） | 属名：落花生属（*Arachis* L.）
类型：珍珠豆型 | 观测地：广州市白云区 | 生长习性：蔓生
倍性：异源四倍体 | 观测时间：2015 年 6 月 | 开花习性：连续开花
保存单位：广东省农业科学院作物研究所

●特征特性

植株长势一般，蔓生生长，植株较高，分枝数一般，收获期落叶性好，田间表现为高抗锈病和高抗叶斑病。

叶片中等大小，叶绿色，呈长椭圆形。

荚果普通型，中间缢缩极弱，果嘴一般明显，表面质地中等，无果脊。种仁呈圆柱形。种皮为粉红色，有少量裂纹。

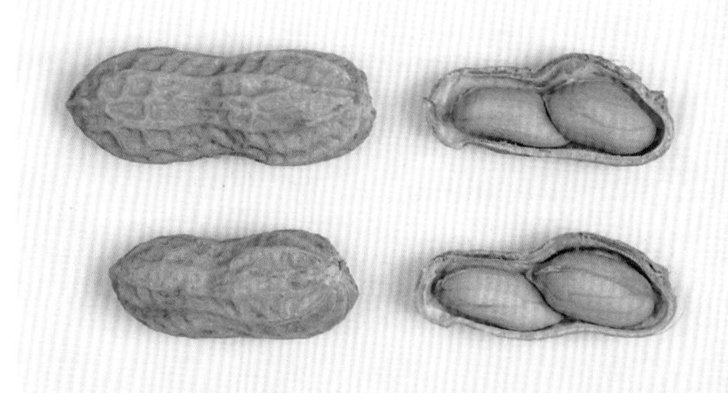

单株农艺性状

性状	数值	性状	数值	性状	数值
主茎高 /cm	75	结荚数 / 个	23	烂果率 /%	13.0
第一分枝长 /cm	82	果仁数 / 粒	2	百果重 /g	124.4
收获期主茎青叶数 / 片	6	饱果率 /%	100	百仁重 /g	88.8
总分枝 / 条	7	秕果率 /%	0	出仁率 /%	71.4

营养成分

成分	数值	成分	数值	成分	数值
蛋白质含量 /%	23.33	粗脂肪含量 /%	51.71	氨基酸总含量 /%	22.01
油酸含量 /%	45.30	亚油酸含量 /%	33.78	油酸含量 / 亚油酸含量	1.34
硬脂酸含量 /%	0.42	花生酸含量 /%	0.64	二十四烷酸含量 /%	3.26
棕榈酸含量 /%	10.38	苏氨酸（Thr）含量 /%	0.78	缬氨酸（Val）含量 /%	1.01
赖氨酸（Lys）含量 /%	0.61	山嵛酸含量 /%	5.84	异亮氨酸（Ile）含量 /%	0.64
亮氨酸（Leu）含量 /%	1.49	苯丙氨酸（Phe）含量 /%	1.19	组氨酸（His）含量 /%	0.87
精氨酸（Arg）含量 /%	2.40	脯氨酸（Pro）含量 /%	1.50	蛋氨酸（Met）含量 /%	0.23

粤油 187-181

种质库编号 GH00563

来源：广东省广州市

科名：豆科（Leguminosae） | 属名：落花生属（*Arachis* L.）
类型：珍珠豆型 | 观测地：广州市白云区 | 生长习性：直立
倍性：异源四倍体 | 观测时间：2015 年 6 月 | 开花习性：连续开花
保存单位：广东省农业科学院作物研究所

● **特征特性**

植株长势一般，直立生长，中等高度，分枝数一般，收获期落叶性好，田间表现为高抗锈病和高抗叶斑病。

叶片中等大小，叶绿色，呈长椭圆形。

荚果普通型，中间缢缩弱，果嘴一般明显，表面质地粗糙，无果脊。种仁呈圆柱形。种皮为粉红色，无裂纹。

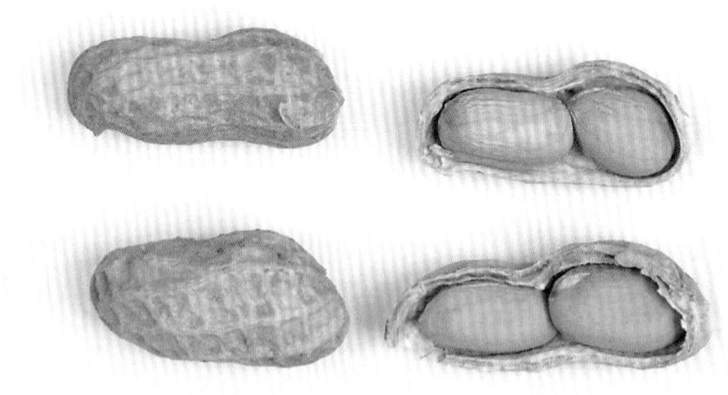

单株农艺性状					
主茎高 /cm	61	结荚数 / 个	50	烂果率 /%	10.0
第一分枝长 /cm	69	果仁数 / 粒	2	百果重 /g	121.2
收获期主茎青叶数 / 片	8	饱果率 /%	98.0	百仁重 /g	81.2
总分枝 / 条	8	秕果率 /%	2.0	出仁率 /%	67.0

营养成分					
蛋白质含量 /%	21.94	粗脂肪含量 /%	50.57	氨基酸总含量 /%	20.59
油酸含量 /%	35.71	亚油酸含量 /%	40.48	油酸含量 / 亚油酸含量	0.88
硬脂酸含量 /%	0.88	花生酸含量 /%	0.66	二十四烷酸含量 /%	2.19
棕榈酸含量 /%	11.64	苏氨酸（Thr）含量 /%	0.75	缬氨酸（Val）含量 /%	0.96
赖氨酸（Lys）含量 /%	0.76	山嵛酸含量 /%	3.78	异亮氨酸（Ile）含量 /%	0.60
亮氨酸（Leu）含量 /%	1.38	苯丙氨酸（Phe）含量 /%	1.13	组氨酸（His）含量 /%	0.84
精氨酸（Arg）含量 /%	2.26	脯氨酸（Pro）含量 /%	1.27	蛋氨酸（Met）含量 /%	0.24

粤油 116

种质库编号
GH00565

来源：广东省广州市

科名：豆科（Leguminosae）｜属名：落花生属（*Arachis* L.）
类型：珍珠豆型｜观测地：广州市白云区｜生长习性：半蔓生
倍性：异源四倍体｜观测时间：2015 年 6 月｜开花习性：连续开花
保存单位：广东省农业科学院作物研究所

●特征特性

植株长势一般，半蔓生生长，中等高度，分枝数一般，收获期落叶性好，田间表现为高抗锈病和高抗叶斑病。

叶片中等大小，叶色淡绿，呈长椭圆形。

荚果普通型，中间缢缩极弱，果嘴一般明显，表面质地中等，无果脊。种仁呈圆柱形。种皮为粉红色，有少量裂纹。

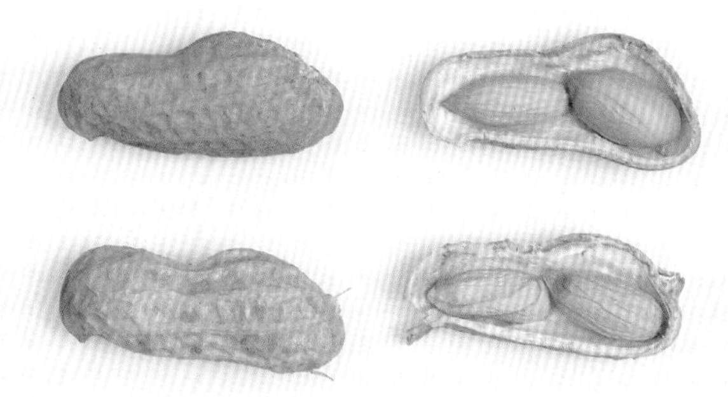

单株农艺性状					
主茎高 /cm	52	结荚数 / 个	28	烂果率 /%	10.7
第一分枝长 /cm	54	果仁数 / 粒	2	百果重 /g	98.8
收获期主茎青叶数 / 片	5	饱果率 /%	100	百仁重 /g	58.4
总分枝 / 条	7	秕果率 /%	0	出仁率 /%	59.1

营养成分					
蛋白质含量 /%	21.09	粗脂肪含量 /%	51.06	氨基酸总含量 /%	19.79
油酸含量 /%	40.97	亚油酸含量 /%	37.46	油酸含量 / 亚油酸含量	1.09
硬脂酸含量 /%	0.36	花生酸含量 /%	0.54	二十四烷酸含量 /%	2.30
棕榈酸含量 /%	10.56	苏氨酸（Thr）含量 /%	0.75	缬氨酸（Val）含量 /%	0.96
赖氨酸（Lys）含量 /%	0.65	山嵛酸含量 /%	3.68	异亮氨酸（Ile）含量 /%	0.57
亮氨酸（Leu）含量 /%	1.33	苯丙氨酸（Phe）含量 /%	1.08	组氨酸（His）含量 /%	0.82
精氨酸（Arg）含量 /%	2.11	脯氨酸（Pro）含量 /%	1.19	蛋氨酸（Met）含量 /%	0.22

粤油 397

种质库编号 GH00567

来源：广东省广州市

科名：豆科（Leguminosae） | 属名：落花生属（*Arachis* L.）
类型：珍珠豆型 | 观测地：广州市白云区 | 生长习性：半蔓生
倍性：异源四倍体 | 观测时间：2015 年 6 月 | 开花习性：连续开花
保存单位：广东省农业科学院作物研究所

●特征特性

植株长势一般，半蔓生生长，中等高度，分枝数一般，收获期落叶性好，田间表现为高抗锈病和高抗叶斑病。

叶片中等大小，叶绿色，呈长椭圆形。

荚果普通型，中间缢缩极弱，果嘴不明显，表面质地中等，无果脊。种仁呈圆柱形。种皮为粉红色，无裂纹。

单株农艺性状

性状	数值	性状	数值	性状	数值
主茎高 /cm	55	结荚数 / 个	29	烂果率 /%	10.3
第一分枝长 /cm	79	果仁数 / 粒	2	百果重 /g	109.6
收获期主茎青叶数 / 片	7	饱果率 /%	93.1	百仁重 /g	66.8
总分枝 / 条	8	秕果率 /%	6.9	出仁率 /%	60.9

营养成分

成分	数值	成分	数值	成分	数值
蛋白质含量 /%	22.55	粗脂肪含量 /%	55.38	氨基酸总含量 /%	20.92
油酸含量 /%	45.24	亚油酸含量 /%	32.41	油酸含量 / 亚油酸含量	1.40
硬脂酸含量 /%	1.41	花生酸含量 /%	0.91	二十四烷酸含量 /%	1.43
棕榈酸含量 /%	10.46	苏氨酸（Thr）含量 /%	0.70	缬氨酸（Val）含量 /%	0.89
赖氨酸（Lys）含量 /%	0.89	山嵛酸含量 /%	2.91	异亮氨酸（Ile）含量 /%	0.63
亮氨酸（Leu）含量 /%	1.43	苯丙氨酸（Phe）含量 /%	1.13	组氨酸（His）含量 /%	0.75
精氨酸（Arg）含量 /%	2.31	脯氨酸（Pro）含量 /%	0.97	蛋氨酸（Met）含量 /%	0.23

粤油 320-24

种质库编号 GH00568

来源：广东省广州市

科名：豆科（Leguminosae）　属名：落花生属（*Arachis* L.）
类型：珍珠豆型　观测地：广州市白云区　生长习性：直立
倍性：异源四倍体　观测时间：2015 年 6 月　开花习性：连续开花
保存单位：广东省农业科学院作物研究所

●特征特性

植株长势一般，直立生长，中等高度，分枝数少，收获期落叶性好，田间表现为中抗锈病和中抗叶斑病。

叶片中等大小，叶色淡绿，呈长椭圆形。

荚果茧型，中间缢缩极弱，果嘴不明显，表面质地中等，无果脊。种仁呈圆柱形。种皮为粉红色，有少量裂纹。

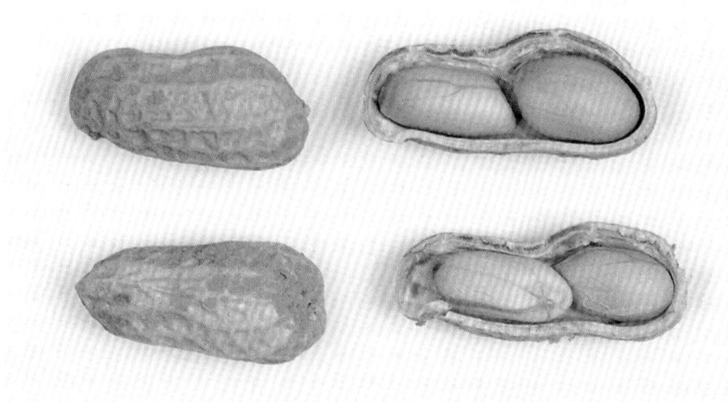

单株农艺性状					
主茎高 /cm	60	结荚数 / 个	27	烂果率 /%	0
第一分枝长 /cm	78	果仁数 / 粒	2	百果重 /g	114
收获期主茎青叶数 / 片	9	饱果率 /%	100	百仁重 /g	77.6
总分枝 / 条	6	秕果率 /%	0	出仁率 /%	68.1

营养成分					
蛋白质含量 /%	21.29	粗脂肪含量 /%	52.81	氨基酸总含量 /%	19.91
油酸含量 /%	37.27	亚油酸含量 /%	38.58	油酸含量 / 亚油酸含量	0.97
硬脂酸含量 /%	1.49	花生酸含量 /%	0.84	二十四烷酸含量 /%	1.41
棕榈酸含量 /%	11.57	苏氨酸（Thr）含量 /%	0.63	缬氨酸（Val）含量 /%	0.88
赖氨酸（Lys）含量 /%	0.91	山嵛酸含量 /%	3.22	异亮氨酸（Ile）含量 /%	0.59
亮氨酸（Leu）含量 /%	1.35	苯丙氨酸（Phe）含量 /%	1.09	组氨酸（His）含量 /%	0.77
精氨酸（Arg）含量 /%	2.18	脯氨酸（Pro）含量 /%	1.03	蛋氨酸（Met）含量 /%	0.23

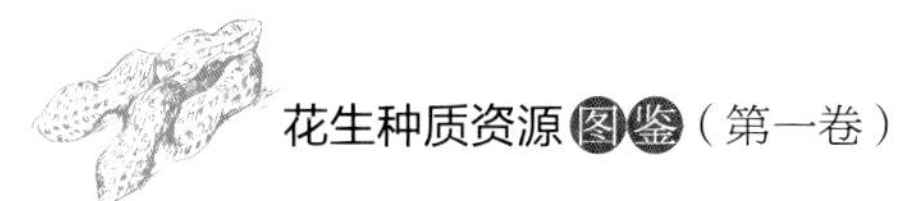

粤油 431

种质库编号 GH00573

来源：广东省广州市

科名：豆科（Leguminosae） | 属名：落花生属（*Arachis* L.）
类型：珍珠豆型 | 观测地：广州市白云区 | 生长习性：直立
倍性：异源四倍体 | 观测时间：2015 年 6 月 | 开花习性：连续开花
保存单位：广东省农业科学院作物研究所

●特征特性

植株长势一般，直立生长，中等高度，分枝数一般，收获期落叶性好，田间表现为高抗锈病和高抗叶斑病。

叶片中等大小，叶色淡绿，呈长椭圆形。

荚果茧型，中间缢缩极弱，果嘴一般明显，表面质地中等，无果脊。种仁呈圆柱形。种皮为粉红色，无裂纹。

单株农艺性状

性状	值	性状	值	性状	值
主茎高 /cm	53	结荚数 / 个	32	烂果率 /%	3.1
第一分枝长 /cm	64	果仁数 / 粒	2	百果重 /g	139.2
收获期主茎青叶数 / 片	8	饱果率 /%	96.9	百仁重 /g	97.2
总分枝 / 条	10	秕果率 /%	3.1	出仁率 /%	69.8

营养成分

成分	值	成分	值	成分	值
蛋白质含量 /%	21.4	粗脂肪含量 /%	53.15	氨基酸总含量 /%	20.14
油酸含量 /%	43.96	亚油酸含量 /%	33.62	油酸含量 / 亚油酸含量	1.31
硬脂酸含量 /%	0.89	花生酸含量 /%	0.69	二十四烷酸含量 /%	2.15
棕榈酸含量 /%	10.42	苏氨酸（Thr）含量 /%	0.79	缬氨酸（Val）含量 /%	0.97
赖氨酸（Lys）含量 /%	0.82	山嵛酸含量 /%	3.73	异亮氨酸（Ile）含量 /%	0.60
亮氨酸（Leu）含量 /%	1.37	苯丙氨酸（Phe）含量 /%	1.10	组氨酸（His）含量 /%	0.81
精氨酸（Arg）含量 /%	2.18	脯氨酸（Pro）含量 /%	1.24	蛋氨酸（Met）含量 /%	0.23

粤选 58

种质库编号 GH00576

来源：广东省广州市

科名：豆科（Leguminosae） | 属名：落花生属（*Arachis* L.）
类型：珍珠豆型 | 观测地：广州市白云区 | 生长习性：直立
倍性：异源四倍体 | 观测时间：2015 年 6 月 | 开花习性：连续开花
保存单位：广东省农业科学院作物研究所

●特征特性

植株长势一般，直立生长，中等高度，分枝数少，收获期落叶性好，田间表现为高抗锈病和中抗叶斑病。

叶片中等大小，叶绿色，呈长椭圆形。

荚果茧型，中间缢缩极弱，果嘴不明显，表面质地中等，无果脊。种仁呈圆柱形。种皮为粉红色，有少量裂纹。

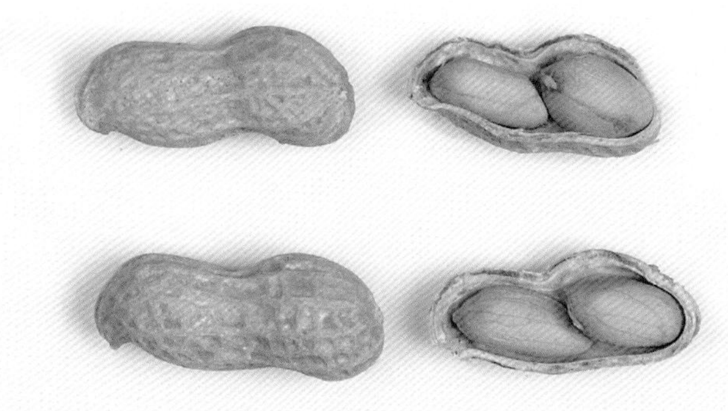

单株农艺性状					
主茎高 /cm	50	结荚数 / 个	40	烂果率 /%	0
第一分枝长 /cm	54	果仁数 / 粒	2	百果重 /g	108.4
收获期主茎青叶数 / 片	7	饱果率 /%	92.5	百仁重 /g	71.6
总分枝 / 条	6	秕果率 /%	7.5	出仁率 /%	66.1

营养成分					
蛋白质含量 /%	20.9	粗脂肪含量 /%	53.17	氨基酸总含量 /%	19.67
油酸含量 /%	35.37	亚油酸含量 /%	41.41	油酸含量 / 亚油酸含量	0.85
硬脂酸含量 /%	0.96	花生酸含量 /%	0.67	二十四烷酸含量 /%	1.92
棕榈酸含量 /%	11.83	苏氨酸（Thr）含量 /%	0.69	缬氨酸（Val）含量 /%	0.91
赖氨酸（Lys）含量 /%	0.77	山嵛酸含量 /%	3.63	异亮氨酸（Ile）含量 /%	0.58
亮氨酸（Leu）含量 /%	1.33	苯丙氨酸（Phe）含量 /%	1.07	组氨酸（His）含量 /%	0.79
精氨酸（Arg）含量 /%	2.14	脯氨酸（Pro）含量 /%	1.22	蛋氨酸（Met）含量 /%	0.23

粤油 367

种质库编号
GH00577

来源：广东省广州市

科名：豆科（Leguminosae） | 属名：落花生属（*Arachis* L.）
类型：珍珠豆型 | 观测地：广州市白云区 | 生长习性：直立
倍性：异源四倍体 | 观测时间：2015 年 6 月 | 开花习性：连续开花
保存单位：广东省农业科学院作物研究所

●特征特性

植株长势一般，直立生长，中等高度，分枝数一般，收获期落叶性好，田间表现为中抗锈病和中抗叶斑病。

叶片中等大小，叶色淡绿，呈长椭圆形。

荚果茧型，中间缢缩极弱，果嘴一般明显，表面质地粗糙，无果脊。种仁呈圆柱形。种皮为粉红色，无裂纹。

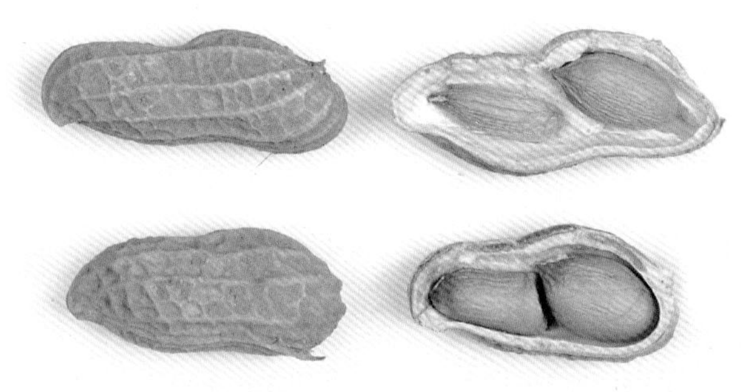

单株农艺性状					
主茎高 /cm	48	结荚数 / 个	38	烂果率 /%	0
第一分枝长 /cm	49	果仁数 / 粒	2	百果重 /g	105.6
收获期主茎青叶数 / 片	8	饱果率 /%	78.9	百仁重 /g	56.8
总分枝 / 条	8	秕果率 /%	21.1	出仁率 /%	53.8

营养成分					
蛋白质含量 /%	21.5	粗脂肪含量 /%	52.15	氨基酸总含量 /%	20.08
油酸含量 /%	43.25	亚油酸含量 /%	37.01	油酸含量 / 亚油酸含量	1.17
硬脂酸含量 /%	0.42	花生酸含量 /%	0.66	二十四烷酸含量 /%	2.26
棕榈酸含量 /%	10.19	苏氨酸（Thr）含量 /%	0.74	缬氨酸（Val）含量 /%	0.96
赖氨酸（Lys）含量 /%	0.61	山嵛酸含量 /%	3.58	异亮氨酸（Ile）含量 /%	0.58
亮氨酸（Leu）含量 /%	1.35	苯丙氨酸（Phe）含量 /%	1.08	组氨酸（His）含量 /%	0.77
精氨酸（Arg）含量 /%	2.12	脯氨酸（Pro）含量 /%	1.01	蛋氨酸（Met）含量 /%	0.22

粤油 39-52

种质库编号 GH00578

来源：广东省广州市

科名：豆科（Leguminosae）　属名：落花生属（*Arachis* L.）

类型：珍珠豆型　观测地：广州市白云区　生长习性：直立

倍性：异源四倍体　观测时间：2015 年 6 月　开花习性：连续开花

保存单位：广东省农业科学院作物研究所

●特征特性

植株长势一般，直立生长，中等高度，分枝数一般，收获期落叶性好，田间表现为中感锈病和中抗叶斑病。

叶片中等大小，叶色淡绿，呈长椭圆形。

荚果普通型，中间缢缩弱，果嘴明显，表面质地粗糙，无果脊。种仁呈圆柱形。种皮为粉红色，无裂纹。

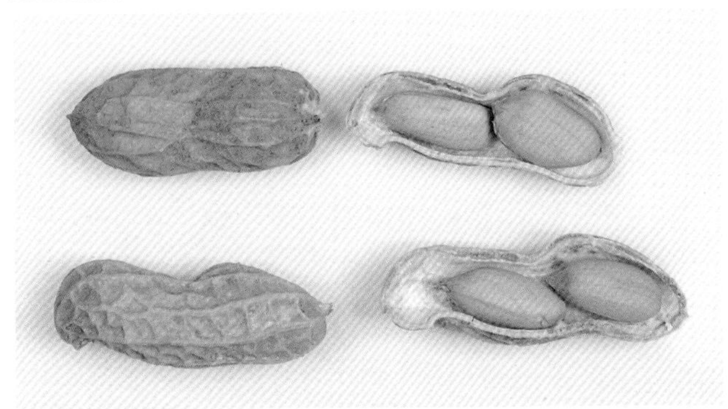

单株农艺性状

性状	数值	性状	数值	性状	数值
主茎高 /cm	51	结荚数 / 个	29	烂果率 /%	27.6
第一分枝长 /cm	55	果仁数 / 粒	2	百果重 /g	107.6
收获期主茎青叶数 / 片	8	饱果率 /%	86.2	百仁重 /g	62.4
总分枝 / 条	7	秕果率 /%	13.8	出仁率 /%	58

营养成分

成分	数值	成分	数值	成分	数值
蛋白质含量 /%	22.32	粗脂肪含量 /%	50.14	氨基酸总含量 /%	20.73
油酸含量 /%	31.87	亚油酸含量 /%	43.86	油酸含量 / 亚油酸含量	0.73
硬脂酸含量 /%	1.74	花生酸含量 /%	0.91	二十四烷酸含量 /%	1.12
棕榈酸含量 /%	11.42	苏氨酸（Thr）含量 /%	0.65	缬氨酸（Val）含量 /%	0.88
赖氨酸（Lys）含量 /%	0.98	山嵛酸含量 /%	2.39	异亮氨酸（Ile）含量 /%	0.60
亮氨酸（Leu）含量 /%	1.38	苯丙氨酸（Phe）含量 /%	1.14	组氨酸（His）含量 /%	0.84
精氨酸（Arg）含量 /%	2.29	脯氨酸（Pro）含量 /%	1.17	蛋氨酸（Met）含量 /%	0.24

粤油 202-35

种质库编号
GH00579

来源：广东省广州市

科名：豆科（Leguminosae） | 属名：落花生属（*Arachis* L.）
类型：珍珠豆型 | 观测地：广州市白云区 | 生长习性：直立
倍性：异源四倍体 | 观测时间：2015 年 6 月 | 开花习性：连续开花
保存单位：广东省农业科学院作物研究所

●特征特性

植株长势一般，直立生长，中等高度，分枝数少，收获期落叶性一般，田间表现为中感锈病和中感叶斑病。

叶片中等大小，叶绿色，呈长椭圆形。

荚果普通型，中间缢缩极弱，果嘴一般明显，表面质地粗糙，无果脊。种仁呈圆柱形。种皮为粉红色，有少量裂纹。

单株农艺性状

主茎高 /cm	48	结荚数 / 个	37	烂果率 /%	0
第一分枝长 /cm	50	果仁数 / 粒	2	百果重 /g	96.8
收获期主茎青叶数 / 片	10	饱果率 /%	81.1	百仁重 /g	55.6
总分枝 / 条	6	秕果率 /%	18.9	出仁率 /%	57.4

营养成分

蛋白质含量 /%	21.87	粗脂肪含量 /%	49.91	氨基酸总含量 /%	20.32
油酸含量 /%	39.66	亚油酸含量 /%	39.08	油酸含量 / 亚油酸含量	1.01
硬脂酸含量 /%	0.88	花生酸含量 /%	0.69	二十四烷酸含量 /%	1.37
棕榈酸含量 /%	10.35	苏氨酸（Thr）含量 /%	0.67	缬氨酸（Val）含量 /%	0.91
赖氨酸（Lys）含量 /%	0.95	山嵛酸含量 /%	2.37	异亮氨酸（Ile）含量 /%	0.59
亮氨酸（Leu）含量 /%	1.36	苯丙氨酸（Phe）含量 /%	1.11	组氨酸（His）含量 /%	0.82
精氨酸（Arg）含量 /%	2.19	脯氨酸（Pro）含量 /%	1.09	蛋氨酸（Met）含量 /%	0.22

粤油 551-38

种质库编号
GH00869

来源：广东省广州市

科名：豆科（Leguminosae） | 属名：落花生属（*Arachis* L.）
类型：珍珠豆型 | 观测地：广州市白云区 | 生长习性：直立
倍性：异源四倍体 | 观测时间：2015 年 6 月 | 开花习性：连续开花
保存单位：广东省农业科学院作物研究所

●特征特性

植株长势一般，直立生长，植株较矮，分枝数一般，收获期落叶性好，田间表现为高抗锈病和高抗叶斑病。

叶片中等大小，叶绿色，呈长椭圆形。

荚果茧型，中间缢缩极弱，果嘴一般明显，表面质地中等，无果脊。种仁呈圆柱形。种皮为粉红色，无裂纹。

单株农艺性状

主茎高 /cm	40	结荚数 / 个	30	烂果率 /%	0
第一分枝长 /cm	45	果仁数 / 粒	2	百果重 /g	145.2
收获期主茎青叶数 / 片	6	饱果率 /%	100	百仁重 /g	93.2
总分枝 / 条	9	秕果率 /%	0	出仁率 /%	64.2

营养成分

蛋白质含量 /%	23.81	粗脂肪含量 /%	50.23	氨基酸总含量 /%	22.42
油酸含量 /%	34.16	亚油酸含量 /%	42.08	油酸含量 / 亚油酸含量	0.81
硬脂酸含量 /%	0.94	花生酸含量 /%	0.72	二十四烷酸含量 /%	2.36
棕榈酸含量 /%	11.79	苏氨酸（Thr）含量 /%	0.61	缬氨酸（Val）含量 /%	0.94
赖氨酸（Lys）含量 /%	0.46	山嵛酸含量 /%	4.53	异亮氨酸（Ile）含量 /%	0.65
亮氨酸（Leu）含量 /%	1.51	苯丙氨酸（Phe）含量 /%	1.23	组氨酸（His）含量 /%	0.91
精氨酸（Arg）含量 /%	2.51	脯氨酸（Pro）含量 /%	1.51	蛋氨酸（Met）含量 /%	0.25

粤油 259

种质库编号
GH02126

来源：广东省广州市

科名：豆科（Leguminosae） 属名：落花生属（*Arachis* L.）
类型：珍珠豆型 观测地：广州市白云区 生长习性：直立
倍性：异源四倍体 观测时间：2015 年 6 月 开花习性：连续开花
保存单位：广东省农业科学院作物研究所

●特征特性

植株长势一般，直立生长，植株较矮，分枝数一般，收获期落叶性好，田间表现为高抗锈病和高抗叶斑病。

叶片中等大小，叶绿色，呈长椭圆形。

荚果普通型，中间缢缩极弱，果嘴一般明显，表面质地粗糙，无果脊。种仁呈圆柱形。种皮为粉红色，无裂纹。

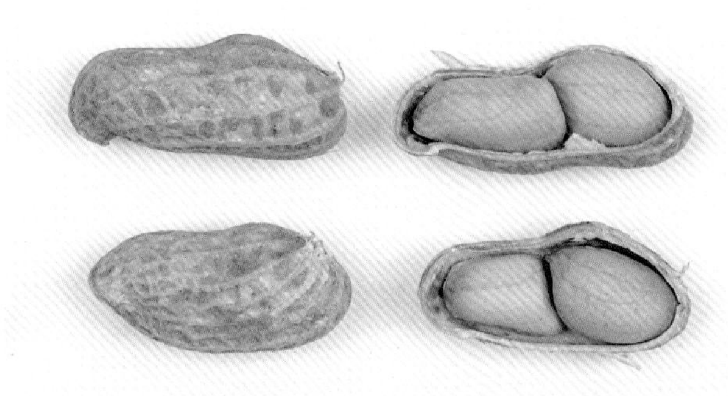

单株农艺性状					
主茎高 /cm	37	结荚数 / 个	42	烂果率 /%	7.1
第一分枝长 /cm	56	果仁数 / 粒	2	百果重 /g	160.4
收获期主茎青叶数 / 片	7	饱果率 /%	97.6	百仁重 /g	111.6
总分枝 / 条	8	秕果率 /%	2.4	出仁率 /%	69.6

营养成分					
蛋白质含量 /%	27.25	粗脂肪含量 /%	49.6	氨基酸总含量 /%	25.29
油酸含量 /%	31.05	亚油酸含量 /%	45.89	油酸含量 / 亚油酸含量	0.68
硬脂酸含量 /%	0.45	花生酸含量 /%	0.62	二十四烷酸含量 /%	2.14
棕榈酸含量 /%	12.36	苏氨酸（Thr）含量 /%	0.77	缬氨酸（Val）含量 /%	1.04
赖氨酸（Lys）含量 /%	0.71	山嵛酸含量 /%	3.97	异亮氨酸（Ile）含量 /%	0.73
亮氨酸（Leu）含量 /%	1.70	苯丙氨酸（Phe）含量 /%	1.36	组氨酸（His）含量 /%	0.95
精氨酸（Arg）含量 /%	2.91	脯氨酸（Pro）含量 /%	1.55	蛋氨酸（Met）含量 /%	0.28

狮选 64

种质库编号
GH02460

来源：广东省广州市

科名：豆科（Leguminosae） | 属名：落花生属（*Arachis* L.）
类型：珍珠豆型 | 观测地：广州市白云区 | 生长习性：半蔓生
倍性：异源四倍体 | 观测时间：2015 年 6 月 | 开花习性：连续开花
保存单位：广东省农业科学院作物研究所

●特征特性

植株长势旺盛，半蔓生生长，植株较矮，分枝数一般，收获期落叶性一般，田间表现为高抗锈病和高抗叶斑病。

叶片中等大小，叶绿色，呈长椭圆形。

荚果普通型，中间缢缩极弱，果嘴明显，表面质地粗糙，无果脊。种仁呈锥形。种皮为粉红色，无裂纹。

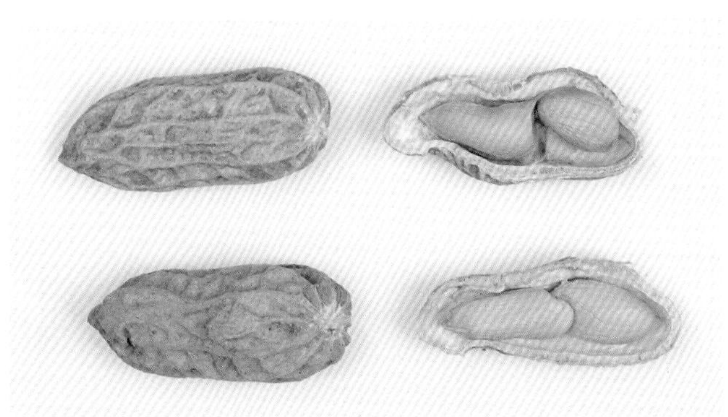

单株农艺性状

性状	值	性状	值	性状	值
主茎高 /cm	32	结荚数 / 个	43	烂果率 /%	0
第一分枝长 /cm	49	果仁数 / 粒	2	百果重 /g	157.2
收获期主茎青叶数 / 片	10	饱果率 /%	88.4	百仁重 /g	94.4
总分枝 / 条	7	秕果率 /%	11.6	出仁率 /%	60.1

营养成分

成分	值	成分	值	成分	值
蛋白质含量 /%	22.94	粗脂肪含量 /%	50.52	氨基酸总含量 /%	21.45
油酸含量 /%	29.54	亚油酸含量 /%	46.25	油酸含量 / 亚油酸含量	0.64
硬脂酸含量 /%	0.40	花生酸含量 /%	0.59	二十四烷酸含量 /%	2.60
棕榈酸含量 /%	11.97	苏氨酸（Thr）含量 /%	0.78	缬氨酸（Val）含量 /%	0.91
赖氨酸（Lys）含量 /%	1.36	山嵛酸含量 /%	5.06	异亮氨酸（Ile）含量 /%	0.61
亮氨酸（Leu）含量 /%	1.43	苯丙氨酸（Phe）含量 /%	1.17	组氨酸（His）含量 /%	0.89
精氨酸（Arg）含量 /%	2.33	脯氨酸（Pro）含量 /%	1.42	蛋氨酸（Met）含量 /%	0.23

粤油 123

种质库编号
GH04001

来源：广东省广州市

科名：豆科（Leguminosae） | 属名：落花生属（*Arachis* L.）
类型：珍珠豆型 | 观测地：广州市白云区 | 生长习性：直立
倍性：异源四倍体 | 观测时间：2015 年 6 月 | 开花习性：连续开花
保存单位：广东省农业科学院作物研究所

●特征特性

植株长势一般，直立生长，植株较矮，分枝数一般，收获期落叶性好，田间表现为高抗锈病和高抗叶斑病。

叶片中等大小，叶绿色，呈长椭圆形。

荚果普通型，中间缢缩弱，果嘴一般明显，表面质地非常粗糙，无果脊。种仁呈圆柱形。种皮为粉红色，有少量裂纹。

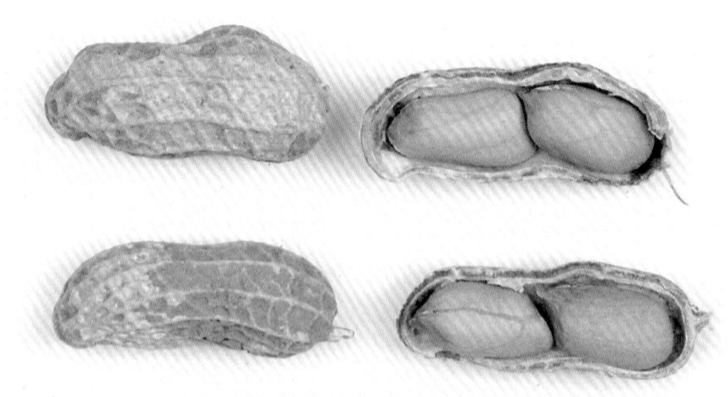

单株农艺性状

性状	数值	性状	数值	性状	数值
主茎高 /cm	37	结荚数 / 个	30	烂果率 /%	0
第一分枝长 /cm	46	果仁数 / 粒	2	百果重 /g	163.2
收获期主茎青叶数 / 片	5	饱果率 /%	86.7	百仁重 /g	108.8
总分枝 / 条	8	秕果率 /%	13.3	出仁率 /%	66.7

营养成分

成分	数值	成分	数值	成分	数值
蛋白质含量 /%	23.4	粗脂肪含量 /%	50.21	氨基酸总含量 /%	21.87
油酸含量 /%	39.29	亚油酸含量 /%	37.41	油酸含量 / 亚油酸含量	1.05
硬脂酸含量 /%	1.47	花生酸含量 /%	0.84	二十四烷酸含量 /%	2.17
棕榈酸含量 /%	10.90	苏氨酸（Thr）含量 /%	0.77	缬氨酸（Val）含量 /%	1.02
赖氨酸（Lys）含量 /%	0.61	山嵛酸含量 /%	3.97	异亮氨酸（Ile）含量 /%	0.64
亮氨酸（Leu）含量 /%	1.47	苯丙氨酸（Phe）含量 /%	1.20	组氨酸（His）含量 /%	0.87
精氨酸（Arg）含量 /%	2.41	脯氨酸（Pro）含量 /%	1.37	蛋氨酸（Met）含量 /%	0.24

汕油 35

种质库编号
GH00280

来源：广东省广州市

科名：豆科（Leguminosae） | 属名：落花生属（*Arachis* L.）
类型：珍珠豆型 | 观测地：广州市白云区 | 生长习性：直立
倍性：异源四倍体 | 观测时间：2015 年 6 月 | 开花习性：连续开花
保存单位：广东省农业科学院作物研究所

●特征特性

植株长势一般，直立生长，中等高度，分枝数一般，收获期落叶性好，田间表现为高抗锈病和高抗叶斑病。

叶片中等大小，叶绿色，呈长椭圆形。

荚果普通型，中间缢缩极弱，果嘴一般明显，表面质地粗糙，无果脊。种仁呈圆柱形。种皮为粉红色，无裂纹。

单株农艺性状					
主茎高 /cm	45	结荚数 / 个	54	烂果率 /%	9.3
第一分枝长 /cm	52	果仁数 / 粒	2	百果重 /g	133.6
收获期主茎青叶数 / 片	6	饱果率 /%	96.3	百仁重 /g	84.4
总分枝 / 条	8	秕果率 /%	3.7	出仁率 /%	63.2

营养成分					
蛋白质含量 /%	22.87	粗脂肪含量 /%	51.95	氨基酸总含量 /%	21.31
油酸含量 /%	37.00	亚油酸含量 /%	40.8	油酸含量 / 亚油酸含量	0.91
硬脂酸含量 /%	1.37	花生酸含量 /%	0.90	二十四烷酸含量 /%	1.31
棕榈酸含量 /%	11.30	苏氨酸（Thr）含量 /%	0.76	缬氨酸（Val）含量 /%	0.93
赖氨酸（Lys）含量 /%	1.04	山嵛酸含量 /%	2.52	异亮氨酸（Ile）含量 /%	0.62
亮氨酸（Leu）含量 /%	1.44	苯丙氨酸（Phe）含量 /%	1.15	组氨酸（His）含量 /%	0.78
精氨酸（Arg）含量 /%	2.37	脯氨酸（Pro）含量 /%	1.06	蛋氨酸（Met）含量 /%	0.24

汕油 71-31

种质库编号
GH00285

来源：广东省汕头市

科名：豆科（Leguminosae） | 属名：落花生属（*Arachis* L.）
类型：珍珠豆型 | 观测地：广州市白云区 | 生长习性：直立
倍性：异源四倍体 | 观测时间：2015 年 6 月 | 开花习性：连续开花
保存单位：广东省农业科学院作物研究所

●特征特性

植株长势一般，直立生长，中等高度，分枝数一般，收获期落叶性好，田间表现为高抗锈病和高抗叶斑病。

叶片中等大小，叶绿色，呈长椭圆形。

荚果普通型，中间缢缩极弱，果嘴一般明显，表面质地非常粗糙，无果脊。种仁呈圆柱形。种皮为粉红色，无裂纹。

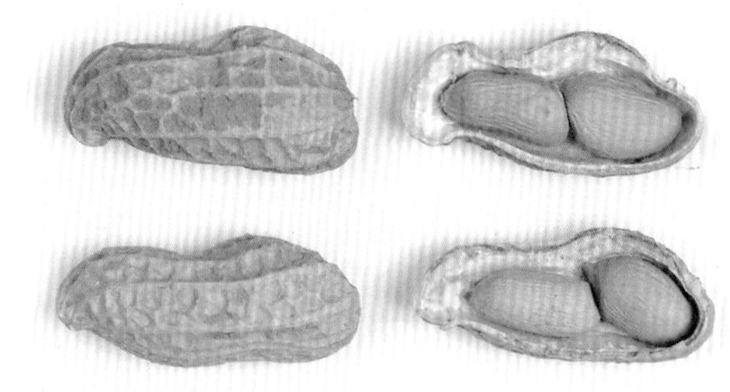

单株农艺性状					
主茎高 /cm	54	结荚数 / 个	49	烂果率 /%	0
第一分枝长 /cm	57	果仁数 / 粒	2	百果重 /g	128.0
收获期主茎青叶数 / 片	9	饱果率 /%	91.8	百仁重 /g	83.6
总分枝 / 条	9	秕果率 /%	8.2	出仁率 /%	65.3

营养成分					
蛋白质含量 /%	22.99	粗脂肪含量 /%	50.33	氨基酸总含量 /%	21.75
油酸含量 /%	39.16	亚油酸含量 /%	40.06	油酸含量 / 亚油酸含量	0.98
硬脂酸含量 /%	0.01	花生酸含量 /%	0.51	二十四烷酸含量 /%	2.45
棕榈酸含量 /%	11.02	苏氨酸（Thr）含量 /%	0.80	缬氨酸（Val）含量 /%	1.01
赖氨酸（Lys）含量 /%	0.55	山嵛酸含量 /%	4.05	异亮氨酸（Ile）含量 /%	0.62
亮氨酸（Leu）含量 /%	1.45	苯丙氨酸（Phe）含量 /%	1.18	组氨酸（His）含量 /%	0.89
精氨酸（Arg）含量 /%	2.34	脯氨酸（Pro）含量 /%	1.54	蛋氨酸（Met）含量 /%	0.24

汕油 21

种质库编号
GH00288

来源：广东省汕头市

科名：豆科（Leguminosae） | 属名：落花生属（*Arachis* L.）
类型：珍珠豆型 | 观测地：广州市白云区 | 生长习性：直立
倍性：异源四倍体 | 观测时间：2015 年 6 月 | 开花习性：连续开花
保存单位：广东省农业科学院作物研究所

●特征特性

植株长势一般，直立生长，中等高度，分枝数少，收获期落叶性好，田间表现为高抗锈病和高抗叶斑病。

叶片中等大小，叶绿色，呈长椭圆形。

荚果茧型，中间缢缩弱，果嘴明显，表面质地粗糙，无果脊。种仁呈球形。种皮为粉红色，有少量裂纹。

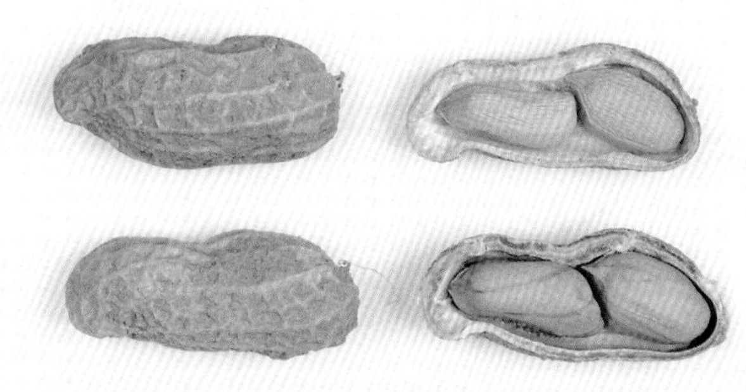

单株农艺性状

性状	值	性状	值	性状	值
主茎高 /cm	52	结荚数 / 个	15	烂果率 /%	6.7
第一分枝长 /cm	58	果仁数 / 粒	2	百果重 /g	148.4
收获期主茎青叶数 / 片	6	饱果率 /%	100	百仁重 /g	94.0
总分枝 / 条	4	秕果率 /%	0	出仁率 /%	63.3

营养成分

成分	值	成分	值	成分	值
蛋白质含量 /%	23.24	粗脂肪含量 /%	50.62	氨基酸总含量 /%	21.75
油酸含量 /%	32.90	亚油酸含量 /%	44.37	油酸含量 / 亚油酸含量	0.74
硬脂酸含量 /%	0.63	花生酸含量 /%	0.68	二十四烷酸含量 /%	2.24
棕榈酸含量 /%	12.03	苏氨酸（Thr）含量 /%	0.76	缬氨酸（Val）含量 /%	0.99
赖氨酸（Lys）含量 /%	0.74	山嵛酸含量 /%	4.03	异亮氨酸（Ile）含量 /%	0.63
亮氨酸（Leu）含量 /%	1.46	苯丙氨酸（Phe）含量 /%	1.18	组氨酸（His）含量 /%	0.86
精氨酸（Arg）含量 /%	2.41	脯氨酸（Pro）含量 /%	1.34	蛋氨酸（Met）含量 /%	0.24

汕油 401

种质库编号 GH00572

来源：广东省汕头市

科名：豆科（Leguminosae） | 属名：落花生属（*Arachis* L.）
类型：珍珠豆型 | 观测地：广州市白云区 | 生长习性：半蔓生
倍性：异源四倍体 | 观测时间：2015 年 6 月 | 开花习性：连续开花
保存单位：广东省农业科学院作物研究所

●特征特性

植株长势一般，半蔓生生长，中等高度，分枝数一般，收获期落叶性好，田间表现为高抗锈病和中抗叶斑病。

叶片中等大小，叶色淡绿，呈长椭圆形。

荚果普通型，中间缢缩极弱，果嘴一般明显，表面质地粗糙，无果脊。种仁呈圆柱形。种皮为粉红色，有少量裂纹。

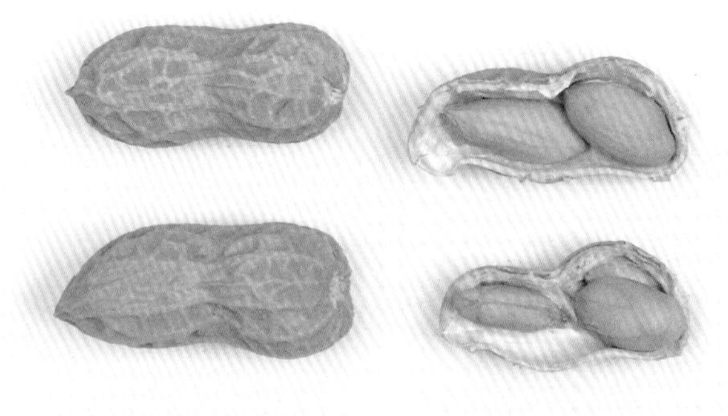

单株农艺性状					
主茎高 /cm	43	结荚数 / 个	35	烂果率 /%	11.4
第一分枝长 /cm	55	果仁数 / 粒	2	百果重 /g	135.6
收获期主茎青叶数 / 片	7	饱果率 /%	88.6	百仁重 /g	85.6
总分枝 / 条	8	秕果率 /%	11.4	出仁率 /%	63.1

营养成分					
蛋白质含量 /%	21.99	粗脂肪含量 /%	52.29	氨基酸总含量 /%	20.79
油酸含量 /%	43.81	亚油酸含量 /%	34.07	油酸含量 / 亚油酸含量	1.29
硬脂酸含量 /%	0.46	花生酸含量 /%	0.61	二十四烷酸含量 /%	2.52
棕榈酸含量 /%	10.58	苏氨酸（Thr）含量 /%	0.71	缬氨酸（Val）含量 /%	0.93
赖氨酸（Lys）含量 /%	0.38	山嵛酸含量 /%	4.46	异亮氨酸（Ile）含量 /%	0.60
亮氨酸（Leu）含量 /%	1.40	苯丙氨酸（Phe）含量 /%	1.13	组氨酸（His）含量 /%	0.89
精氨酸（Arg）含量 /%	2.20	脯氨酸（Pro）含量 /%	1.54	蛋氨酸（Met）含量 /%	0.22

白沙 4 号

种质库编号
GH00473

来源：广东省汕头市

科名：豆科（Leguminosae） | 属名：落花生属（*Arachis* L.）
类型：珍珠豆型 | 观测地：广州市白云区 | 生长习性：直立
倍性：异源四倍体 | 观测时间：2015 年 6 月 | 开花习性：连续开花
保存单位：广东省农业科学院作物研究所

●特征特性

植株长势一般，直立生长，中等高度，分枝数一般，收获期落叶性好，田间表现为高抗锈病和高抗叶斑病。

叶片中等大小，叶绿色，呈长椭圆形。

荚果普通型，中间缢缩弱，果嘴一般明显，表面质地中等，无果脊。种仁呈圆柱形。种皮为粉红色，有少量裂纹。

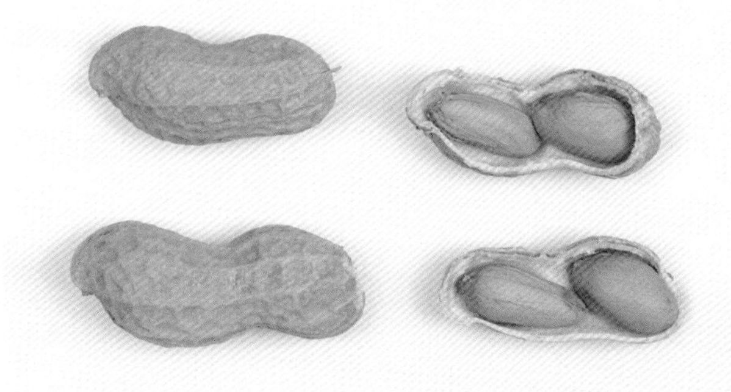

单株农艺性状

性状	数值	性状	数值	性状	数值
主茎高 /cm	46	结荚数 / 个	30	烂果率 /%	0
第一分枝长 /cm	46	果仁数 / 粒	2	百果重 /g	123.2
收获期主茎青叶数 / 片	7	饱果率 /%	93.3	百仁重 /g	84.0
总分枝 / 条	7	秕果率 /%	6.7	出仁率 /%	68.2

营养成分

成分	数值	成分	数值	成分	数值
蛋白质含量 /%	23.00	粗脂肪含量 /%	51.83	氨基酸总含量 /%	21.87
油酸含量 /%	57.41	亚油酸含量 /%	23.96	油酸含量 / 亚油酸含量	2.40
硬脂酸含量 /%	0.14	花生酸含量 /%	0.57	二十四烷酸含量 /%	2.14
棕榈酸含量 /%	8.90	苏氨酸（Thr）含量 /%	0.63	缬氨酸（Val）含量 /%	0.90
赖氨酸（Lys）含量 /%	0.48	山嵛酸含量 /%	3.76	异亮氨酸（Ile）含量 /%	0.64
亮氨酸（Leu）含量 /%	1.48	苯丙氨酸（Phe）含量 /%	1.18	组氨酸（His）含量 /%	0.86
精氨酸（Arg）含量 /%	2.30	脯氨酸（Pro）含量 /%	1.47	蛋氨酸（Met）含量 /%	0.23

白沙 225-（85）-3-1

种质库编号
GH00481

来源：广东省汕头市

科名：豆科（Leguminosae） | 属名：落花生属（*Arachis* L.）
类型：珍珠豆型 | 观测地：广州市白云区 | 生长习性：半蔓生
倍性：异源四倍体 | 观测时间：2015 年 6 月 | 开花习性：连续开花
保存单位：广东省农业科学院作物研究所

●特征特性

植株长势一般，半蔓生生长，中等高度，分枝数一般，收获期落叶性一般，田间表现为中抗锈病和高抗叶斑病。

叶片中等大小，叶色淡绿，呈长椭圆形。

荚果茧型，中间缢缩极弱，果嘴一般明显，表面质地粗糙，无果脊。种仁呈圆柱形。种皮为粉红色，有少量裂纹。

单株农艺性状

性状	值	性状	值	性状	值
主茎高 /cm	58	结荚数 / 个	18	烂果率 /%	13.3
第一分枝长 /cm	68	果仁数 / 粒	2	百果重 /g	79.6
收获期主茎青叶数 / 片	15	饱果率 /%	94.4	百仁重 /g	55.2
总分枝 / 条	9	秕果率 /%	5.6	出仁率 /%	69.3

营养成分

成分	值	成分	值	成分	值
蛋白质含量 /%	22.31	粗脂肪含量 /%	54.47	氨基酸总含量 /%	20.8
油酸含量 /%	45.87	亚油酸含量 /%	32.70	油酸含量 / 亚油酸含量	1.40
硬脂酸含量 /%	1.67	花生酸含量 /%	0.91	二十四烷酸含量 /%	1.39
棕榈酸含量 /%	10.13	苏氨酸（Thr）含量 /%	0.66	缬氨酸（Val）含量 /%	0.85
赖氨酸（Lys）含量 /%	0.84	山嵛酸含量 /%	3.00	异亮氨酸（Ile）含量 /%	0.63
亮氨酸（Leu）含量 /%	1.43	苯丙氨酸（Phe）含量 /%	1.13	组氨酸（His）含量 /%	0.75
精氨酸（Arg）含量 /%	2.31	脯氨酸（Pro）含量 /%	1.12	蛋氨酸（Met）含量 /%	0.23

湛油 65

种质库编号
GH00047

来源：广东省湛江市

科名：豆科（Leguminosae）｜属名：落花生属（*Arachis* L.）
类型：珍珠豆型｜观测地：广州市白云区｜生长习性：半蔓生
倍性：异源四倍体｜观测时间：2015 年 6 月｜开花习性：连续开花
保存单位：广东省农业科学院作物研究所

●特征特性

植株长势一般，半蔓生生长，中等高度，分枝数少，收获期落叶性好，田间表现为高抗锈病和高抗叶斑病。

叶片中等大小，叶绿色，呈长椭圆形。

荚果普通型，中间缢缩极弱，果嘴明显，表面质地粗糙，无果脊。种仁呈圆柱形。种皮为粉红色，有少量裂纹。

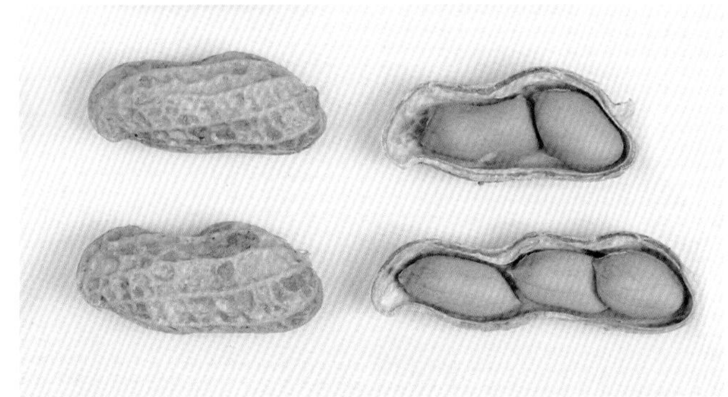

单株农艺性状

性状	数值	性状	数值	性状	数值
主茎高 /cm	50	结荚数 / 个	26	烂果率 /%	0
第一分枝长 /cm	65	果仁数 / 粒	2~3	百果重 /g	170.4
收获期主茎青叶数 / 片	9	饱果率 /%	92.3	百仁重 /g	130.4
总分枝 / 条	6	秕果率 /%	7.7	出仁率 /%	76.5

营养成分

成分	数值	成分	数值	成分	数值
蛋白质含量 /%	23.90	粗脂肪含量 /%	51.56	氨基酸总含量 /%	22.27
油酸含量 /%	29.70	亚油酸含量 /%	45.17	油酸含量 / 亚油酸含量	0.66
硬脂酸含量 /%	1.74	花生酸含量 /%	0.93	二十四烷酸含量 /%	2.01
棕榈酸含量 /%	12.52	苏氨酸（Thr）含量 /%	0.71	缬氨酸（Val）含量 /%	0.96
赖氨酸（Lys）含量 /%	0.66	山嵛酸含量 /%	4.06	异亮氨酸（Ile）含量 /%	0.65
亮氨酸（Leu）含量 /%	1.50	苯丙氨酸（Phe）含量 /%	1.22	组氨酸（His）含量 /%	0.85
精氨酸（Arg）含量 /%	2.52	脯氨酸（Pro）含量 /%	1.34	蛋氨酸（Met）含量 /%	0.26

湛油 50

种质库编号
GH00275

来源：广东省湛江市

科名：豆科（Leguminosae） | 属名：落花生属（*Arachis* L.）
类型：珍珠豆型 | 观测地：广州市白云区 | 生长习性：直立
倍性：异源四倍体 | 观测时间：2015 年 6 月 | 开花习性：连续开花
保存单位：广东省农业科学院作物研究所

●特征特性

植株长势一般，直立生长，中等高度，分枝数少，收获期落叶性好，田间表现为高抗锈病和高抗叶斑病。

叶片中等大小，叶绿色，呈长椭圆形。

荚果普通型，中间缢缩极弱，果嘴一般明显，表面质地粗糙，无果脊。种仁呈圆柱形。种皮为粉红色，无裂纹。

单株农艺性状

主茎高 /cm	55	结荚数 / 个	27	烂果率 /%	0
第一分枝长 /cm	61	果仁数 / 粒	2	百果重 /g	137.6
收获期主茎青叶数 / 片	6	饱果率 /%	85.2	百仁重 /g	94.0
总分枝 / 条	6	秕果率 /%	14.8	出仁率 /%	68.3

营养成分

蛋白质含量 /%	23.38	粗脂肪含量 /%	48.99	氨基酸总含量 /%	22.05
油酸含量 /%	39.17	亚油酸含量 /%	39.23	油酸含量 / 亚油酸含量	1.00
硬脂酸含量 /%	0.34	花生酸含量 /%	0.60	二十四烷酸含量 /%	2.63
棕榈酸含量 /%	10.98	苏氨酸（Thr）含量 /%	0.64	缬氨酸（Val）含量 /%	0.99
赖氨酸（Lys）含量 /%	0.15	山嵛酸含量 /%	4.36	异亮氨酸（Ile）含量 /%	0.64
亮氨酸（Leu）含量 /%	1.47	苯丙氨酸（Phe）含量 /%	1.20	组氨酸（His）含量 /%	0.92
精氨酸（Arg）含量 /%	2.42	脯氨酸（Pro）含量 /%	1.55	蛋氨酸（Met）含量 /%	0.24

湛油 30

种质库编号
GH00562

来源：广东省湛江市

科名：豆科（Leguminosae） | 属名：落花生属（*Arachis* L.）
类型：珍珠豆型 | 观测地：广州市白云区 | 生长习性：直立
倍性：异源四倍体 | 观测时间：2015 年 6 月 | 开花习性：连续开花
保存单位：广东省农业科学院作物研究所

●特征特性

植株长势一般，直立生长，中等高度，分枝数一般，收获期落叶性好，田间表现为高抗锈病和高抗叶斑病。

叶片中等大小，叶绿色，呈长椭圆形。

荚果普通型，中间缢缩极弱，果嘴一般明显，表面质地粗糙，无果脊。种仁呈圆柱形。种皮为粉红色，有少量裂纹。

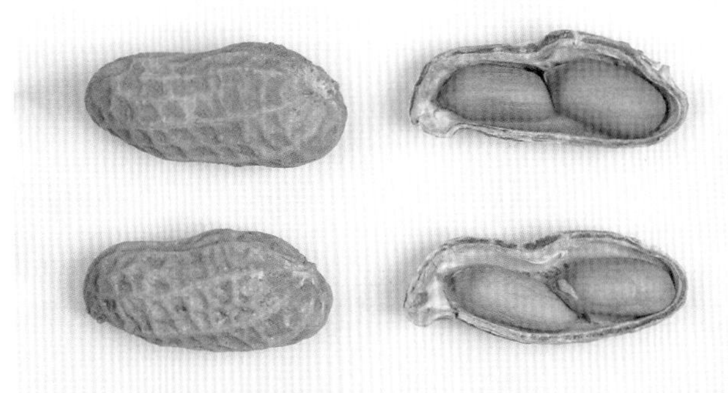

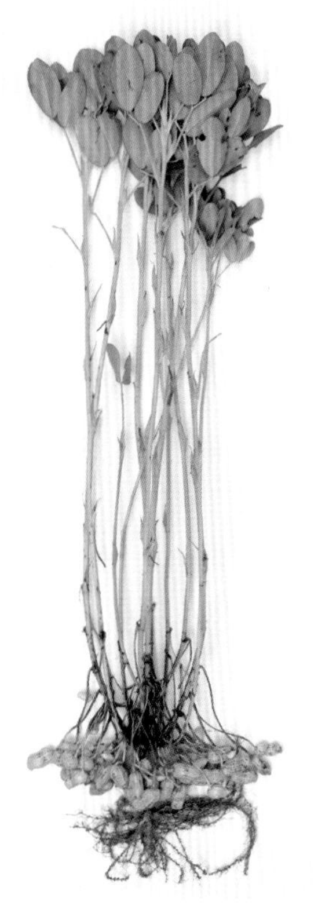

单株农艺性状

性状	数值	性状	数值	性状	数值
主茎高 /cm	52	结荚数 / 个	27	烂果率 /%	29.6
第一分枝长 /cm	54	果仁数 / 粒	2	百果重 /g	119.6
收获期主茎青叶数 / 片	5	饱果率 /%	100	百仁重 /g	78.4
总分枝 / 条	7	秕果率 /%	0	出仁率 /%	65.6

营养成分

成分	数值	成分	数值	成分	数值
蛋白质含量 /%	21.58	粗脂肪含量 /%	51.31	氨基酸总含量 /%	20.63
油酸含量 /%	41.02	亚油酸含量 /%	36.73	油酸含量 / 亚油酸含量	1.12
硬脂酸含量 /%	0.12	花生酸含量 /%	0.51	二十四烷酸含量 /%	1.62
棕榈酸含量 /%	10.68	苏氨酸（Thr）含量 /%	0.78	缬氨酸（Val）含量 /%	0.97
赖氨酸（Lys）含量 /%	0.49	山嵛酸含量 /%	2.57	异亮氨酸（Ile）含量 /%	0.59
亮氨酸（Leu）含量 /%	1.38	苯丙氨酸（Phe）含量 /%	1.13	组氨酸（His）含量 /%	0.90
精氨酸（Arg）含量 /%	2.15	脯氨酸（Pro）含量 /%	1.57	蛋氨酸（Met）含量 /%	0.22

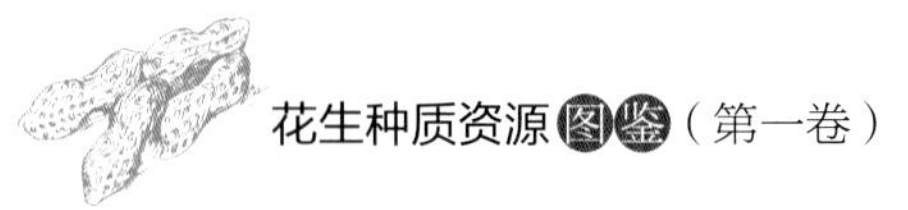

闽花 2

种质库编号
GH00046

来源：福建省福州市

科名：豆科（Leguminosae） | 属名：落花生属（*Arachis* L.）
类型：珍珠豆型 | 观测地：广州市白云区 | 生长习性：直立
倍性：异源四倍体 | 观测时间：2015 年 6 月 | 开花习性：连续开花
保存单位：广东省农业科学院作物研究所

●特征特性

植株长势一般，直立生长，中等高度，分枝数一般，收获期落叶性好，田间表现为高抗锈病和高抗叶斑病。

叶片中等大小，叶绿色，呈长椭圆形。

荚果普通型，中间缢缩弱，果嘴一般明显，表面质地粗糙，无果脊。种仁呈圆柱形。种皮为粉红色，无裂纹。

单株农艺性状

性状	数值	性状	数值	性状	数值
主茎高 /cm	43	结荚数 / 个	36	烂果率 /%	0
第一分枝长 /cm	72	果仁数 / 粒	2~3	百果重 /g	162.4
收获期主茎青叶数 / 片	8	饱果率 /%	100	百仁重 /g	111.6
总分枝 / 条	8	秕果率 /%	0	出仁率 /%	68.7

营养成分

成分	数值	成分	数值	成分	数值
蛋白质含量 /%	24.84	粗脂肪含量 /%	49.78	氨基酸总含量 /%	23.19
油酸含量 /%	33.18	亚油酸含量 /%	42.98	油酸含量 / 亚油酸含量	0.77
硬脂酸含量 /%	1.16	花生酸含量 /%	0.78	二十四烷酸含量 /%	2.17
棕榈酸含量 /%	12.06	苏氨酸（Thr）含量 /%	0.80	缬氨酸（Val）含量 /%	1.04
赖氨酸（Lys）含量 /%	0.84	山嵛酸含量 /%	4.05	异亮氨酸（Ile）含量 /%	0.68
亮氨酸（Leu）含量 /%	1.56	苯丙氨酸（Phe）含量 /%	1.26	组氨酸（His）含量 /%	0.88
精氨酸（Arg）含量 /%	2.63	脯氨酸（Pro）含量 /%	1.41	蛋氨酸（Met）含量 /%	0.26

泉花 627

种质库编号
GH00041

来源：福建省泉州市

科名：豆科（Leguminosae）｜属名：落花生属（*Arachis* L.）
类型：珍珠豆型｜观测地：广州市白云区｜生长习性：直立
倍性：异源四倍体｜观测时间：2015 年 6 月｜开花习性：连续开花
保存单位：广东省农业科学院作物研究所

●特征特性

植株长势一般，直立生长，中等高度，分枝数一般，收获期落叶性好，田间表现为高抗锈病和高抗叶斑病。

叶片中等大小，叶绿色，呈长椭圆形。

荚果普通型，中间缢缩极弱，果嘴明显，表面质地中等，无果脊。种仁呈圆柱形。种皮为粉红色，无裂纹。

单株农艺性状

性状	数值	性状	数值	性状	数值
主茎高 /cm	58	结荚数 / 个	30	烂果率 /%	0
第一分枝长 /cm	65	果仁数 / 粒	2	百果重 /g	178.4
收获期主茎青叶数 / 片	9	饱果率 /%	100	百仁重 /g	119.2
总分枝 / 条	11	秕果率 /%	0	出仁率 /%	66.8

营养成分

成分	数值	成分	数值	成分	数值
蛋白质含量 /%	24.27	粗脂肪含量 /%	50.77	氨基酸总含量 /%	22.66
油酸含量 /%	38.39	亚油酸含量 /%	38.19	油酸含量 / 亚油酸含量	1.01
硬脂酸含量 /%	1.26	花生酸含量 /%	0.80	二十四烷酸含量 /%	1.95
棕榈酸含量 /%	11.15	苏氨酸（Thr）含量 /%	0.68	缬氨酸（Val）含量 /%	0.96
赖氨酸（Lys）含量 /%	0.57	山嵛酸含量 /%	3.56	异亮氨酸（Ile）含量 /%	0.67
亮氨酸（Leu）含量 /%	1.53	苯丙氨酸（Phe）含量 /%	1.23	组氨酸（His）含量 /%	0.86
精氨酸（Arg）含量 /%	2.57	脯氨酸（Pro）含量 /%	1.35	蛋氨酸（Met）含量 /%	0.25

金花 57

种质库编号 GH00070

来源：福建省福州市

科名：豆科（Leguminosae） | 属名：落花生属（*Arachis* L.）
类型：珍珠豆型 | 观测地：广州市白云区 | 生长习性：直立
倍性：异源四倍体 | 观测时间：2015 年 6 月 | 开花习性：连续开花
保存单位：广东省农业科学院作物研究所

●特征特性

植株长势一般，直立生长，中等高度，分枝数少，收获期落叶性好，田间表现为高抗锈病和高抗叶斑病。

叶片中等大小，叶绿色，呈长椭圆形。

荚果普通型，中间缢缩极弱，果嘴一般明显，表面质地中等，无果脊。种仁呈圆柱形。种皮为粉红色，无裂纹。

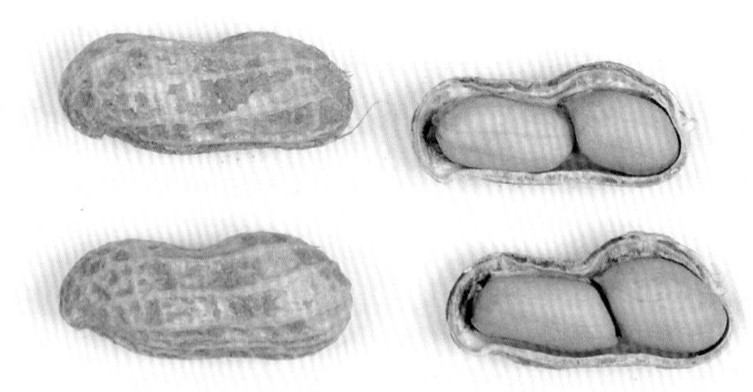

单株农艺性状					
主茎高 /cm	54	结荚数 / 个	20	烂果率 /%	0
第一分枝长 /cm	55	果仁数 / 粒	2	百果重 /g	157.2
收获期主茎青叶数 / 片	8	饱果率 /%	95.0	百仁重 /g	112.4
总分枝 / 条	6	秕果率 /%	5.0	出仁率 /%	71.5

营养成分					
蛋白质含量 /%	24.90	粗脂肪含量 /%	49.59	氨基酸总含量 /%	23.18
油酸含量 /%	32.36	亚油酸含量 /%	43.41	油酸含量 / 亚油酸含量	0.75
硬脂酸含量 /%	1.16	花生酸含量 /%	0.76	二十四烷酸含量 /%	1.96
棕榈酸含量 /%	12.15	苏氨酸（Thr）含量 /%	0.78	缬氨酸（Val）含量 /%	1.05
赖氨酸（Lys）含量 /%	0.59	山嵛酸含量 /%	3.77	异亮氨酸（Ile）含量 /%	0.68
亮氨酸（Leu）含量 /%	1.56	苯丙氨酸（Phe）含量 /%	1.27	组氨酸（His）含量 /%	0.90
精氨酸（Arg）含量 /%	2.64	脯氨酸（Pro）含量 /%	1.46	蛋氨酸（Met）含量 /%	0.25

金花 47

种质库编号
GH00274

来源：福建省福州市

科名：豆科（Leguminosae） | 属名：落花生属（*Arachis* L.）
类型：珍珠豆型 | 观测地：广州市白云区 | 生长习性：半蔓生
倍性：异源四倍体 | 观测时间：2015 年 6 月 | 开花习性：连续开花
保存单位：广东省农业科学院作物研究所

●特征特性

植株长势一般，半蔓生生长，植株较矮，分枝数一般，收获期落叶性好，田间表现为高抗锈病和高抗叶斑病。

叶片中等大小，叶绿色，呈长椭圆形。

荚果普通型，中间缢缩极弱，果嘴不明显，表面质地中等，无果脊。种仁呈圆柱形。种皮为浅褐色，无裂纹。

单株农艺性状					
主茎高 /cm	40	结荚数 / 个	22	烂果率 /%	9.1
第一分枝长 /cm	56	果仁数 / 粒	2	百果重 /g	158.8
收获期主茎青叶数 / 片	8	饱果率 /%	95.5	百仁重 /g	108.0
总分枝 / 条	7	秕果率 /%	4.5	出仁率 /%	68.0

营养成分					
蛋白质含量 /%	24.87	粗脂肪含量 /%	50.57	氨基酸总含量 /%	23.18
油酸含量 /%	35.84	亚油酸含量 /%	41.92	油酸含量 / 亚油酸含量	0.85
硬脂酸含量 /%	0.53	花生酸含量 /%	0.62	二十四烷酸含量 /%	1.68
棕榈酸含量 /%	11.39	苏氨酸（Thr）含量 /%	0.86	缬氨酸（Val）含量 /%	1.02
赖氨酸（Lys）含量 /%	1.05	山嵛酸含量 /%	2.95	异亮氨酸（Ile）含量 /%	0.68
亮氨酸（Leu）含量 /%	1.56	苯丙氨酸（Phe）含量 /%	1.25	组氨酸（His）含量 /%	0.88
精氨酸（Arg）含量 /%	2.60	脯氨酸（Pro）含量 /%	1.42	蛋氨酸（Met）含量 /%	0.24

金花 44

种质库编号
GH00284

来源：福建省福州市

科名：豆科（Leguminosae） | 属名：落花生属（*Arachis* L.）
类型：珍珠豆型 | 观测地：广州市白云区 | 生长习性：半蔓生
倍性：异源四倍体 | 观测时间：2015 年 6 月 | 开花习性：连续开花
保存单位：广东省农业科学院作物研究所

●特征特性

植株长势一般，半蔓生生长，中等高度，分枝数一般，收获期落叶性好，田间表现为高抗锈病和高抗叶斑病。

叶片中等大小，叶绿色，呈长椭圆形。

荚果普通型，中间缢缩弱，果嘴一般明显，表面质地粗糙，无果脊。种仁呈圆柱形。种皮为粉红色，无裂纹。

单株农艺性状

主茎高 /cm	56	结荚数 / 个	43	烂果率 /%	9.3
第一分枝长 /cm	73	果仁数 / 粒	2	百果重 /g	133.6
收获期主茎青叶数 / 片	9	饱果率 /%	97.7	百仁重 /g	87.6
总分枝 / 条	7	秕果率 /%	2.3	出仁率 /%	65.6

营养成分

蛋白质含量 /%	22.26	粗脂肪含量 /%	49.01	氨基酸总含量 /%	20.77
油酸含量 /%	38.59	亚油酸含量 /%	38.12	油酸含量 / 亚油酸含量	1.01
硬脂酸含量 /%	1.45	花生酸含量 /%	0.83	二十四烷酸含量 /%	2.19
棕榈酸含量 /%	10.67	苏氨酸（Thr）含量 /%	0.65	缬氨酸（Val）含量 /%	0.93
赖氨酸（Lys）含量 /%	0.66	山嵛酸含量 /%	3.74	异亮氨酸（Ile）含量 /%	0.61
亮氨酸（Leu）含量 /%	1.39	苯丙氨酸（Phe）含量 /%	1.15	组氨酸（His）含量 /%	0.86
精氨酸（Arg）含量 /%	2.30	脯氨酸（Pro）含量 /%	1.23	蛋氨酸（Met）含量 /%	0.24

桂油 28

种质库编号
GH00067

来源：广西南宁市

科名：豆科（Leguminosae）　属名：落花生属（*Arachis* L.）
类型：珍珠豆型　观测地：广州市白云区　生长习性：半蔓生
倍性：异源四倍体　观测时间：2015 年 6 月　开花习性：连续开花
保存单位：广东省农业科学院作物研究所

●特征特性

植株长势一般，半蔓生生长，中等高度，分枝数一般，收获期落叶性一般，田间表现为高抗锈病和高抗叶斑病。

叶片中等大小，叶绿色，呈长椭圆形。

荚果普通型，中间缢缩极弱，果嘴不明显，表面质地粗糙，无果脊。种仁呈圆柱形。种皮为粉红色，有少量裂纹。

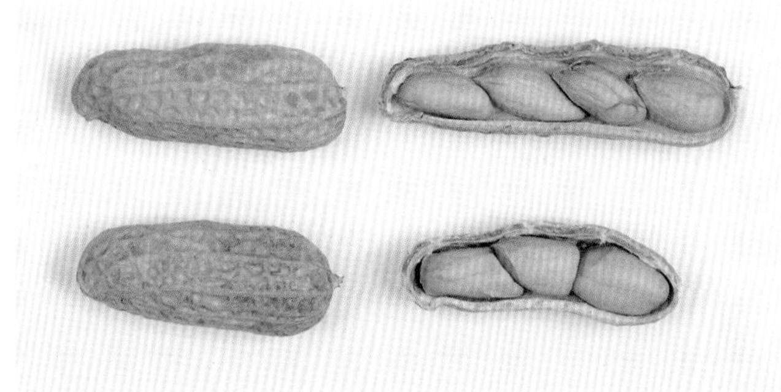

单株农艺性状					
主茎高 /cm	55	结荚数 / 个	26	烂果率 /%	15.4
第一分枝长 /cm	72	果仁数 / 粒	3~4	百果重 /g	140.4
收获期主茎青叶数 / 片	10	饱果率 /%	96.2	百仁重 /g	86.0
总分枝 / 条	11	秕果率 /%	3.8	出仁率 /%	61.3

营养成分					
蛋白质含量 /%	24.36	粗脂肪含量 /%	50.27	氨基酸总含量 /%	22.78
油酸含量 /%	37.60	亚油酸含量 /%	38.99	油酸含量 / 亚油酸含量	0.96
硬脂酸含量 /%	0.74	花生酸含量 /%	0.72	二十四烷酸含量 /%	2.54
棕榈酸含量 /%	11.60	苏氨酸（Thr）含量 /%	0.66	缬氨酸（Val）含量 /%	0.96
赖氨酸（Lys）含量 /%	0.45	山嵛酸含量 /%	4.85	异亮氨酸（Ile）含量 /%	0.67
亮氨酸（Leu）含量 /%	1.53	苯丙氨酸（Phe）含量 /%	1.23	组氨酸（His）含量 /%	0.87
精氨酸（Arg）含量 /%	2.53	脯氨酸（Pro）含量 /%	1.39	蛋氨酸（Met）含量 /%	0.25

桂花 26

种质库编号
GH00068

来源：广西南宁市

科名：豆科（Leguminosae） | 属名：落花生属（*Arachis* L.）
类型：珍珠豆型 | 观测地：广州市白云区 | 生长习性：直立
倍性：异源四倍体 | 观测时间：2015 年 6 月 | 开花习性：连续开花
保存单位：广东省农业科学院作物研究所

●特征特性

植株长势一般，直立生长，中等高度，分枝数一般，收获期落叶性好，田间表现为高抗锈病和高抗叶斑病。

叶片中等大小，叶绿色，呈长椭圆形。

荚果普通型，中间缢缩极弱，果嘴一般明显，表面质地粗糙，无果脊。种仁呈圆柱形。种皮为粉红色，无裂纹。

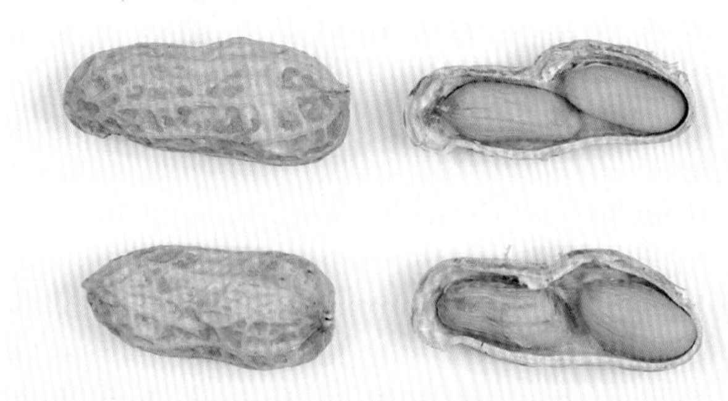

单株农艺性状					
主茎高 /cm	55	结荚数 / 个	36	烂果率 /%	0
第一分枝长 /cm	63	果仁数 / 粒	2	百果重 /g	178.4
收获期主茎青叶数 / 片	8	饱果率 /%	100	百仁重 /g	125.2
总分枝 / 条	7	秕果率 /%	0	出仁率 /%	70.2

营养成分					
蛋白质含量 /%	25.13	粗脂肪含量 /%	49.79	氨基酸总含量 /%	23.08
油酸含量 /%	30.53	亚油酸含量 /%	45.14	油酸含量 / 亚油酸含量	0.68
硬脂酸含量 /%	1.17	花生酸含量 /%	0.81	二十四烷酸含量 /%	2.47
棕榈酸含量 /%	12.13	苏氨酸（Thr）含量 /%	0.86	缬氨酸（Val）含量 /%	1.11
赖氨酸（Lys）含量 /%	0.77	山嵛酸含量 /%	4.39	异亮氨酸（Ile）含量 /%	0.68
亮氨酸（Leu）含量 /%	1.55	苯丙氨酸（Phe）含量 /%	1.25	组氨酸（His）含量 /%	0.87
精氨酸（Arg）含量 /%	2.64	脯氨酸（Pro）含量 /%	1.25	蛋氨酸（Met）含量 /%	0.25

狮梅 17

种质库编号
GH00265

来源：海南省海口市

科名：豆科（Leguminosae）｜属名：落花生属（*Arachis* L.）
类型：珍珠豆型｜观测地：广州市白云区｜生长习性：直立
倍性：异源四倍体｜观测时间：2015 年 6 月｜开花习性：连续开花
保存单位：广东省农业科学院作物研究所

●特征特性

植株长势一般，直立生长，植株较高，分枝数少，收获期落叶性好，田间表现为中抗锈病和中抗叶斑病。

叶片中等大小，叶绿色，呈长椭圆形。

荚果普通型，中间缢缩弱，果嘴一般明显，表面质地粗糙，无果脊。种仁呈圆柱形。种皮为粉红色，无裂纹。

单株农艺性状

性状	数值	性状	数值	性状	数值
主茎高 /cm	75	结荚数 / 个	27	烂果率 /%	0
第一分枝长 /cm	78	果仁数 / 粒	2	百果重 /g	117.2
收获期主茎青叶数 / 片	8	饱果率 /%	100	百仁重 /g	88.4
总分枝 / 条	4	秕果率 /%	0	出仁率 /%	75.4

营养成分

成分	数值	成分	数值	成分	数值
蛋白质含量 /%	26.32	粗脂肪含量 /%	49.03	氨基酸总含量 /%	24.49
油酸含量 /%	40.89	亚油酸含量 /%	37.99	油酸含量 / 亚油酸含量	1.08
硬脂酸含量 /%	0.12	花生酸含量 /%	0.57	二十四烷酸含量 /%	3.15
棕榈酸含量 /%	10.96	苏氨酸（Thr）含量 /%	0.84	缬氨酸（Val）含量 /%	1.08
赖氨酸（Lys）含量 /%	0.92	山嵛酸含量 /%	5.87	异亮氨酸（Ile）含量 /%	0.72
亮氨酸（Leu）含量 /%	1.65	苯丙氨酸（Phe）含量 /%	1.32	组氨酸（His）含量 /%	0.92
精氨酸（Arg）含量 /%	2.76	脯氨酸（Pro）含量 /%	1.54	蛋氨酸（Met）含量 /%	0.25

风沙 6121A

种质库编号 GH00277

来源：辽宁省阜新市

科名：豆科（Leguminosae） | 属名：落花生属（*Arachis* L.）
类型：珍珠豆型 | 观测地：广州市白云区 | 生长习性：蔓生
倍性：异源四倍体 | 观测时间：2015 年 6 月 | 开花习性：连续开花
保存单位：广东省农业科学院作物研究所

●**特征特性**

植株长势一般，蔓生生长，植株较高，分枝数一般，收获期不落叶，田间表现为高抗锈病和高抗叶斑病。

叶片中等大小，叶绿色，呈长椭圆形。

荚果串珠型，中间缢缩极弱，果嘴明显，表面质地粗糙，果脊明显。种仁呈圆柱形。种皮为红色，无裂纹。

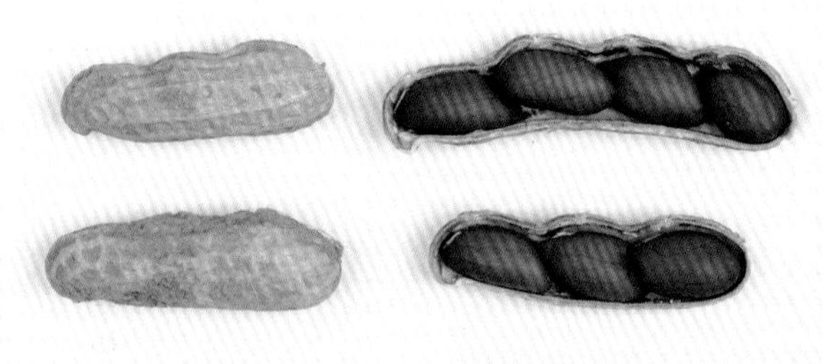

单株农艺性状					
主茎高 /cm	76	结荚数 / 个	6	烂果率 /%	23.3
第一分枝长 /cm	80	果仁数 / 粒	3~4	百果重 /g	149.2
收获期主茎青叶数 / 片	19	饱果率 /%	100	百仁重 /g	109.6
总分枝 / 条	7	秕果率 /%	0	出仁率 /%	73.5

营养成分					
蛋白质含量 /%	24.88	粗脂肪含量 /%	49.30	氨基酸总含量 /%	23.28
油酸含量 /%	37.93	亚油酸含量 /%	39.61	油酸含量 / 亚油酸含量	0.96
硬脂酸含量 /%	1.21	花生酸含量 /%	0.78	二十四烷酸含量 /%	2.15
棕榈酸含量 /%	11.42	苏氨酸（Thr）含量 /%	0.78	缬氨酸（Val）含量 /%	1.04
赖氨酸（Lys）含量 /%	0.74	山嵛酸含量 /%	4.30	异亮氨酸（Ile）含量 /%	0.68
亮氨酸（Leu）含量 /%	1.57	苯丙氨酸（Phe）含量 /%	1.27	组氨酸（His）含量 /%	0.88
精氨酸（Arg）含量 /%	2.63	脯氨酸（Pro）含量 /%	1.44	蛋氨酸（Met）含量 /%	0.25

8506-A

种质库编号
GH00259

来源：河南省郑州市

科名：豆科（Leguminosae） | 属名：落花生属（*Arachis* L.）
类型：珍珠豆型 | 观测地：广州市白云区 | 生长习性：半蔓生
倍性：异源四倍体 | 观测时间：2015 年 6 月 | 开花习性：连续开花
保存单位：广东省农业科学院作物研究所

●特征特性

植株长势一般，半蔓生生长，植株较矮，分枝数一般，收获期落叶性好，田间表现为高抗锈病和高抗叶斑病。

叶片中等大小，叶绿色，呈长椭圆形。

荚果茧型，中间缢缩极弱，果嘴不明显，表面质地粗糙，无果脊。种仁呈圆柱形。种皮为粉红色，无裂纹。

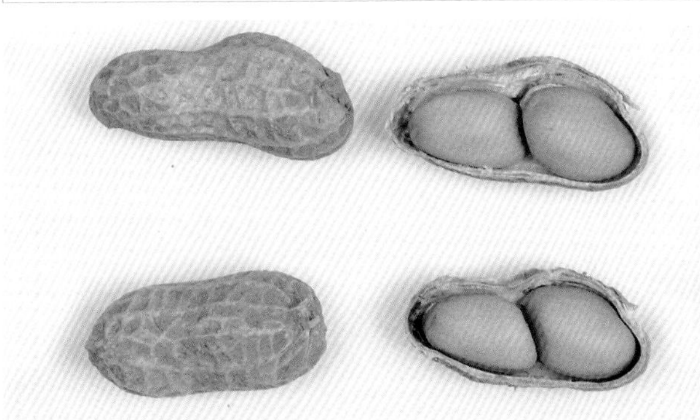

单株农艺性状

性状	数值	性状	数值	性状	数值
主茎高 /cm	40	结荚数 / 个	29	烂果率 /%	0
第一分枝长 /cm	53	果仁数 / 粒	2	百果重 /g	163.2
收获期主茎青叶数 / 片	6	饱果率 /%	96.6	百仁重 /g	125.2
总分枝 / 条	7	秕果率 /%	3.4	出仁率 /%	76.7

营养成分

成分	数值	成分	数值	成分	数值
蛋白质含量 /%	23.47	粗脂肪含量 /%	51.02	氨基酸总含量 /%	21.98
油酸含量 /%	33.86	亚油酸含量 /%	40.47	油酸含量 / 亚油酸含量	0.84
硬脂酸含量 /%	1.90	花生酸含量 /%	0.99	二十四烷酸含量 /%	1.87
棕榈酸含量 /%	12.26	苏氨酸（Thr）含量 /%	0.76	缬氨酸（Val）含量 /%	1.02
赖氨酸（Lys）含量 /%	0.55	山嵛酸含量 /%	3.80	异亮氨酸（Ile）含量 /%	0.65
亮氨酸（Leu）含量 /%	1.49	苯丙氨酸（Phe）含量 /%	1.21	组氨酸（His）含量 /%	0.84
精氨酸（Arg）含量 /%	2.47	脯氨酸（Pro）含量 /%	1.33	蛋氨酸（Met）含量 /%	0.25

湘花 B

种质库编号 GH00044

来源：湖南省长沙市

科名：豆科（Leguminosae） | 属名：落花生属（*Arachis* L.）
类型：珍珠豆型 | 观测地：广州市白云区 | 生长习性：直立
倍性：异源四倍体 | 观测时间：2015 年 6 月 | 开花习性：连续开花
保存单位：广东省农业科学院作物研究所

●特征特性

植株长势较差，直立生长，中等高度，分枝数一般，收获期落叶性一般，田间表现为高抗锈病和高抗叶斑病。

叶片中等大小，叶绿色，呈长椭圆形。

荚果普通型，中间缢缩极弱，果嘴不明显，表面质地中等，无果脊。种仁呈圆柱形。种皮为粉红色，无裂纹。

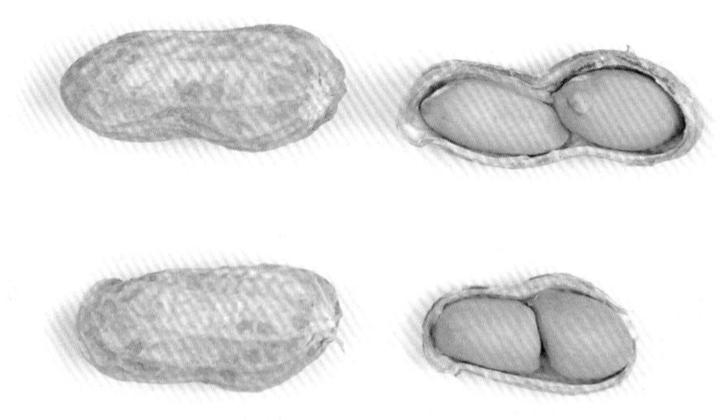

单株农艺性状					
主茎高 /cm	53	结荚数 / 个	38	烂果率 /%	0
第一分枝长 /cm	65	果仁数 / 粒	2	百果重 /g	140.0
收获期主茎青叶数 / 片	10	饱果率 /%	100	百仁重 /g	101.6
总分枝 / 条	9	秕果率 /%	0	出仁率 /%	72.6

营养成分					
蛋白质含量 /%	25.78	粗脂肪含量 /%	51.05	氨基酸总含量 /%	23.99
油酸含量 /%	32.14	亚油酸含量 /%	44.90	油酸含量 / 亚油酸含量	0.72
硬脂酸含量 /%	0.75	花生酸含量 /%	0.71	二十四烷酸含量 /%	1.71
棕榈酸含量 /%	12.13	苏氨酸（Thr）含量 /%	0.84	缬氨酸（Val）含量 /%	1.01
赖氨酸（Lys）含量 /%	1.33	山嵛酸含量 /%	3.22	异亮氨酸（Ile）含量 /%	0.70
亮氨酸（Leu）含量 /%	1.62	苯丙氨酸（Phe）含量 /%	1.29	组氨酸（His）含量 /%	0.87
精氨酸（Arg）含量 /%	2.73	脯氨酸（Pro）含量 /%	1.36	蛋氨酸（Met）含量 /%	0.26

阜花 10 号

种质库编号
GH03999

来源：辽宁省阜新市

科名：豆科（Leguminosae）　属名：落花生属（*Arachis* L.）
类型：珍珠豆型　观测地：广州市白云区　生长习性：直立
倍性：异源四倍体　观测时间：2015 年 6 月　开花习性：连续开花
保存单位：广东省农业科学院作物研究所

●特征特性

植株长势一般，直立生长，植株较矮，分枝数少，收获期落叶性好，田间表现为高抗锈病和高抗叶斑病。

叶片中等大小，叶绿色，呈长椭圆形。

荚果普通型，中间缢缩弱，果嘴一般明显，表面质地中等，无果脊。种仁呈圆柱形。种皮为粉红色，无裂纹。

单株农艺性状

性状	数值	性状	数值	性状	数值
主茎高 /cm	35	结荚数 / 个	25	烂果率 /%	0
第一分枝长 /cm	38	果仁数 / 粒	2	百果重 /g	136.8
收获期主茎青叶数 / 片	8	饱果率 /%	92.0	百仁重 /g	90.8
总分枝 / 条	4	秕果率 /%	8.0	出仁率 /%	66.4

营养成分

成分	数值	成分	数值	成分	数值
蛋白质含量 /%	21.48	粗脂肪含量 /%	52.25	氨基酸总含量 /%	20.45
油酸含量 /%	35.56	亚油酸含量 /%	41.19	油酸含量 / 亚油酸含量	0.86
硬脂酸含量 /%	0.15	花生酸含量 /%	0.46	二十四烷酸含量 /%	1.98
棕榈酸含量 /%	11.27	苏氨酸（Thr）含量 /%	0.83	缬氨酸（Val）含量 /%	0.95
赖氨酸（Lys）含量 /%	0.83	山嵛酸含量 /%	3.30	异亮氨酸（Ile）含量 /%	0.58
亮氨酸（Leu）含量 /%	1.37	苯丙氨酸（Phe）含量 /%	1.12	组氨酸（His）含量 /%	0.90
精氨酸（Arg）含量 /%	2.16	脯氨酸（Pro）含量 /%	1.59	蛋氨酸（Met）含量 /%	0.23

杂选 27

种质库编号
GH02476

来源：山东省青岛市

科名：豆科（Leguminosae）｜属名：落花生属（*Arachis* L.）
类型：珍珠豆型｜观测地：广州市白云区｜生长习性：直立
倍性：异源四倍体｜观测时间：2015 年 6 月｜开花习性：连续开花
保存单位：广东省农业科学院作物研究所

●特征特性

植株长势旺盛，直立生长，植株较矮，分枝数少，收获期落叶性好，田间表现为高抗锈病和中抗叶斑病。

叶片较小，叶绿色，呈长椭圆形。

荚果斧头型，中间缢缩强，果嘴一般明显，表面质地中等，无果脊。种仁呈圆柱形。种皮为粉红色，无裂纹。

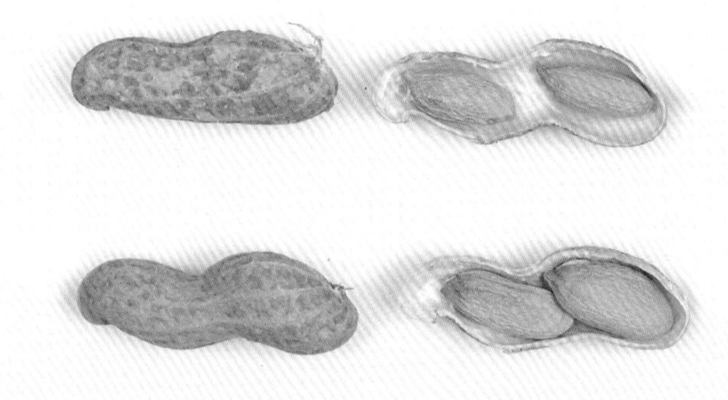

单株农艺性状					
主茎高 /cm	29	结荚数 / 个	23	烂果率 /%	26.1
第一分枝长 /cm	37	果仁数 / 粒	2	百果重 /g	140.8
收获期主茎青叶数 / 片	9	饱果率 /%	100	百仁重 /g	96.4
总分枝 / 条	5	秕果率 /%	0	出仁率 /%	68.5

营养成分					
蛋白质含量 /%	21.36	粗脂肪含量 /%	51.36	氨基酸总含量 /%	19.96
油酸含量 /%	32.84	亚油酸含量 /%	43.40	油酸含量 / 亚油酸含量	0.76
硬脂酸含量 /%	0.53	花生酸含量 /%	0.65	二十四烷酸含量 /%	2.42
棕榈酸含量 /%	11.61	苏氨酸（Thr）含量 /%	0.77	缬氨酸（Val）含量 /%	1.02
赖氨酸（Lys）含量 /%	0.33	山嵛酸含量 /%	3.99	异亮氨酸（Ile）含量 /%	0.57
亮氨酸（Leu）含量 /%	1.33	苯丙氨酸（Phe）含量 /%	1.09	组氨酸（His）含量 /%	0.85
精氨酸（Arg）含量 /%	2.13	脯氨酸（Pro）含量 /%	1.29	蛋氨酸（Met）含量 /%	0.23

鲁花 14

种质库编号
GH02483

来源：山东省青岛市

科名：豆科（Leguminosae）｜属名：落花生属（*Arachis* L.）
类型：珍珠豆型｜观测地：广州市白云区｜生长习性：半蔓生
倍性：异源四倍体｜观测时间：2015 年 6 月｜开花习性：连续开花
保存单位：广东省农业科学院作物研究所

●特征特性

植株长势一般，半蔓生生长，中等高度，分枝数少，收获期落叶性一般，田间表现为高抗锈病和高抗叶斑病。

叶片中等大小，叶绿色，呈长椭圆形。

荚果普通型，中间缢缩弱，果嘴明显，表面质地中等，无果脊。种仁呈圆柱形。种皮为粉红色，无裂纹。

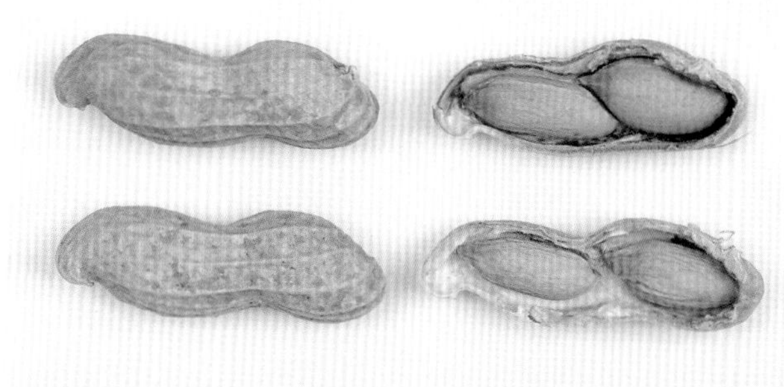

单株农艺性状

性状	数值	性状	数值	性状	数值
主茎高 /cm	48	结荚数 / 个	46	烂果率 /%	2.2
第一分枝长 /cm	71	果仁数 / 粒	2	百果重 /g	167.6
收获期主茎青叶数 / 片	13	饱果率 /%	91.3	百仁重 /g	106.8
总分枝 / 条	6	秕果率 /%	8.7	出仁率 /%	63.7

营养成分

成分	数值	成分	数值	成分	数值
蛋白质含量 /%	23.00	粗脂肪含量 /%	50.59	氨基酸总含量 /%	21.55
油酸含量 /%	42.84	亚油酸含量 /%	34.43	油酸含量 / 亚油酸含量	1.24
硬脂酸含量 /%	0.90	花生酸含量 /%	0.77	二十四烷酸含量 /%	2.46
棕榈酸含量 /%	10.22	苏氨酸（Thr）含量 /%	0.80	缬氨酸（Val）含量 /%	1.09
赖氨酸（Lys）含量 /%	0.36	山嵛酸含量 /%	3.87	异亮氨酸（Ile）含量 /%	0.62
亮氨酸（Leu）含量 /%	1.44	苯丙氨酸（Phe）含量 /%	1.17	组氨酸（His）含量 /%	0.87
精氨酸（Arg）含量 /%	2.32	脯氨酸（Pro）含量 /%	1.24	蛋氨酸（Met）含量 /%	0.24

天府 10

种质库编号
GH00062

来源：四川省南充市

科名：豆科（Leguminosae） | 属名：落花生属（*Arachis* L.）
类型：珍珠豆型 | 观测地：广州市白云区 | 生长习性：直立
倍性：异源四倍体 | 观测时间：2015 年 6 月 | 开花习性：连续开花
保存单位：广东省农业科学院作物研究所

●特征特性

植株长势一般，直立生长，中等高度，分枝数一般，收获期落叶性一般，田间表现为高抗锈病和高抗叶斑病。

叶片中等大小，叶绿色，呈长椭圆形。

荚果斧头型，中间缢缩较明显，果嘴明显，表面质地中等，无果脊。种仁呈锥形。种皮为粉红色，无裂纹。

单株农艺性状

性状	数值	性状	数值	性状	数值
主茎高 /cm	49	结荚数 / 个	39	烂果率 /%	2.6
第一分枝长 /cm	55	果仁数 / 粒	2	百果重 /g	130.0
收获期主茎青叶数 / 片	12	饱果率 /%	97.4	百仁重 /g	96.4
总分枝 / 条	7	秕果率 /%	2.6	出仁率 /%	74.2

营养成分

成分	数值	成分	数值	成分	数值
蛋白质含量 /%	20.53	粗脂肪含量 /%	52.95	氨基酸总含量 /%	19.45
油酸含量 /%	36.78	亚油酸含量 /%	40.09	油酸含量 / 亚油酸含量	0.92
硬脂酸含量 /%	0.35	花生酸含量 /%	0.56	二十四烷酸含量 /%	2.28
棕榈酸含量 /%	11.15	苏氨酸（Thr）含量 /%	0.76	缬氨酸（Val）含量 /%	0.95
赖氨酸（Lys）含量 /%	0.43	山嵛酸含量 /%	3.51	异亮氨酸（Ile）含量 /%	0.56
亮氨酸（Leu）含量 /%	1.30	苯丙氨酸（Phe）含量 /%	1.07	组氨酸（His）含量 /%	0.89
精氨酸（Arg）含量 /%	2.05	脯氨酸（Pro）含量 /%	1.42	蛋氨酸（Met）含量 /%	0.23

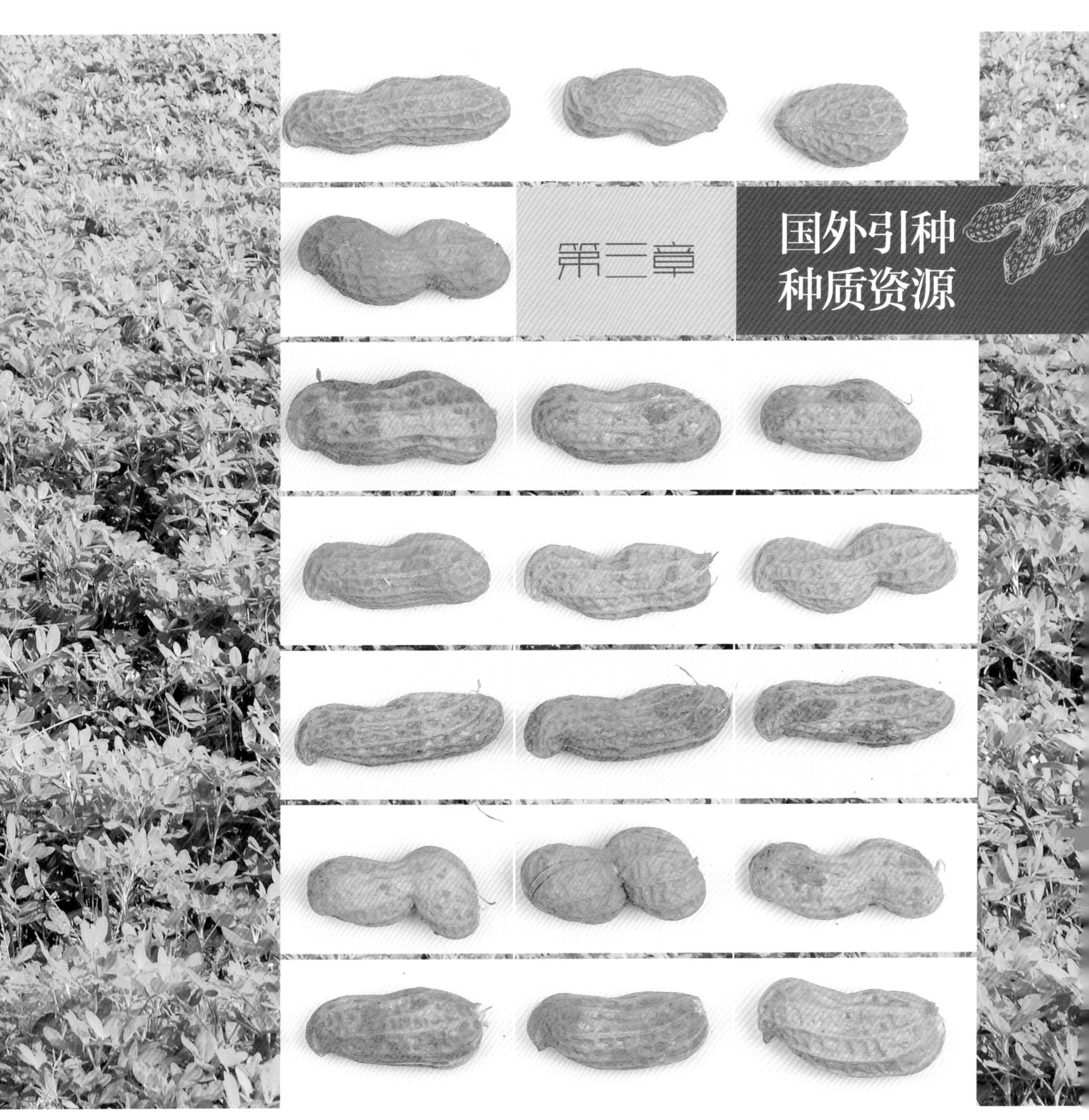

第三章 国外引种种质资源

P12 种质库编号 GH00048

来源：美国

科名：豆科（Leguminosae） | 属名：落花生属（*Arachis* L.）
类型：珍珠豆型 | 观测地：广州市白云区 | 生长习性：直立
倍性：异源四倍体 | 观测时间：2015 年 6 月 | 开花习性：连续开花
保存单位：广东省农业科学院作物研究所

●特征特性

植株长势一般，直立生长，中等高度，分枝数一般，收获期落叶性好，田间表现为高抗锈病和高抗叶斑病。

叶片中等大小，叶绿色，呈长椭圆形。

荚果茧型，中间缢缩极弱，果嘴不明显，表面质地中等，无果脊。种仁呈圆柱形。种皮为粉红色，有少量裂纹。

单株农艺性状

性状	数值	性状	数值	性状	数值
主茎高 /cm	60	结荚数 / 个	26	烂果率 /%	0
第一分枝长 /cm	61	果仁数 / 粒	2	百果重 /g	144.8
收获期主茎青叶数 / 片	9	饱果率 /%	92.3	百仁重 /g	84.4
总分枝 / 条	7	秕果率 /%	7.7	出仁率 /%	58.3

营养成分

成分	数值	成分	数值	成分	数值
蛋白质含量 /%	25.87	粗脂肪含量 /%	50.06	氨基酸总含量 /%	23.97
油酸含量 /%	37.58	亚油酸含量 /%	42.39	油酸含量 / 亚油酸含量	0.89
硬脂酸含量 /%	0.32	花生酸含量 /%	0.76	二十四烷酸含量 /%	3.41
棕榈酸含量 /%	10.23	苏氨酸（Thr）含量 /%	0.89	缬氨酸（Val）含量 /%	1.21
赖氨酸（Lys）含量 /%	0.47	山嵛酸含量 /%	5.30	异亮氨酸（Ile）含量 /%	0.68
亮氨酸（Leu）含量 /%	1.60	苯丙氨酸（Phe）含量 /%	1.28	组氨酸（His）含量 /%	0.94
精氨酸（Arg）含量 /%	2.65	脯氨酸（Pro）含量 /%	1.41	蛋氨酸（Met）含量 /%	0.24

PI268890

种质库编号
GH00137

来源：美国

科名：豆科（Leguminosae）　属名：落花生属（*Arachis* L.）
类型：珍珠豆型　观测地：广州市白云区　生长习性：蔓生
倍性：异源四倍体　观测时间：2015 年 6 月　开花习性：连续开花
保存单位：广东省农业科学院作物研究所

●特征特性

植株长势一般，蔓生生长，第一分枝较长，分枝数一般，收获期落叶性一般，田间表现为中抗锈病和中抗叶斑病。

叶片中等大小，叶绿色，呈长椭圆形。

荚果普通型，中间缢缩中等，果嘴不明显，表面质地光滑，无果脊。种仁呈圆柱形。种皮为粉红色，无裂纹。

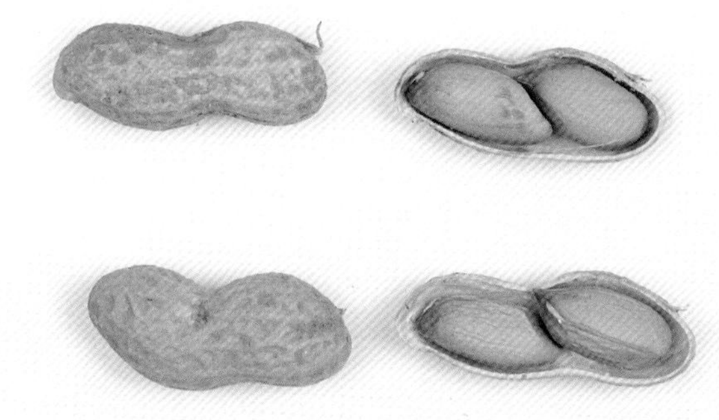

单株农艺性状

性状	数值	性状	数值	性状	数值
主茎高 /cm	51	结荚数 / 个	19	烂果率 /%	0
第一分枝长 /cm	75	果仁数 / 粒	2	百果重 /g	132.8
收获期主茎青叶数 / 片	13	饱果率 /%	94.7	百仁重 /g	98.4
总分枝 / 条	10	秕果率 /%	5.3	出仁率 /%	74.1

营养成分

成分	数值	成分	数值	成分	数值
蛋白质含量 /%	25.50	粗脂肪含量 /%	50.56	氨基酸总含量 /%	24.00
油酸含量 /%	42.13	亚油酸含量 /%	36.18	油酸含量 / 亚油酸含量	1.16
硬脂酸含量 /%	0.25	花生酸含量 /%	0.60	二十四烷酸含量 /%	2.13
棕榈酸含量 /%	10.61	苏氨酸（Thr）含量 /%	0.82	缬氨酸（Val）含量 /%	1.05
赖氨酸（Lys）含量 /%	1.01	山嵛酸含量 /%	3.39	异亮氨酸（Ile）含量 /%	0.69
亮氨酸（Leu）含量 /%	1.61	苯丙氨酸（Phe）含量 /%	1.29	组氨酸（His）含量 /%	0.93
精氨酸（Arg）含量 /%	2.64	脯氨酸（Pro）含量 /%	1.48	蛋氨酸（Met）含量 /%	0.28

MH-20

种质库编号 GH00961

来源：美国

科名：豆科（Leguminosae） | 属名：落花生属（*Arachis* L.）
类型：珍珠豆型 | 观测地：广州市白云区 | 生长习性：直立
倍性：异源四倍体 | 观测时间：2015 年 6 月 | 开花习性：连续开花
保存单位：广东省农业科学院作物研究所

●特征特性

植株长势旺盛，直立生长，植株较矮，分枝数一般，收获期落叶性差，田间表现为高抗锈病和高抗叶斑病。

叶片中等大小，叶绿色，呈长椭圆形。

荚果串珠型，中间缢缩弱，果嘴弱，表面质地光滑，无果脊。种仁呈圆柱形。种皮为红色，无裂纹。

单株农艺性状

性状	数值	性状	数值	性状	数值
主茎高 /cm	23	结荚数 / 个	13	烂果率 /%	0
第一分枝长 /cm	29	果仁数 / 粒	3	百果重 /g	136.4
收获期主茎青叶数 / 片	13	饱果率 /%	61.5	百仁重 /g	100.8
总分枝 / 条	7	秕果率 /%	38.5	出仁率 /%	73.9

营养成分

成分	数值	成分	数值	成分	数值
蛋白质含量 /%	26.42	粗脂肪含量 /%	49.96	氨基酸总含量 /%	24.61
油酸含量 /%	33.50	亚油酸含量 /%	44.29	油酸含量 / 亚油酸含量	0.76
硬脂酸含量 /%	0.74	花生酸含量 /%	0.73	二十四烷酸含量 /%	2.55
棕榈酸含量 /%	11.96	苏氨酸（Thr）含量 /%	0.76	缬氨酸（Val）含量 /%	1.05
赖氨酸（Lys）含量 /%	0.77	山嵛酸含量 /%	5.14	异亮氨酸（Ile）含量 /%	0.72
亮氨酸（Leu）含量 /%	1.66	苯丙氨酸（Phe）含量 /%	1.32	组氨酸（His）含量 /%	0.90
精氨酸（Arg）含量 /%	2.81	脯氨酸（Pro）含量 /%	1.53	蛋氨酸（Met）含量 /%	0.25

PI315613

种质库编号
GH00981

来源：美国

科名：豆科（Leguminosae）　属名：落花生属（*Arachis* L.）
类型：珍珠豆型　观测地：广州市白云区　生长习性：半蔓生
倍性：异源四倍体　观测时间：2015 年 6 月　开花习性：连续开花
保存单位：广东省农业科学院作物研究所

●特征特性

植株长势较好，半蔓生生长，植株较矮，分枝数较多，收获期落叶性一般，田间表现为高抗锈病和高抗叶斑病。

叶片较小，叶绿色，呈长椭圆形。

荚果普通型，中间缢缩极弱，果嘴不明显，表面质地一般，无果脊。种仁呈圆柱形。种皮为浅粉色，无裂纹。

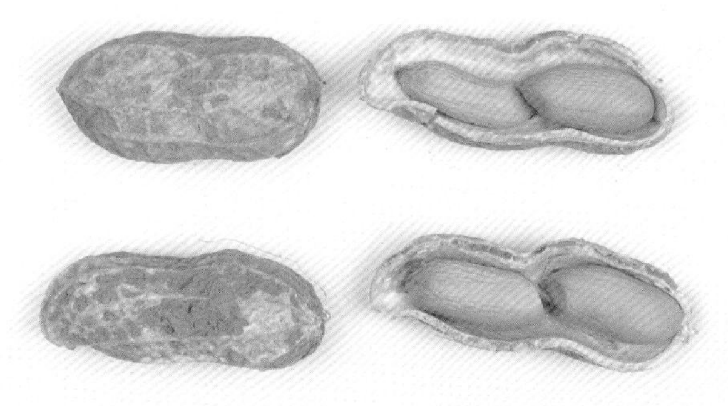

单株农艺性状					
主茎高 /cm	35	结荚数 / 个	16	烂果率 /%	0
第一分枝长 /cm	57	果仁数 / 粒	2	百果重 /g	169.2
收获期主茎青叶数 / 片	10	饱果率 /%	73.8	百仁重 /g	118.4
总分枝 / 条	16	秕果率 /%	26.2	出仁率 /%	70.0

营养成分					
蛋白质含量 /%	24.94	粗脂肪含量 /%	51.15	氨基酸总含量 /%	23.34
油酸含量 /%	39.28	亚油酸含量 /%	37.43	油酸含量 / 亚油酸含量	1.05
硬脂酸含量 /%	1.73	花生酸含量 /%	1.03	二十四烷酸含量 /%	2.14
棕榈酸含量 /%	10.99	苏氨酸（Thr）含量 /%	0.76	缬氨酸（Val）含量 /%	1.06
赖氨酸（Lys）含量 /%	0.52	山嵛酸含量 /%	3.48	异亮氨酸（Ile）含量 /%	0.68
亮氨酸（Leu）含量 /%	1.57	苯丙氨酸（Phe）含量 /%	1.26	组氨酸（His）含量 /%	0.87
精氨酸（Arg）含量 /%	2.61	脯氨酸（Pro）含量 /%	1.21	蛋氨酸（Met）含量 /%	0.28

A-H69

种质库编号 GH01181

来源：美国

科名：豆科（Leguminosae） | 属名：落花生属（*Arachis* L.）
类型：珍珠豆型 | 观测地：广州市白云区 | 生长习性：半蔓生
倍性：异源四倍体 | 观测时间：2015 年 6 月 | 开花习性：连续开花
保存单位：广东省农业科学院作物研究所

●特征特性

植株长势一般，半蔓生生长，中等高度，分枝数多，收获期不落叶，田间表现为高抗锈病和高抗叶斑病。

叶片中等大小，叶色淡绿，呈长椭圆形。

荚果串珠型，中间缢缩极弱，无果嘴，表面质地光滑，无果脊。种仁呈锥形。种皮为红色，无裂纹。

单株农艺性状					
主茎高 /cm	57	结荚数 / 个	15	烂果率 /%	23.3
第一分枝长 /cm	71	果仁数 / 粒	3~4	百果重 /g	98.8
收获期主茎青叶数 / 片	17	饱果率 /%	76.7	百仁重 /g	65.6
总分枝 / 条	12	秕果率 /%	23.3	出仁率 /%	66.4

营养成分					
蛋白质含量 /%	25.40	粗脂肪含量 /%	49.83	氨基酸总含量 /%	23.68
油酸含量 /%	41.65	亚油酸含量 /%	37.20	油酸含量 / 亚油酸含量	1.12
硬脂酸含量 /%	1.28	花生酸含量 /%	0.84	二十四烷酸含量 /%	2.19
棕榈酸含量 /%	11.01	苏氨酸（Thr）含量 /%	0.76	缬氨酸（Val）含量 /%	1.00
赖氨酸（Lys）含量 /%	0.71	山嵛酸含量 /%	4.16	异亮氨酸（Ile）含量 /%	0.69
亮氨酸（Leu）含量 /%	1.60	苯丙氨酸（Phe）含量 /%	1.28	组氨酸（His）含量 /%	0.85
精氨酸（Arg）含量 /%	2.65	脯氨酸（Pro）含量 /%	1.37	蛋氨酸（Met）含量 /%	0.25

美引二号

种质库编号
GH01182

来源：美国

科名：豆科（Leguminosae）｜属名：落花生属（*Arachis* L.）
类型：珍珠豆型｜观测地：广州市白云区｜生长习性：半蔓生
倍性：异源四倍体｜观测时间：2015 年 6 月｜开花习性：连续开花
保存单位：广东省农业科学院作物研究所

●特征特性

植株长势一般，半蔓生生长，植株较高，分枝数一般，收获期不落叶，田间表现为高抗锈病和高抗叶斑病。

叶片中等大小，叶色深绿，呈长椭圆形。

荚果串珠型，中间缢缩极弱，无果嘴，表面质地光滑，果脊中等。种仁呈圆柱形。种皮为紫色，无裂纹。

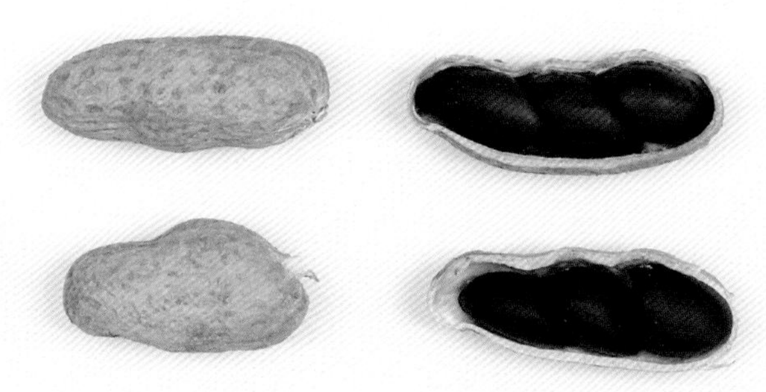

单株农艺性状					
主茎高 /cm	88	结荚数 / 个	12	烂果率 /%	2.5
第一分枝长 /cm	92	果仁数 / 粒	3	百果重 /g	146.0
收获期主茎青叶数 / 片	22	饱果率 /%	87.5	百仁重 /g	103.6
总分枝 / 条	7	秕果率 /%	12.5	出仁率 /%	71.0

营养成分					
蛋白质含量 /%	31.11	粗脂肪含量 /%	48.34	氨基酸总含量 /%	28.73
油酸含量 /%	41.27	亚油酸含量 /%	46.38	油酸含量 / 亚油酸含量	0.89
硬脂酸含量 /%	0.14	花生酸含量 /%	0.91	二十四烷酸含量 /%	2.27
棕榈酸含量 /%	10.67	苏氨酸（Thr）含量 /%	0.81	缬氨酸（Val）含量 /%	1.07
赖氨酸（Lys）含量 /%	0.76	山嵛酸含量 /%	4.77	异亮氨酸（Ile）含量 /%	0.80
亮氨酸（Leu）含量 /%	1.91	苯丙氨酸（Phe）含量 /%	1.48	组氨酸（His）含量 /%	0.87
精氨酸（Arg）含量 /%	3.23	脯氨酸（Pro）含量 /%	1.48	蛋氨酸（Met）含量 /%	0.25

AFF7297

种质库编号 GH01378

来源：美国

科名：豆科（Leguminosae） | 属名：落花生属（*Arachis* L.）
类型：珍珠豆型 | 观测地：广州市白云区 | 生长习性：直立
倍性：异源四倍体 | 观测时间：2015 年 6 月 | 开花习性：连续开花
保存单位：广东省农业科学院作物研究所

●特征特性

植株长势一般，直立生长，中等高度，分枝数少，收获期落叶性一般，田间表现为中抗锈病和高抗叶斑病。

叶片中等大小，叶绿色，呈长椭圆形。

荚果串珠型，中间缢缩极弱，果嘴不明显，表面质地光滑，果脊中等。种仁呈圆柱形。种皮为粉红色，有少量裂纹。

单株农艺性状

性状	数值	性状	数值	性状	数值
主茎高 /cm	65	结荚数 / 个	38	烂果率 /%	2.6
第一分枝长 /cm	88	果仁数 / 粒	4	百果重 /g	122.4
收获期主茎青叶数 / 片	13	饱果率 /%	94.7	百仁重 /g	91.6
总分枝 / 条	5	秕果率 /%	5.3	出仁率 /%	74.8

营养成分

成分	数值	成分	数值	成分	数值
蛋白质含量 /%	22.79	粗脂肪含量 /%	52.96	氨基酸总含量 /%	21.46
油酸含量 /%	40.71	亚油酸含量 /%	35.69	油酸含量 / 亚油酸含量	1.14
硬脂酸含量 /%	1.12	花生酸含量 /%	0.76	二十四烷酸含量 /%	2.27
棕榈酸含量 /%	11.09	苏氨酸（Thr）含量 /%	0.78	缬氨酸（Val）含量 /%	1.01
赖氨酸（Lys）含量 /%	0.80	山嵛酸含量 /%	4.27	异亮氨酸（Ile）含量 /%	0.63
亮氨酸（Leu）含量 /%	1.46	苯丙氨酸（Phe）含量 /%	1.17	组氨酸（His）含量 /%	0.83
精氨酸（Arg）含量 /%	2.35	脯氨酸（Pro）含量 /%	1.32	蛋氨酸（Met）含量 /%	0.24

AFF7307

种质库编号
GH01421

来源：美国

科名：豆科（Leguminosae）｜属名：落花生属（*Arachis* L.）
类型：珍珠豆型｜观测地：广州市白云区｜生长习性：直立
倍性：异源四倍体｜观测时间：2015 年 6 月｜开花习性：连续开花
保存单位：广东省农业科学院作物研究所

●特征特性

植株长势一般，直立生长，中等高度，分枝数一般，收获期落叶性一般，田间表现为中抗锈病和中抗叶斑病。

叶片中等大小，叶色淡绿，呈长椭圆形。

荚果串珠型，中间缢缩极弱，果嘴不明显，表面质地光滑，无果脊。种仁呈圆柱形。种皮为粉红色，有少量裂纹。

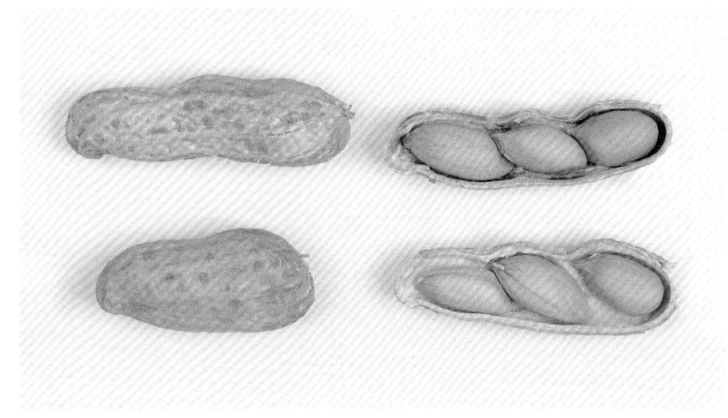

单株农艺性状

性状	数值	性状	数值	性状	数值
主茎高 /cm	51	结荚数 / 个	35	烂果率 /%	8.6
第一分枝长 /cm	60	果仁数 / 粒	3	百果重 /g	110.8
收获期主茎青叶数 / 片	15	饱果率 /%	100	百仁重 /g	78.8
总分枝 / 条	9	秕果率 /%	0	出仁率 /%	71.1

营养成分

成分	数值	成分	数值	成分	数值
蛋白质含量 /%	24.22	粗脂肪含量 /%	50.44	氨基酸总含量 /%	22.81
油酸含量 /%	39.73	亚油酸含量 /%	38.62	油酸含量 / 亚油酸含量	1.03
硬脂酸含量 /%	0.54	花生酸含量 /%	0.64	二十四烷酸含量 /%	1.65
棕榈酸含量 /%	10.93	苏氨酸（Thr）含量 /%	0.81	缬氨酸（Val）含量 /%	0.98
赖氨酸（Lys）含量 /%	1.05	山嵛酸含量 /%	3.14	异亮氨酸（Ile）含量 /%	0.66
亮氨酸（Leu）含量 /%	1.53	苯丙氨酸（Phe）含量 /%	1.23	组氨酸（His）含量 /%	0.90
精氨酸（Arg）含量 /%	2.50	脯氨酸（Pro）含量 /%	1.52	蛋氨酸（Met）含量 /%	0.24

AFF7257

种质库编号
GH01422

来源：美国

科名：豆科（Leguminosae） | 属名：落花生属（*Arachis* L.）
类型：珍珠豆型 | 观测地：广州市白云区 | 生长习性：半蔓生
倍性：异源四倍体 | 观测时间：2015 年 6 月 | 开花习性：连续开花
保存单位：广东省农业科学院作物研究所

●特征特性

植株长势一般，半蔓生生长，植株较高，分枝数一般，收获期落叶性一般，田间表现为中抗锈病和中抗叶斑病。

叶片中等大小，叶色淡绿，呈长椭圆形。

荚果普通型，中间缢缩弱，果嘴不明显，表面质地中等，无果脊。种仁呈圆柱形。种皮为粉红色，无裂纹。

单株农艺性状

主茎高 /cm	88	结荚数 / 个	13	烂果率 /%	0
第一分枝长 /cm	85	果仁数 / 粒	2	百果重 /g	112.4
收获期主茎青叶数 / 片	13	饱果率 /%	92.3	百仁重 /g	68.0
总分枝 / 条	7	秕果率 /%	7.7	出仁率 /%	60.5

营养成分

蛋白质含量 /%	25.36	粗脂肪含量 /%	50.44	氨基酸总含量 /%	23.41
油酸含量 /%	37.32	亚油酸含量 /%	39.61	油酸含量 / 亚油酸含量	0.94
硬脂酸含量 /%	1.36	花生酸含量 /%	0.83	二十四烷酸含量 /%	2.09
棕榈酸含量 /%	11.39	苏氨酸（Thr）含量 /%	0.77	缬氨酸（Val）含量 /%	1.01
赖氨酸（Lys）含量 /%	0.73	山嵛酸含量 /%	3.76	异亮氨酸（Ile）含量 /%	0.70
亮氨酸（Leu）含量 /%	1.58	苯丙氨酸（Phe）含量 /%	1.27	组氨酸（His）含量 /%	0.84
精氨酸（Arg）含量 /%	2.68	脯氨酸（Pro）含量 /%	1.25	蛋氨酸（Met）含量 /%	0.26

AFF765

种质库编号 GH01423

来源：美国

科名：豆科（Leguminosae）｜属名：落花生属（*Arachis* L.）

类型：珍珠豆型｜观测地：广州市白云区｜生长习性：直立

倍性：异源四倍体｜观测时间：2015 年 6 月｜开花习性：连续开花

保存单位：广东省农业科学院作物研究所

●特征特性

植株长势一般，直立生长，中等高度，分枝数一般，收获期落叶性一般，田间表现为中抗锈病和中抗叶斑病。

叶片中等大小，叶绿色，呈长椭圆形。

荚果普通型，中间缢缩极弱，果嘴不明显，表面质地中等，无果脊。种仁呈圆柱形。种皮为粉红色，有少量裂纹。

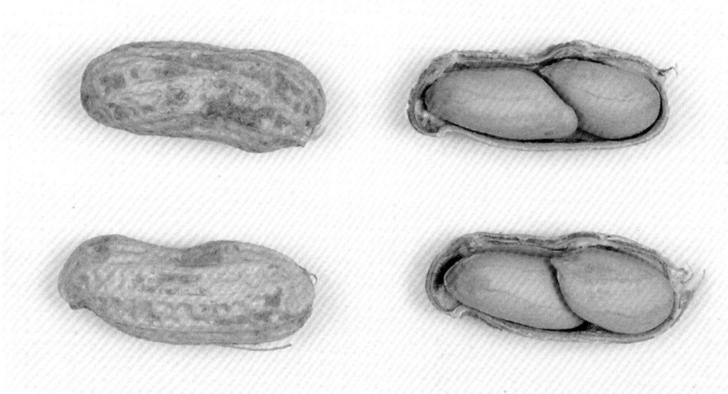

单株农艺性状

性状	数值	性状	数值	性状	数值
主茎高 /cm	63	结荚数 / 个	18	烂果率 /%	27.8
第一分枝长 /cm	68	果仁数 / 粒	2	百果重 /g	116.0
收获期主茎青叶数 / 片	13	饱果率 /%	100	百仁重 /g	80.8
总分枝 / 条	8	秕果率 /%	0	出仁率 /%	69.7

营养成分

成分	数值	成分	数值	成分	数值
蛋白质含量 /%	26.18	粗脂肪含量 /%	50.58	氨基酸总含量 /%	24.08
油酸含量 /%	35.97	亚油酸含量 /%	40.25	油酸含量 / 亚油酸含量	0.89
硬脂酸含量 /%	1.66	花生酸含量 /%	0.92	二十四烷酸含量 /%	2.11
棕榈酸含量 /%	11.73	苏氨酸（Thr）含量 /%	0.80	缬氨酸（Val）含量 /%	1.05
赖氨酸（Lys）含量 /%	0.69	山嵛酸含量 /%	4.06	异亮氨酸（Ile）含量 /%	0.72
亮氨酸（Leu）含量 /%	1.63	苯丙氨酸（Phe）含量 /%	1.30	组氨酸（His）含量 /%	0.85
精氨酸（Arg）含量 /%	2.79	脯氨酸（Pro）含量 /%	1.24	蛋氨酸（Met）含量 /%	0.26

AFF780

种质库编号 GH01425

来源：美国

科名：豆科（Leguminosae） | 属名：落花生属（*Arachis* L.）
类型：珍珠豆型 | 观测地：广州市白云区 | 生长习性：直立
倍性：异源四倍体 | 观测时间：2015 年 6 月 | 开花习性：连续开花
保存单位：广东省农业科学院作物研究所

●特征特性

植株长势一般，直立生长，易倒伏，植株较高，分枝数少，收获期落叶性一般，田间表现为中感锈病和中感叶斑病。

叶片中等大小，叶色淡绿，呈长椭圆形。

荚果普通型，中间缢缩极弱，果嘴不明显，表面质地中等，无果脊。种仁呈圆柱形。种皮为粉红色，无裂纹。

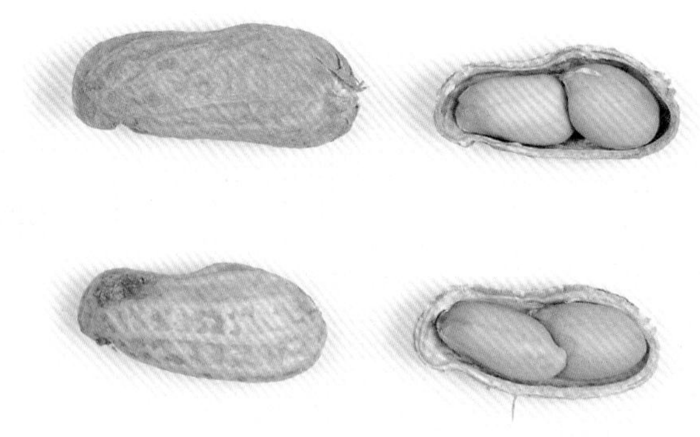

单株农艺性状

性状	数值	性状	数值	性状	数值
主茎高 /cm	71	结荚数 / 个	8	烂果率 /%	75.0
第一分枝长 /cm	70	果仁数 / 粒	2	百果重 /g	91.2
收获期主茎青叶数 / 片	10	饱果率 /%	87.5	百仁重 /g	61.6
总分枝 / 条	4	秕果率 /%	12.5	出仁率 /%	67.5

营养成分

成分	数值	成分	数值	成分	数值
蛋白质含量 /%	23.66	粗脂肪含量 /%	50.91	氨基酸总含量 /%	21.97
油酸含量 /%	39.14	亚油酸含量 /%	38.81	油酸含量 / 亚油酸含量	1.01
硬脂酸含量 /%	0.65	花生酸含量 /%	0.62	二十四烷酸含量 /%	2.35
棕榈酸含量 /%	11.36	苏氨酸（Thr）含量 /%	0.77	缬氨酸（Val）含量 /%	0.99
赖氨酸（Lys）含量 /%	0.66	山嵛酸含量 /%	4.09	异亮氨酸（Ile）含量 /%	0.65
亮氨酸（Leu）含量 /%	1.48	苯丙氨酸（Phe）含量 /%	1.19	组氨酸（His）含量 /%	0.83
精氨酸（Arg）含量 /%	2.44	脯氨酸（Pro）含量 /%	1.26	蛋氨酸（Met）含量 /%	0.24

AFF724

种质库编号
GH01426

来源：美国

科名：豆科（Leguminosae） | 属名：落花生属（*Arachis* L.）
类型：珍珠豆型 | 观测地：广州市白云区 | 生长习性：直立
倍性：异源四倍体 | 观测时间：2015 年 6 月 | 开花习性：连续开花
保存单位：广东省农业科学院作物研究所

●特征特性

植株长势较差，直立生长，中等高度，分枝数少，收获期落叶性一般，田间表现为高抗锈病和高抗叶斑病。

叶片中等大小，叶色淡绿，呈长椭圆形。

荚果茧型，中间缢缩极弱，果嘴不明显，表面质地中等，无果脊。种仁呈圆柱形。种皮为粉红色，有少量裂纹。

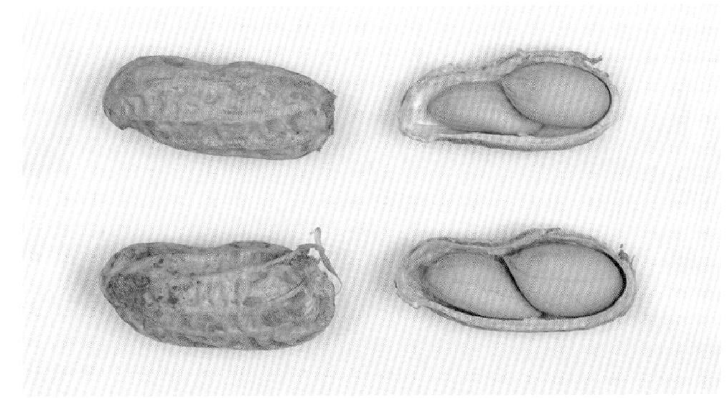

单株农艺性状					
主茎高 /cm	45	结荚数 / 个	7	烂果率 /%	85.7
第一分枝长 /cm	49	果仁数 / 粒	2	百果重 /g	88.0
收获期主茎青叶数 / 片	15	饱果率 /%	100	百仁重 /g	49.2
总分枝 / 条	4	秕果率 /%	0	出仁率 /%	55.9

营养成分					
蛋白质含量 /%	24.12	粗脂肪含量 /%	54.19	氨基酸总含量 /%	22.39
油酸含量 /%	43.72	亚油酸含量 /%	33.12	油酸含量 / 亚油酸含量	1.32
硬脂酸含量 /%	1.55	花生酸含量 /%	0.93	二十四烷酸含量 /%	1.26
棕榈酸含量 /%	10.63	苏氨酸（Thr）含量 /%	0.74	缬氨酸（Val）含量 /%	0.93
赖氨酸（Lys）含量 /%	0.93	山嵛酸含量 /%	2.65	异亮氨酸（Ile）含量 /%	0.67
亮氨酸（Leu）含量 /%	1.53	苯丙氨酸（Phe）含量 /%	1.21	组氨酸（His）含量 /%	0.80
精氨酸（Arg）含量 /%	2.52	脯氨酸（Pro）含量 /%	1.15	蛋氨酸（Met）含量 /%	0.25

AFF7262

种质库编号
GH01427

来源：美国

科名：豆科（Leguminosae） | 属名：落花生属（*Arachis* L.）
类型：珍珠豆型 | 观测地：广州市白云区 | 生长习性：直立
倍性：异源四倍体 | 观测时间：2015 年 6 月 | 开花习性：连续开花
保存单位：广东省农业科学院作物研究所

●特征特性

植株长势旺盛，直立生长，中等高度，分枝数少，收获期落叶性好，田间表现为中抗锈病和中抗叶斑病。

叶片中等大小，叶绿色，呈长椭圆形。

荚果普通型，中间缢缩极弱，果嘴不明显，表面质地光滑，无果脊。种仁呈圆柱形。种皮为粉红色，有少量裂纹。

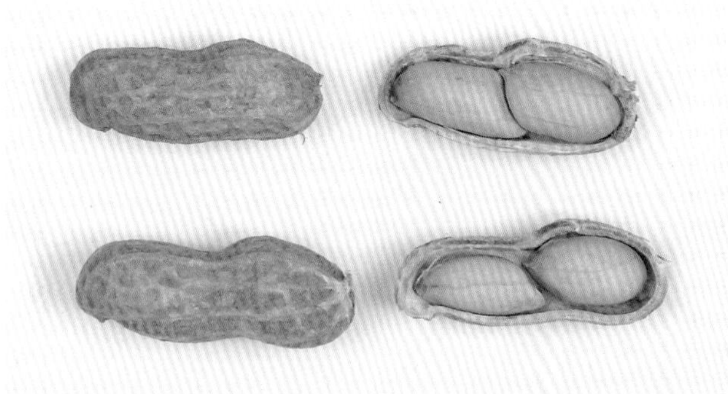

单株农艺性状					
主茎高 /cm	57	结荚数 / 个	30	烂果率 /%	0
第一分枝长 /cm	57	果仁数 / 粒	2	百果重 /g	110.4
收获期主茎青叶数 / 片	8	饱果率 /%	96.7	百仁重 /g	76.4
总分枝 / 条	6	秕果率 /%	3.3	出仁率 /%	69.2

营养成分					
蛋白质含量 /%	25.90	粗脂肪含量 /%	50.24	氨基酸总含量 /%	24.37
油酸含量 /%	41.63	亚油酸含量 /%	37.15	油酸含量 / 亚油酸含量	1.12
硬脂酸含量 /%	0.06	花生酸含量 /%	0.55	二十四烷酸含量 /%	2.55
棕榈酸含量 /%	10.73	苏氨酸（Thr）含量 /%	0.84	缬氨酸（Val）含量 /%	1.05
赖氨酸（Lys）含量 /%	0.70	山嵛酸含量 /%	4.43	异亮氨酸（Ile）含量 /%	0.70
亮氨酸（Leu）含量 /%	1.64	苯丙氨酸（Phe）含量 /%	1.31	组氨酸（His）含量 /%	0.97
精氨酸（Arg）含量 /%	2.69	脯氨酸（Pro）含量 /%	1.72	蛋氨酸（Met）含量 /%	0.25

AFF7259

种质库编号 GH01428

来源：美国

科名：豆科（Leguminosae）｜属名：落花生属（*Arachis* L.）

类型：珍珠豆型｜观测地：广州市白云区｜生长习性：直立

倍性：异源四倍体｜观测时间：2015 年 6 月｜开花习性：连续开花

保存单位：广东省农业科学院作物研究所

●特征特性

植株长势较好，直立生长，中等高度，分枝数一般，收获期落叶性一般，田间表现为高抗锈病和高抗叶斑病。

叶片中等大小，叶色淡绿，呈长椭圆形。

荚果茧型，中间缢缩弱，果嘴明显，表面质地光滑，无果脊。种仁呈圆柱形。种皮为粉红色，无裂纹。

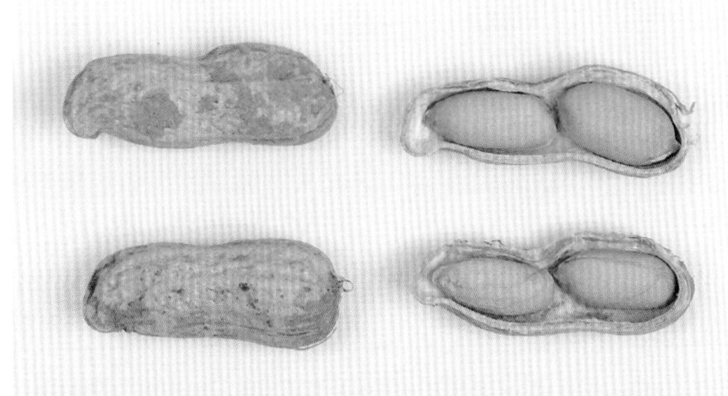

单株农艺性状

主茎高 /cm	68	结荚数 / 个	46	烂果率 /%	0
第一分枝长 /cm	86	果仁数 / 粒	2	百果重 /g	133.6
收获期主茎青叶数 / 片	14	饱果率 /%	100	百仁重 /g	91.6
总分枝 / 条	9	秕果率 /%	0	出仁率 /%	68.6

营养成分

蛋白质含量 /%	24.52	粗脂肪含量 /%	51.04	氨基酸总含量 /%	22.91
油酸含量 /%	36.38	亚油酸含量 /%	40.11	油酸含量 / 亚油酸含量	0.91
硬脂酸含量 /%	0.46	花生酸含量 /%	0.63	二十四烷酸含量 /%	3.03
棕榈酸含量 /%	11.74	苏氨酸（Thr）含量 /%	0.79	缬氨酸（Val）含量 /%	1.07
赖氨酸（Lys）含量 /%	0.69	山嵛酸含量 /%	5.77	异亮氨酸（Ile）含量 /%	0.67
亮氨酸（Leu）含量 /%	1.54	苯丙氨酸（Phe）含量 /%	1.24	组氨酸（His）含量 /%	0.91
精氨酸（Arg）含量 /%	2.55	脯氨酸（Pro）含量 /%	1.51	蛋氨酸（Met）含量 /%	0.25

AFF737

种质库编号 GH01429

来源：美国

科名：豆科（Leguminosae） | 属名：落花生属（*Arachis* L.）
类型：珍珠豆型 | 观测地：广州市白云区 | 生长习性：直立
倍性：异源四倍体 | 观测时间：2015 年 6 月 | 开花习性：连续开花
保存单位：广东省农业科学院作物研究所

●特征特性

植株长势一般，直立生长，中等高度，分枝数一般，收获期落叶性一般，田间表现为中抗锈病和高抗叶斑病。

叶片中等大小，叶绿色，呈长椭圆形。

荚果普通型，中间缢缩弱，果嘴较明显，表面质地光滑，无果脊。种仁呈圆柱形。种皮为粉红色，无裂纹。

单株农艺性状

主茎高 /cm	61	结荚数 / 个	24	烂果率 /%	0
第一分枝长 /cm	76	果仁数 / 粒	2	百果重 /g	122.4
收获期主茎青叶数 / 片	13	饱果率 /%	95.8	百仁重 /g	88.8
总分枝 / 条	8	秕果率 /%	4.2	出仁率 /%	72.5

营养成分

蛋白质含量 /%	24.66	粗脂肪含量 /%	51.18	氨基酸总含量 /%	23.17
油酸含量 /%	39.27	亚油酸含量 /%	38.36	油酸含量 / 亚油酸含量	1.02
硬脂酸含量 /%	0.73	花生酸含量 /%	0.68	二十四烷酸含量 /%	1.40
棕榈酸含量 /%	11.08	苏氨酸（Thr）含量 /%	0.79	缬氨酸（Val）含量 /%	0.93
赖氨酸（Lys）含量 /%	1.60	山嵛酸含量 /%	3.00	异亮氨酸（Ile）含量 /%	0.67
亮氨酸（Leu）含量 /%	1.56	苯丙氨酸（Phe）含量 /%	1.25	组氨酸（His）含量 /%	0.87
精氨酸（Arg）含量 /%	2.56	脯氨酸（Pro）含量 /%	1.37	蛋氨酸（Met）含量 /%	0.25

AFF7304

种质库编号
GH01430

来源：美国

科名：豆科（Leguminosae）	属名：落花生属（*Arachis* L.）	
类型：珍珠豆型	观测地：广州市白云区	生长习性：半蔓生
倍性：异源四倍体	观测时间：2015 年 6 月	开花习性：连续开花

保存单位：广东省农业科学院作物研究所

●特征特性

植株长势一般，半蔓生生长，中等高度，分枝数一般，收获期落叶性一般，田间表现为高抗锈病和高抗叶斑病。

叶片中等大小，叶绿色，呈长椭圆形。

荚果茧型，中间缢缩极弱，果嘴不明显，表面质地中等，无果脊。种仁呈圆柱形。种皮为粉红色，无裂纹。

单株农艺性状

性状	数值	性状	数值	性状	数值
主茎高 /cm	59	结荚数 / 个	24	烂果率 /%	41.7
第一分枝长 /cm	71	果仁数 / 粒	2	百果重 /g	110.8
收获期主茎青叶数 / 片	14	饱果率 /%	87.5	百仁重 /g	79.2
总分枝 / 条	9	秕果率 /%	12.5	出仁率 /%	71.5

营养成分

成分	数值	成分	数值	成分	数值
蛋白质含量 /%	24.94	粗脂肪含量 /%	49.91	氨基酸总含量 /%	23.10
油酸含量 /%	35.03	亚油酸含量 /%	40.59	油酸含量 / 亚油酸含量	0.86
硬脂酸含量 /%	2.67	花生酸含量 /%	1.16	二十四烷酸含量 /%	1.17
棕榈酸含量 /%	11.75	苏氨酸（Thr）含量 /%	0.62	缬氨酸（Val）含量 /%	0.91
赖氨酸（Lys）含量 /%	0.92	山嵛酸含量 /%	3.27	异亮氨酸（Ile）含量 /%	0.69
亮氨酸（Leu）含量 /%	1.56	苯丙氨酸（Phe）含量 /%	1.26	组氨酸（His）含量 /%	0.83
精氨酸（Arg）含量 /%	2.66	脯氨酸（Pro）含量 /%	1.25	蛋氨酸（Met）含量 /%	0.27

AFF770

种质库编号 GH01431

来源：美国

科名：豆科（Leguminosae） | 属名：落花生属（*Arachis* L.）
类型：珍珠豆型 | 观测地：广州市白云区 | 生长习性：直立
倍性：异源四倍体 | 观测时间：2015 年 6 月 | 开花习性：连续开花
保存单位：广东省农业科学院作物研究所

●特征特性

植株长势一般，直立生长，株高较高，分枝数一般，收获期落叶性一般，田间表现为高抗锈病和高抗叶斑病。

叶片中等大小，叶色淡绿，呈长椭圆形。

荚果普通型，中间缢缩弱，果嘴一般明显，表面质地光滑，无果脊。种仁呈圆柱形。种皮为粉红色，无裂纹。

单株农艺性状

性状	值	性状	值	性状	值
主茎高 /cm	70	结荚数 / 个	25	烂果率 /%	16.0
第一分枝长 /cm	72	果仁数 / 粒	2	百果重 /g	130
收获期主茎青叶数 / 片	12	饱果率 /%	96.0	百仁重 /g	87.6
总分枝 / 条	7	秕果率 /%	4.0	出仁率 /%	67.4

营养成分

成分	值	成分	值	成分	值
蛋白质含量 /%	25.43	粗脂肪含量 /%	49.97	氨基酸总含量 /%	23.72
油酸含量 /%	39.65	亚油酸含量 /%	38.24	油酸含量 / 亚油酸含量	1.04
硬脂酸含量 /%	0.58	花生酸含量 /%	0.65	二十四烷酸含量 /%	2.83
棕榈酸含量 /%	11.24	苏氨酸（Thr）含量 /%	0.77	缬氨酸（Val）含量 /%	1.05
赖氨酸（Lys）含量 /%	0.31	山嵛酸含量 /%	5.03	异亮氨酸（Ile）含量 /%	0.69
亮氨酸（Leu）含量 /%	1.60	苯丙氨酸（Phe）含量 /%	1.28	组氨酸（His）含量 /%	0.93
精氨酸（Arg）含量 /%	2.66	脯氨酸（Pro）含量 /%	1.62	蛋氨酸（Met）含量 /%	0.25

AFF775

种质库编号
GH01432

来源：美国

科名：豆科（Leguminosae）　属名：落花生属（*Arachis* L.）

类型：珍珠豆型　观测地：广州市白云区　生长习性：直立

倍性：异源四倍体　观测时间：2015 年 6 月　开花习性：连续开花

保存单位：广东省农业科学院作物研究所

●特征特性

植株长势一般，直立生长，植株较矮，分枝数少，收获期落叶性好，田间表现为中抗锈病和中抗叶斑病。

叶片中等大小，叶绿色，呈长椭圆形。

荚果茧型，中间缢缩极弱，果嘴一般明显，表面质地中等，无果脊。种仁呈圆柱形。种皮为粉红色，无裂纹。

单株农艺性状

性状	数值	性状	数值	性状	数值
主茎高 /cm	29	结荚数 / 个	25	烂果率 /%	0
第一分枝长 /cm	85	果仁数 / 粒	2	百果重 /g	120.8
收获期主茎青叶数 / 片	9	饱果率 /%	96.0	百仁重 /g	82.8
总分枝 / 条	6	秕果率 /%	4.0	出仁率 /%	68.5

营养成分

成分	数值	成分	数值	成分	数值
蛋白质含量 /%	26.38	粗脂肪含量 /%	50.36	氨基酸总含量 /%	24.63
油酸含量 /%	41.67	亚油酸含量 /%	37.29	油酸含量 / 亚油酸含量	1.12
硬脂酸含量 /%	0.10	花生酸含量 /%	0.56	二十四烷酸含量 /%	2.84
棕榈酸含量 /%	10.93	苏氨酸（Thr）含量 /%	0.77	缬氨酸（Val）含量 /%	1.04
赖氨酸（Lys）含量 /%	0.50	山嵛酸含量 /%	5.14	异亮氨酸（Ile）含量 /%	0.71
亮氨酸（Leu）含量 /%	1.66	苯丙氨酸（Phe）含量 /%	1.32	组氨酸（His）含量 /%	0.95
精氨酸（Arg）含量 /%	2.75	脯氨酸（Pro）含量 /%	1.69	蛋氨酸（Met）含量 /%	0.25

AFF7193

种质库编号
GH01433

来源：美国

科名：豆科（Leguminosae） | 属名：落花生属（*Arachis* L.）
类型：珍珠豆型 | 观测地：广州市白云区 | 生长习性：半蔓生
倍性：异源四倍体 | 观测时间：2015 年 6 月 | 开花习性：连续开花
保存单位：广东省农业科学院作物研究所

●特征特性

植株长势一般，半蔓生生长，中等高度，分枝数一般，收获期落叶性好，田间表现为高抗锈病和高抗叶斑病。

叶片中等大小，叶绿色，呈长椭圆形。

荚果普通型，中间缢缩极弱，无果嘴，表面质地中等，无果脊。种仁呈圆柱形。种皮为粉红色，有少量裂纹。

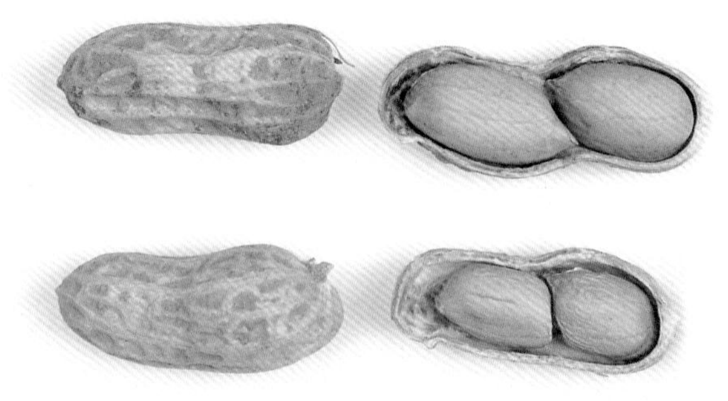

单株农艺性状					
主茎高 /cm	64	结荚数 / 个	34	烂果率 /%	0
第一分枝长 /cm	65	果仁数 / 粒	2	百果重 /g	112.8
收获期主茎青叶数 / 片	9	饱果率 /%	97.1	百仁重 /g	80.4
总分枝 / 条	8	秕果率 /%	2.9	出仁率 /%	71.3

营养成分					
蛋白质含量 /%	26.66	粗脂肪含量 /%	51.69	氨基酸总含量 /%	24.56
油酸含量 /%	36.77	亚油酸含量 /%	40.57	油酸含量 / 亚油酸含量	0.91
硬脂酸含量 /%	1.97	花生酸含量 /%	1.01	二十四烷酸含量 /%	1.90
棕榈酸含量 /%	11.45	苏氨酸（Thr）含量 /%	0.79	缬氨酸（Val）含量 /%	0.99
赖氨酸（Lys）含量 /%	0.78	山嵛酸含量 /%	3.64	异亮氨酸（Ile）含量 /%	0.73
亮氨酸（Leu）含量 /%	1.67	苯丙氨酸（Phe）含量 /%	1.32	组氨酸（His）含量 /%	0.82
精氨酸（Arg）含量 /%	2.86	脯氨酸（Pro）含量 /%	1.28	蛋氨酸（Met）含量 /%	0.27

AFF769　种质库编号 GH01617

来源：美国

科名：豆科（Leguminosae）　属名：落花生属（*Arachis* L.）
类型：珍珠豆型　观测地：广州市白云区　生长习性：直立
倍性：异源四倍体　观测时间：2015 年 6 月　开花习性：连续开花
保存单位：广东省农业科学院作物研究所

●特征特性

植株长势较好，直立生长，中等高度，分枝数一般，收获期落叶性好，田间表现为高抗锈病和高抗叶斑病。

叶片中等大小，叶绿色，呈长椭圆形。

荚果普通型，中间缢缩极弱，果嘴较明显，表面质地中等，无果脊。种仁呈圆柱形。种皮为粉红色，无裂纹。

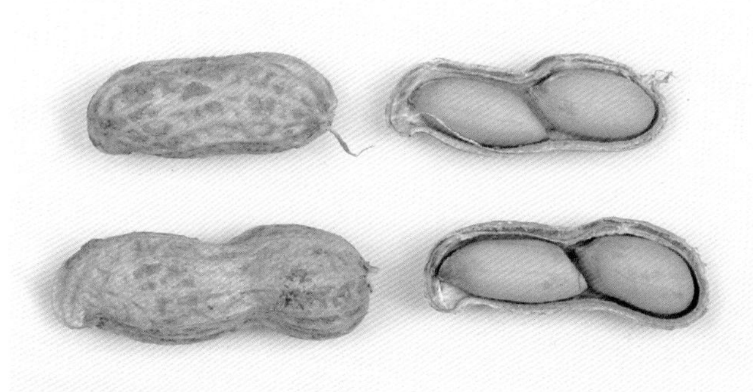

单株农艺性状

性状	数值	性状	数值	性状	数值
主茎高 /cm	50	结荚数 / 个	37	烂果率 /%	0
第一分枝长 /cm	88	果仁数 / 粒	2	百果重 /g	117.6
收获期主茎青叶数 / 片	8	饱果率 /%	100	百仁重 /g	79.6
总分枝 / 条	11	秕果率 /%	0	出仁率 /%	67.7

营养成分

成分	数值	成分	数值	成分	数值
蛋白质含量 /%	23.92	粗脂肪含量 /%	51.06	氨基酸总含量 /%	22.19
油酸含量 /%	41.61	亚油酸含量 /%	35.24	油酸含量 / 亚油酸含量	1.18
硬脂酸含量 /%	1.69	花生酸含量 /%	0.93	二十四烷酸含量 /%	2.22
棕榈酸含量 /%	10.95	苏氨酸（Thr）含量 /%	0.71	缬氨酸（Val）含量 /%	0.98
赖氨酸（Lys）含量 /%	0.63	山嵛酸含量 /%	4.20	异亮氨酸（Ile）含量 /%	0.67
亮氨酸（Leu）含量 /%	1.51	苯丙氨酸（Phe）含量 /%	1.21	组氨酸（His）含量 /%	0.80
精氨酸（Arg）含量 /%	2.51	脯氨酸（Pro）含量 /%	1.16	蛋氨酸（Met）含量 /%	0.24

AFF742

种质库编号 GH01623

来源：美国

科名：豆科（Leguminosae） | 属名：落花生属（*Arachis* L.）
类型：珍珠豆型 | 观测地：广州市白云区 | 生长习性：直立
倍性：异源四倍体 | 观测时间：2015 年 6 月 | 开花习性：连续开花
保存单位：广东省农业科学院作物研究所

●特征特性

植株长势一般，直立生长，植株较高，分枝数一般，收获期落叶性一般，田间表现为高抗锈病和高抗叶斑病。

叶片中等大小，叶绿色，呈长椭圆形。

荚果普通型，中间缢缩极弱，果嘴明显，表面质地光滑，无果脊。种仁呈圆柱形。种皮为粉红色，无裂纹。

单株农艺性状

性状	数值	性状	数值	性状	数值
主茎高 /cm	100	结荚数 / 个	12	烂果率 /%	58.3
第一分枝长 /cm	97	果仁数 / 粒	2	百果重 /g	117.6
收获期主茎青叶数 / 片	14	饱果率 /%	100	百仁重 /g	82.0
总分枝 / 条	8	秕果率 /%	0	出仁率 /%	69.7

营养成分

成分	数值	成分	数值	成分	数值
蛋白质含量 /%	25.09	粗脂肪含量 /%	52.15	氨基酸总含量 /%	23.28
油酸含量 /%	37.63	亚油酸含量 /%	37.53	油酸含量 / 亚油酸含量	1.00
硬脂酸含量 /%	1.75	花生酸含量 /%	0.95	二十四烷酸含量 /%	1.34
棕榈酸含量 /%	11.47	苏氨酸（Thr）含量 /%	0.71	缬氨酸（Val）含量 /%	0.97
赖氨酸（Lys）含量 /%	0.96	山嵛酸含量 /%	3.12	异亮氨酸（Ile）含量 /%	0.69
亮氨酸（Leu）含量 /%	1.58	苯丙氨酸（Phe）含量 /%	1.27	组氨酸（His）含量 /%	0.87
精氨酸（Arg）含量 /%	2.66	脯氨酸（Pro）含量 /%	1.25	蛋氨酸（Met）含量 /%	0.26

AFF7141

种质库编号 GH01629

来源：美国

科名：豆科（Leguminosae）　属名：落花生属（*Arachis* L.）

类型：珍珠豆型　观测地：广州市白云区　生长习性：直立

倍性：异源四倍体　观测时间：2015 年 6 月　开花习性：连续开花

保存单位：广东省农业科学院作物研究所

●特征特性

植株长势较好，直立生长，中等高度，分枝数较多，收获期不落叶，田间表现为中抗锈病和中抗叶斑病。

叶片中等大小，叶绿色，呈长椭圆形。

荚果普通型，中间缢缩极弱，有轻微果嘴，表面质地光滑，无果脊。种仁呈圆柱形。种皮为粉红色，无裂纹。

单株农艺性状

性状	数值	性状	数值	性状	数值
主茎高 /cm	61	结荚数 / 个	52	烂果率 /%	1.9
第一分枝长 /cm	65	果仁数 / 粒	2~3	百果重 /g	127.6
收获期主茎青叶数 / 片	17	饱果率 /%	98.1	百仁重 /g	89.2
总分枝 / 条	10	秕果率 /%	1.9	出仁率 /%	69.9

营养成分

成分	数值	成分	数值	成分	数值
蛋白质含量 /%	24.69	粗脂肪含量 /%	52.06	氨基酸总含量 /%	23.14
油酸含量 /%	38.47	亚油酸含量 /%	39.84	油酸含量 / 亚油酸含量	0.97
硬脂酸含量 /%	0.03	花生酸含量 /%	0.56	二十四烷酸含量 /%	2.74
棕榈酸含量 /%	11.13	苏氨酸（Thr）含量 /%	0.76	缬氨酸（Val）含量 /%	0.97
赖氨酸（Lys）含量 /%	1.44	山嵛酸含量 /%	5.34	异亮氨酸（Ile）含量 /%	0.66
亮氨酸（Leu）含量 /%	1.55	苯丙氨酸（Phe）含量 /%	1.24	组氨酸（His）含量 /%	0.89
精氨酸（Arg）含量 /%	2.53	脯氨酸（Pro）含量 /%	1.40	蛋氨酸（Met）含量 /%	0.24

AFF760

种质库编号 GH01645

来源：美国

科名：豆科（Leguminosae） | 属名：落花生属（*Arachis* L.）
类型：珍珠豆型 | 观测地：广州市白云区 | 生长习性：直立
倍性：异源四倍体 | 观测时间：2015 年 6 月 | 开花习性：连续开花
保存单位：广东省农业科学院作物研究所

●特征特性

植株长势一般，直立生长，中等高度，分枝数一般，收获期落叶性一般，田间表现为高抗锈病和高抗叶斑病。

叶片中等大小，叶绿色，呈长椭圆形。

荚果普通型，中间缢缩弱，果嘴不明显，表面质地光滑，无果脊。种仁呈锥形。种皮为粉红色，有少量裂纹。

单株农艺性状

主茎高 /cm	55	结荚数 / 个	20	烂果率 /%	0
第一分枝长 /cm	55	果仁数 / 粒	2	百果重 /g	102.4
收获期主茎青叶数 / 片	14	饱果率 /%	90.0	百仁重 /g	68.4
总分枝 / 条	7	秕果率 /%	10.0	出仁率 /%	66.8

营养成分

蛋白质含量 /%	24.72	粗脂肪含量 /%	52.23	氨基酸总含量 /%	23.03
油酸含量 /%	43.19	亚油酸含量 /%	34.92	油酸含量 / 亚油酸含量	1.24
硬脂酸含量 /%	1.34	花生酸含量 /%	0.83	二十四烷酸含量 /%	2.17
棕榈酸含量 /%	10.59	苏氨酸（Thr）含量 /%	0.81	缬氨酸（Val）含量 /%	1.01
赖氨酸（Lys）含量 /%	0.76	山嵛酸含量 /%	3.95	异亮氨酸（Ile）含量 /%	0.68
亮氨酸（Leu）含量 /%	1.56	苯丙氨酸（Phe）含量 /%	1.24	组氨酸（His）含量 /%	0.82
精氨酸（Arg）含量 /%	2.58	脯氨酸（Pro）含量 /%	1.28	蛋氨酸（Met）含量 /%	0.25

MDF6189

种质库编号
GH01801

来源：美国

科名：豆科（Leguminosae）｜属名：落花生属（*Arachis* L.）
类型：多粒型｜观测地：广州市白云区｜生长习性：半蔓生
倍性：异源四倍体｜观测时间：2015 年 6 月｜开花习性：连续开花
保存单位：广东省农业科学院作物研究所

●特征特性

植株长势旺盛，半蔓生生长，中等高度，分枝数多，收获期不落叶，田间表现为高抗锈病和高抗叶斑病。

叶片中等大小，叶色淡绿，呈长椭圆形。

荚果串珠型，中间缢缩极弱，果嘴明显，表面质地光滑，果脊明显。种仁呈圆柱形。种皮为粉红色，无裂纹。

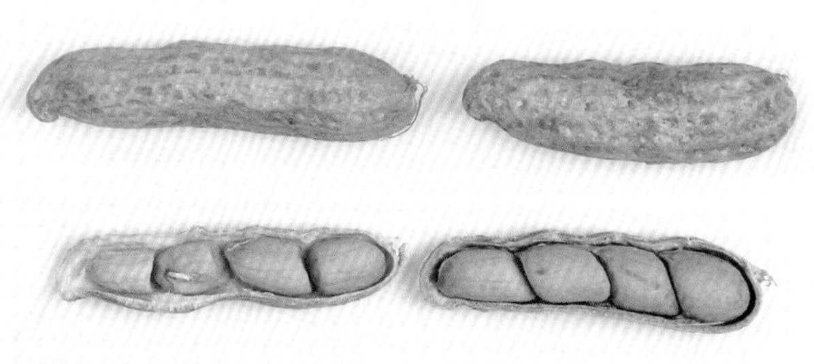

单株农艺性状					
主茎高 /cm	42	结荚数 / 个	70	烂果率 /%	0
第一分枝长 /cm	67	果仁数 / 粒	4	百果重 /g	136.4
收获期主茎青叶数 / 片	21	饱果率 /%	100	百仁重 /g	100.4
总分枝 / 条	14	秕果率 /%	0	出仁率 /%	73.6

营养成分					
蛋白质含量 /%	27.60	粗脂肪含量 /%	49.02	氨基酸总含量 /%	25.34
油酸含量 /%	35.51	亚油酸含量 /%	39.64	油酸含量 / 亚油酸含量	0.90
硬脂酸含量 /%	2.59	花生酸含量 /%	1.13	二十四烷酸含量 /%	1.75
棕榈酸含量 /%	12.02	苏氨酸（Thr）含量 /%	0.84	缬氨酸（Val）含量 /%	1.10
赖氨酸（Lys）含量 /%	0.78	山嵛酸含量 /%	3.75	异亮氨酸（Ile）含量 /%	0.77
亮氨酸（Leu）含量 /%	1.72	苯丙氨酸（Phe）含量 /%	1.37	组氨酸（His）含量 /%	0.81
精氨酸（Arg）含量 /%	3.01	脯氨酸（Pro）含量 /%	1.23	蛋氨酸（Met）含量 /%	0.28

AFF752

种质库编号
GH01818

来源：美国

科名：豆科（Leguminosae） | 属名：落花生属（*Arachis* L.）
类型：珍珠豆型 | 观测地：广州市白云区 | 生长习性：直立
倍性：异源四倍体 | 观测时间：2015 年 6 月 | 开花习性：连续开花
保存单位：广东省农业科学院作物研究所

●特征特性

植株长势一般，直立生长，中等高度，分枝数一般，收获期落叶性一般，田间表现为高抗锈病和高抗叶斑病。

叶片中等大小，叶色淡绿，呈长椭圆形。

荚果茧型，中间缢缩极弱，果嘴较明显，表面质地光滑，无果脊。种仁呈圆柱形。种皮为粉红色，无裂纹。

单株农艺性状					
主茎高 /cm	59	结荚数 / 个	19	烂果率 /%	0
第一分枝长 /cm	64	果仁数 / 粒	2	百果重 /g	156.4
收获期主茎青叶数 / 片	13	饱果率 /%	84.2	百仁重 /g	102.8
总分枝 / 条	7	秕果率 /%	15.8	出仁率 /%	65.7

营养成分					
蛋白质含量 /%	26.82	粗脂肪含量 /%	49.76	氨基酸总含量 /%	24.74
油酸含量 /%	37.24	亚油酸含量 /%	39.44	油酸含量 / 亚油酸含量	0.94
硬脂酸含量 /%	0.84	花生酸含量 /%	0.71	二十四烷酸含量 /%	2.53
棕榈酸含量 /%	11.52	苏氨酸（Thr）含量 /%	0.78	缬氨酸（Val）含量 /%	1.10
赖氨酸（Lys）含量 /%	0.13	山嵛酸含量 /%	4.54	异亮氨酸（Ile）含量 /%	0.73
亮氨酸（Leu）含量 /%	1.67	苯丙氨酸（Phe）含量 /%	1.33	组氨酸（His）含量 /%	0.93
精氨酸（Arg）含量 /%	2.84	脯氨酸（Pro）含量 /%	1.58	蛋氨酸（Met）含量 /%	0.25

VRR245

种质库编号 GH01830

来源：美国

科名：豆科（Leguminosae） | 属名：落花生属（*Arachis* L.）
类型：珍珠豆型 | 观测地：广州市白云区 | 生长习性：半蔓生
倍性：异源四倍体 | 观测时间：2015 年 6 月 | 开花习性：连续开花
保存单位：广东省农业科学院作物研究所

●特征特性

植株长势一般，半蔓生生长，中等高度，分枝数一般，收获期落叶性一般，田间表现为高抗锈病和高抗叶斑病。

叶片中等大小，叶绿色，呈长椭圆形。

荚果普通型，中间缢缩极弱，果嘴一般明显，表面质地中等，果脊中等。种仁呈锥形。种皮为红色，有少量裂纹。

单株农艺性状

性状	值	性状	值	性状	值
主茎高 /cm	62	结荚数 / 个	40	烂果率 /%	0
第一分枝长 /cm	72	果仁数 / 粒	2~3	百果重 /g	92.0
收获期主茎青叶数 / 片	10	饱果率 /%	95.0	百仁重 /g	52.4
总分枝 / 条	7	秕果率 /%	5.0	出仁率 /%	57.0

营养成分

成分	值	成分	值	成分	值
蛋白质含量 /%	23.46	粗脂肪含量 /%	48.35	氨基酸总含量 /%	22.07
油酸含量 /%	37.92	亚油酸含量 /%	40.66	油酸含量 / 亚油酸含量	0.93
硬脂酸含量 /%	0.99	花生酸含量 /%	0.75	二十四烷酸含量 /%	2.39
棕榈酸含量 /%	10.88	苏氨酸（Thr）含量 /%	0.67	缬氨酸（Val）含量 /%	0.93
赖氨酸（Lys）含量 /%	0.63	山嵛酸含量 /%	4.65	异亮氨酸（Ile）含量 /%	0.62
亮氨酸（Leu）含量 /%	1.47	苯丙氨酸（Phe）含量 /%	1.20	组氨酸（His）含量 /%	0.87
精氨酸（Arg）含量 /%	2.39	脯氨酸（Pro）含量 /%	1.33	蛋氨酸（Met）含量 /%	0.24

RH321

种质库编号
GH02120

来源：美国

科名：豆科（Leguminosae）｜属名：落花生属（*Arachis* L.）
类型：珍珠豆型｜观测地：广州市白云区｜生长习性：直立
倍性：异源四倍体｜观测时间：2015 年 6 月｜开花习性：连续开花
保存单位：广东省农业科学院作物研究所

●特征特性

植株长势较好，直立生长，植株较矮，分枝数一般，收获期落叶性好，田间表现为高抗锈病和高抗叶斑病。

叶片较小，叶色淡绿，呈长椭圆形。

荚果曲棍型，中间缢缩弱，果嘴非常明显，表面质地中等，无果脊。种仁呈圆柱形。种皮为粉红色，有少量裂纹。

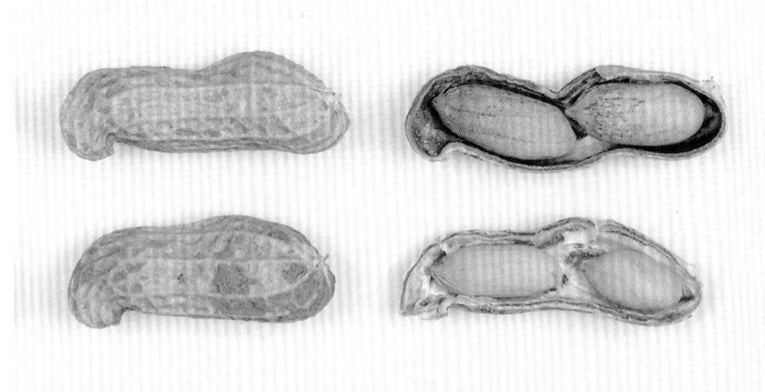

单株农艺性状

主茎高 /cm	34	结荚数 / 个	25	烂果率 /%	4.0
第一分枝长 /cm	37	果仁数 / 粒	2	百果重 /g	128.8
收获期主茎青叶数 / 片	8	饱果率 /%	100	百仁重 /g	88.4
总分枝 / 条	9	秕果率 /%	0	出仁率 /%	68.6

营养成分

蛋白质含量 /%	23.27	粗脂肪含量 /%	48.78	氨基酸总含量 /%	21.92
油酸含量 /%	35.7	亚油酸含量 /%	40.82	油酸含量 / 亚油酸含量	0.87
硬脂酸含量 /%	0	花生酸含量 /%	0.38	二十四烷酸含量 /%	2.18
棕榈酸含量 /%	11.10	苏氨酸（Thr）含量 /%	0.83	缬氨酸（Val）含量 /%	1.01
赖氨酸（Lys）含量 /%	0.70	山嵛酸含量 /%	3.70	异亮氨酸（Ile）含量 /%	0.63
亮氨酸（Leu）含量 /%	1.46	苯丙氨酸（Phe）含量 /%	1.20	组氨酸（His）含量 /%	0.97
精氨酸（Arg）含量 /%	2.39	脯氨酸（Pro）含量 /%	1.70	蛋氨酸（Met）含量 /%	0.24

兰那

种质库编号
GH02121

来源：美国

科名：豆科（Leguminosae）｜属名：落花生属（*Arachis* L.）

类型：珍珠豆型｜观测地：广州市白云区｜生长习性：半蔓生

倍性：异源四倍体｜观测时间：2015 年 6 月｜开花习性：连续开花

保存单位：广东省农业科学院作物研究所

●特征特性

植株长势旺盛，半蔓生生长，中等高度，分枝数少，收获期不落叶，田间表现为高抗锈病和高抗叶斑病。

叶片中等大小，叶色深绿，呈长椭圆形。

荚果普通型，中间缢缩极弱，果嘴不明显，表面质地光滑，无果脊。种仁呈圆柱形。种皮为粉红色，无裂纹。

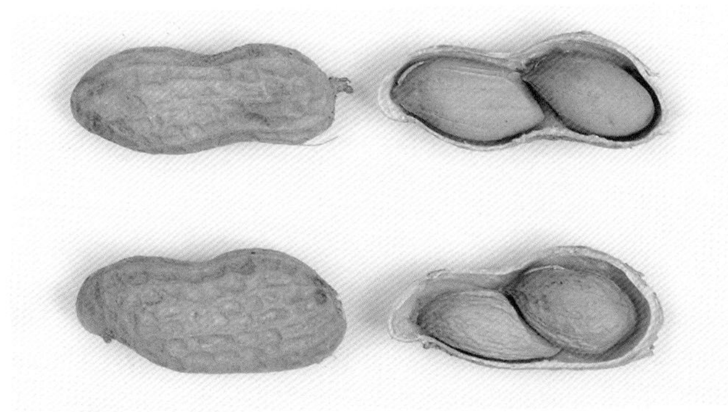

单株农艺性状

性状	数值	性状	数值	性状	数值
主茎高 /cm	45	结荚数 / 个	66	烂果率 /%	0
第一分枝长 /cm	76	果仁数 / 粒	2	百果重 /g	84.0
收获期主茎青叶数 / 片	20	饱果率 /%	83.3	百仁重 /g	60.4
总分枝 / 条	6	秕果率 /%	16.7	出仁率 /%	71.9

营养成分

成分	数值	成分	数值	成分	数值
蛋白质含量 /%	26.69	粗脂肪含量 /%	47.39	氨基酸总含量 /%	24.73
油酸含量 /%	39.72	亚油酸含量 /%	38.72	油酸含量 / 亚油酸含量	1.03
硬脂酸含量 /%	1.88	花生酸含量 /%	1.03	二十四烷酸含量 /%	1.26
棕榈酸含量 /%	10.86	苏氨酸（Thr）含量 /%	0.67	缬氨酸（Val）含量 /%	0.99
赖氨酸（Lys）含量 /%	0.96	山嵛酸含量 /%	2.35	异亮氨酸（Ile）含量 /%	0.72
亮氨酸（Leu）含量 /%	1.66	苯丙氨酸（Phe）含量 /%	1.33	组氨酸（His）含量 /%	0.86
精氨酸（Arg）含量 /%	2.84	脯氨酸（Pro）含量 /%	1.15	蛋氨酸（Met）含量 /%	0.29

美洲花生

种质库编号
GH02135

来源：美国

科名：豆科（Leguminosae）　属名：落花生属（*Arachis* L.）
类型：珍珠豆型　观测地：广州市白云区　生长习性：直立
倍性：异源四倍体　观测时间：2015 年 6 月　开花习性：连续开花
保存单位：广东省农业科学院作物研究所

●特征特性

植株长势一般，直立生长，中等高度，分枝数一般，收获期落叶性一般，田间表现为中抗锈病和中抗叶斑病。

叶片中等大小，叶绿色，呈长椭圆形。

荚果茧型，中间缢缩极弱，果嘴不明显，表面质地中等，无果脊。种仁呈圆柱形。种皮为粉红色，有少量裂纹。

单株农艺性状

主茎高 /cm	50	结荚数 / 个	42	烂果率 /%	0
第一分枝长 /cm	70	果仁数 / 粒	2	百果重 /g	107.2
收获期主茎青叶数 / 片	12	饱果率 /%	100	百仁重 /g	78.0
总分枝 / 条	9	秕果率 /%	0	出仁率 /%	72.8

营养成分

蛋白质含量 /%	23.80	粗脂肪含量 /%	52.64	氨基酸总含量 /%	22.19
油酸含量 /%	46.88	亚油酸含量 /%	31.59	油酸含量 / 亚油酸含量	1.48
硬脂酸含量 /%	1.27	花生酸含量 /%	0.80	二十四烷酸含量 /%	2.11
棕榈酸含量 /%	10.10	苏氨酸（Thr）含量 /%	0.74	缬氨酸（Val）含量 /%	0.95
赖氨酸（Lys）含量 /%	0.72	山嵛酸含量 /%	3.89	异亮氨酸（Ile）含量 /%	0.66
亮氨酸（Leu）含量 /%	1.51	苯丙氨酸（Phe）含量 /%	1.20	组氨酸（His）含量 /%	0.81
精氨酸（Arg）含量 /%	2.48	脯氨酸（Pro）含量 /%	1.23	蛋氨酸（Met）含量 /%	0.24

V506 种质库编号 GH02217

来源：美国

科名：豆科（Leguminosae） | 属名：落花生属（*Arachis* L.）
类型：珍珠豆型 | 观测地：广州市白云区 | 生长习性：蔓生
倍性：异源四倍体 | 观测时间：2015 年 6 月 | 开花习性：连续开花
保存单位：广东省农业科学院作物研究所

●特征特性

植株长势一般，蔓生生长，植株较高，分枝数少，收获期落叶性一般，田间表现为高抗锈病和高抗叶斑病。

叶片较大，叶绿色，呈长椭圆形。

荚果串珠型，中间缢缩极弱，果嘴不明显，表面质地光滑，果脊中等。种仁呈圆柱形。种皮为红色，无裂纹。

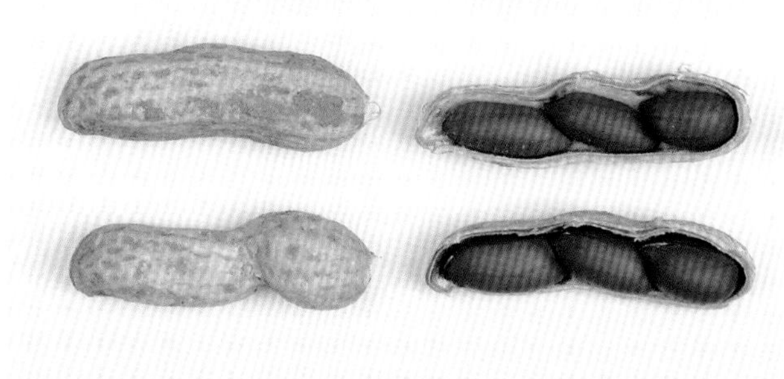

单株农艺性状

性状	值	性状	值	性状	值
主茎高 /cm	77	结荚数 / 个	44	烂果率 /%	0
第一分枝长 /cm	78	果仁数 / 粒	3	百果重 /g	132.4
收获期主茎青叶数 / 片	15	饱果率 /%	97.7	百仁重 /g	92.8
总分枝 / 条	4	秕果率 /%	2.3	出仁率 /%	70.1

营养成分

成分	值	成分	值	成分	值
蛋白质含量 /%	24.87	粗脂肪含量 /%	50.88	氨基酸总含量 /%	23.06
油酸含量 /%	40.86	亚油酸含量 /%	37.38	油酸含量 / 亚油酸含量	1.09
硬脂酸含量 /%	1.60	花生酸含量 /%	0.90	二十四烷酸含量 /%	2.02
棕榈酸含量 /%	11.04	苏氨酸（Thr）含量 /%	0.77	缬氨酸（Val）含量 /%	1.00
赖氨酸（Lys）含量 /%	0.73	山嵛酸含量 /%	3.74	异亮氨酸（Ile）含量 /%	0.69
亮氨酸（Leu）含量 /%	1.57	苯丙氨酸（Phe）含量 /%	1.25	组氨酸（His）含量 /%	0.81
精氨酸（Arg）含量 /%	2.62	脯氨酸（Pro）含量 /%	1.22	蛋氨酸（Met）含量 /%	0.24

AB5

种质库编号
GH02304

来源：美国

科名：豆科（Leguminosae） | 属名：落花生属（*Arachis* L.）
类型：多粒型 | 观测地：广州市白云区 | 生长习性：直立
倍性：异源四倍体 | 观测时间：2015 年 6 月 | 开花习性：连续开花
保存单位：广东省农业科学院作物研究所

●特征特性

植株长势旺盛，直立生长，植株较矮，分枝数一般，收获期不落叶，田间表现为高抗锈病和高抗叶斑病。

叶片中等大小，叶绿色，呈长椭圆形。

荚果串珠型，中间缢缩极弱，果嘴非常明显，表面质地光滑，果脊中等。种仁呈圆柱形。种皮为粉红色，无裂纹。

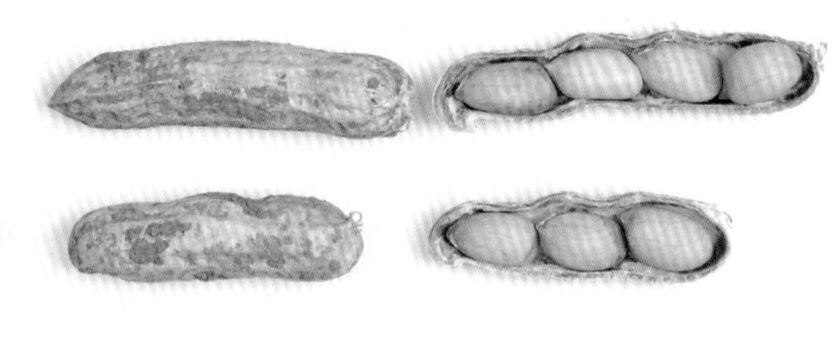

单株农艺性状

性状	值	性状	值	性状	值
主茎高 /cm	40	结荚数 / 个	40	烂果率 /%	2.5
第一分枝长 /cm	45	果仁数 / 粒	3~4	百果重 /g	147.6
收获期主茎青叶数 / 片	19	饱果率 /%	100	百仁重 /g	107.2
总分枝 / 条	10	秕果率 /%	0	出仁率 /%	72.6

营养成分

成分	值	成分	值	成分	值
蛋白质含量 /%	24.13	粗脂肪含量 /%	51.86	氨基酸总含量 /%	22.56
油酸含量 /%	36.07	亚油酸含量 /%	40.85	油酸含量 / 亚油酸含量	0.88
硬脂酸含量 /%	2.07	花生酸含量 /%	1.02	二十四烷酸含量 /%	1.09
棕榈酸含量 /%	11.59	苏氨酸（Thr）含量 /%	0.75	缬氨酸（Val）含量 /%	0.92
赖氨酸（Lys）含量 /%	1.05	山嵛酸含量 /%	2.52	异亮氨酸（Ile）含量 /%	0.67
亮氨酸（Leu）含量 /%	1.53	苯丙氨酸（Phe）含量 /%	1.22	组氨酸（His）含量 /%	0.78
精氨酸（Arg）含量 /%	2.55	脯氨酸（Pro）含量 /%	1.25	蛋氨酸（Met）含量 /%	0.25

PI393518

种质库编号
GH03855

来源：美国

科名：豆科（Leguminosae）　属名：落花生属（*Arachis* L.）
类型：珍珠豆型　观测地：广州市白云区　生长习性：直立
倍性：异源四倍体　观测时间：2015 年 6 月　开花习性：连续开花
保存单位：广东省农业科学院作物研究所

●**特征特性**

植株长势一般，直立生长，中等高度，分枝数一般，收获期落叶性好，田间表现为高抗锈病和高抗叶斑病。

叶片较小，叶绿色，呈长椭圆形。

荚果茧型，中间缢缩极弱，果嘴一般明显，表面质地中等，无果脊。种仁呈圆柱形。种皮为粉红色，无裂纹。

单株农艺性状

性状	值	性状	值	性状	值
主茎高 /cm	47	结荚数 / 个	55	烂果率 /%	0
第一分枝长 /cm	52	果仁数 / 粒	2	百果重 /g	149.2
收获期主茎青叶数 / 片	7	饱果率 /%	92.7	百仁重 /g	105.2
总分枝 / 条	8	秕果率 /%	7.3	出仁率 /%	70.5

营养成分

成分	值	成分	值	成分	值
蛋白质含量 /%	23.64	粗脂肪含量 /%	51.17	氨基酸总含量 /%	22.09
油酸含量 /%	30.68	亚油酸含量 /%	45.31	油酸含量 / 亚油酸含量	0.68
硬脂酸含量 /%	0.80	花生酸含量 /%	0.68	二十四烷酸含量 /%	1.60
棕榈酸含量 /%	12.62	苏氨酸（Thr）含量 /%	0.86	缬氨酸（Val）含量 /%	1.06
赖氨酸（Lys）含量 /%	0.18	山嵛酸含量 /%	2.37	异亮氨酸（Ile）含量 /%	0.65
亮氨酸（Leu）含量 /%	1.49	苯丙氨酸（Phe）含量 /%	1.20	组氨酸（His）含量 /%	0.87
精氨酸（Arg）含量 /%	2.46	脯氨酸（Pro）含量 /%	1.45	蛋氨酸（Met）含量 /%	0.24

AH7223

种质库编号 GH03998

来源：美国

科名：豆科（Leguminosae） | 属名：落花生属（*Arachis* L.）
类型：珍珠豆型 | 观测地：广州市白云区 | 生长习性：直立
倍性：异源四倍体 | 观测时间：2015 年 6 月 | 开花习性：连续开花
保存单位：广东省农业科学院作物研究所

●特征特性

植株长势一般，直立生长，中等高度，分枝数少，收获期落叶性一般，田间表现为高抗锈病和高抗叶斑病。

叶片中等大小，叶绿色，呈长椭圆形。

荚果普通型，中间缢缩弱，果嘴不明显，表面质地光滑，无果脊。种仁呈圆柱形。种皮为粉红色，有少量裂纹。

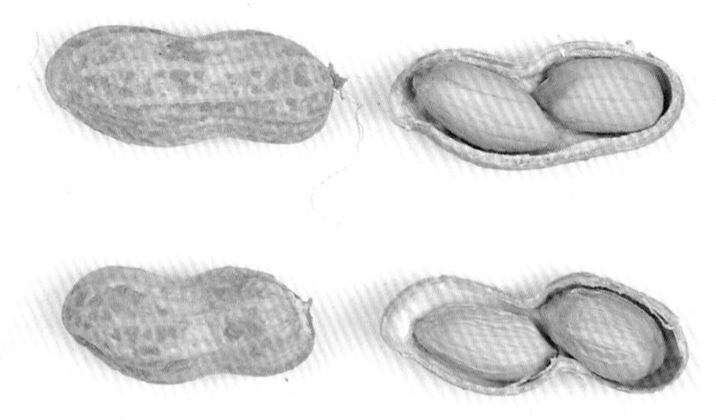

单株农艺性状					
主茎高 /cm	50	结荚数 / 个	22	烂果率 /%	0
第一分枝长 /cm	54	果仁数 / 粒	2	百果重 /g	91.2
收获期主茎青叶数 / 片	13	饱果率 /%	100	百仁重 /g	64.0
总分枝 / 条	5	秕果率 /%	0	出仁率 /%	70.2

营养成分					
蛋白质含量 /%	25.02	粗脂肪含量 /%	51.52	氨基酸总含量 /%	23.22
油酸含量 /%	35.94	亚油酸含量 /%	40.14	油酸含量 / 亚油酸含量	0.90
硬脂酸含量 /%	1.89	花生酸含量 /%	0.98	二十四烷酸含量 /%	1.48
棕榈酸含量 /%	11.34	苏氨酸（Thr）含量 /%	0.64	缬氨酸（Val）含量 /%	0.92
赖氨酸（Lys）含量 /%	0.92	山嵛酸含量 /%	3.29	异亮氨酸（Ile）含量 /%	0.68
亮氨酸（Leu）含量 /%	1.57	苯丙氨酸（Phe）含量 /%	1.26	组氨酸（His）含量 /%	0.85
精氨酸（Arg）含量 /%	2.65	脯氨酸（Pro）含量 /%	1.21	蛋氨酸（Met）含量 /%	0.26

ICGS104

种质库编号 GH01151

来源：印度

科名：豆科（Leguminosae）　属名：落花生属（*Arachis* L.）
类型：珍珠豆型　观测地：广州市白云区　生长习性：直立
倍性：异源四倍体　观测时间：2015 年 6 月　开花习性：连续开花
保存单位：广东省农业科学院作物研究所

●特征特性

植株长势旺盛，直立生长，中等高度，分枝数一般，收获期落叶性一般，田间表现为高抗锈病和高抗叶斑病。

叶片中等大小，叶绿色，呈长椭圆形。

荚果蜂腰型，中间缢缩中等，果嘴一般明显，表面质地中等，无果脊。种仁呈圆柱形。种皮为粉白相间，有少量裂纹。

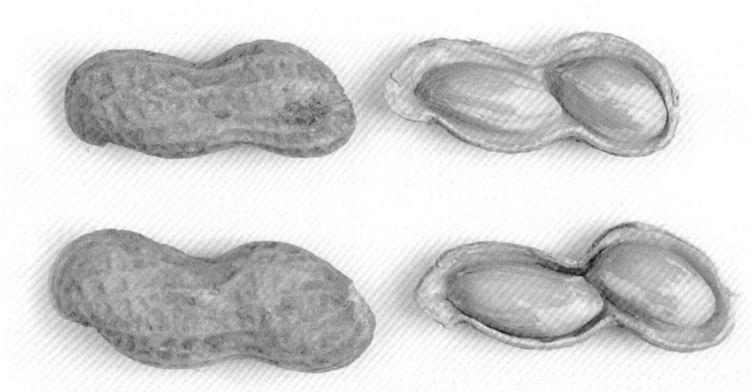

单株农艺性状

性状	数值	性状	数值	性状	数值
主茎高 /cm	41	结荚数 / 个	39	烂果率 /%	2.6
第一分枝长 /cm	59	果仁数 / 粒	2	百果重 /g	126.0
收获期主茎青叶数 / 片	14	饱果率 /%	97.4	百仁重 /g	85.2
总分枝 / 条	12	秕果率 /%	2.6	出仁率 /%	67.6

营养成分

成分	数值	成分	数值	成分	数值
蛋白质含量 /%	26.76	粗脂肪含量 /%	47.98	氨基酸总含量 /%	25.27
油酸含量 /%	37.50	亚油酸含量 /%	40.58	油酸含量 / 亚油酸含量	0.92
硬脂酸含量 /%	0.11	花生酸含量 /%	0.60	二十四烷酸含量 /%	1.33
棕榈酸含量 /%	10.76	苏氨酸（Thr）含量 /%	0.97	缬氨酸（Val）含量 /%	1.10
赖氨酸（Lys）含量 /%	0.97	山嵛酸含量 /%	1.25	异亮氨酸（Ile）含量 /%	0.71
亮氨酸（Leu）含量 /%	1.68	苯丙氨酸（Phe）含量 /%	1.36	组氨酸（His）含量 /%	1.02
精氨酸（Arg）含量 /%	2.77	脯氨酸（Pro）含量 /%	1.81	蛋氨酸（Met）含量 /%	0.27

ICGSP8

种质库编号 GH01153

来源：印度

科名：豆科（Leguminosae） | 属名：落花生属（*Arachis* L.）
类型：珍珠豆型 | 观测地：广州市白云区 | 生长习性：半蔓生
倍性：异源四倍体 | 观测时间：2015 年 6 月 | 开花习性：连续开花
保存单位：广东省农业科学院作物研究所

●特征特性

植株长势一般，半蔓生生长，植株较矮，分枝数少，收获期落叶性一般，田间表现为高抗锈病和高抗叶斑病。

叶片中等大小，叶绿色，呈长椭圆形。

荚果茧型，中间缢缩弱，无果嘴，表面质地光滑，无果脊。种仁呈圆柱形。种皮为粉红色，有少量裂纹。

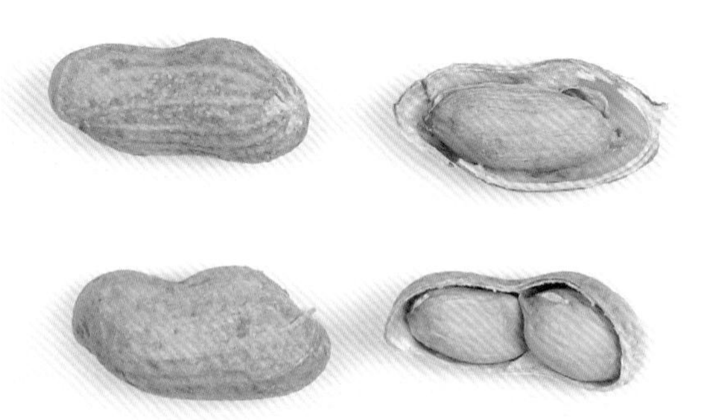

单株农艺性状

主茎高 /cm	33	结荚数 / 个	17	烂果率 /%	17.6
第一分枝长 /cm	39	果仁数 / 粒	1~2	百果重 /g	110.4
收获期主茎青叶数 / 片	12	饱果率 /%	100	百仁重 /g	82.4
总分枝 / 条	6	秕果率 /%	0	出仁率 /%	74.6

营养成分

蛋白质含量 /%	25.22	粗脂肪含量 /%	51.32	氨基酸总含量 /%	23.86
油酸含量 /%	39.08	亚油酸含量 /%	39.69	油酸含量 / 亚油酸含量	0.98
硬脂酸含量 /%	0.20	花生酸含量 /%	0.59	二十四烷酸含量 /%	0.48
棕榈酸含量 /%	10.70	苏氨酸（Thr）含量 /%	0.96	缬氨酸（Val）含量 /%	0.92
赖氨酸（Lys）含量 /%	2.30	山嵛酸含量 /%	0.63	异亮氨酸（Ile）含量 /%	0.68
亮氨酸（Leu）含量 /%	1.60	苯丙氨酸（Phe）含量 /%	1.27	组氨酸（His）含量 /%	0.88
精氨酸（Arg）含量 /%	2.59	脯氨酸（Pro）含量 /%	1.40	蛋氨酸（Met）含量 /%	0.26

ICGS100

种质库编号
GH01154

来源：印度

科名：豆科（Leguminosae）　属名：落花生属（*Arachis* L.）
类型：珍珠豆型　观测地：广州市白云区　生长习性：直立
倍性：异源四倍体　观测时间：2015 年 6 月　开花习性：连续开花
保存单位：广东省农业科学院作物研究所

●特征特性

植株长势一般，直立生长，植株较矮，分枝数一般，收获期落叶性一般，田间表现为高抗锈病和高抗叶斑病。

叶片中等大小，叶色淡绿，呈长椭圆形。

荚果普通型，中间缢缩弱，无果嘴，表面质地光滑，无果脊。种仁呈圆柱形。种皮为粉红色，有少量裂纹。

单株农艺性状

性状	值	性状	值	性状	值
主茎高 /cm	35	结荚数 / 个	22	烂果率 /%	0
第一分枝长 /cm	50	果仁数 / 粒	2	百果重 /g	86.8
收获期主茎青叶数 / 片	13	饱果率 /%	90.9	百仁重 /g	58.0
总分枝 / 条	10	秕果率 /%	9.1	出仁率 /%	66.8

营养成分

成分	值	成分	值	成分	值
蛋白质含量 /%	23.56	粗脂肪含量 /%	50.34	氨基酸总含量 /%	22.04
油酸含量 /%	35.20	亚油酸含量 /%	41.73	油酸含量 / 亚油酸含量	0.84
硬脂酸含量 /%	1.81	花生酸含量 /%	0.95	二十四烷酸含量 /%	1.37
棕榈酸含量 /%	11.36	苏氨酸（Thr）含量 /%	0.67	缬氨酸（Val）含量 /%	0.93
赖氨酸（Lys）含量 /%	0.94	山嵛酸含量 /%	2.50	异亮氨酸（Ile）含量 /%	0.64
亮氨酸（Leu）含量 /%	1.48	苯丙氨酸（Phe）含量 /%	1.20	组氨酸（His）含量 /%	0.84
精氨酸（Arg）含量 /%	2.47	脯氨酸（Pro）含量 /%	1.20	蛋氨酸（Met）含量 /%	0.27

ICGS101

种质库编号 GH01195

来源：印度

科名：豆科（Leguminosae） | 属名：落花生属（*Arachis* L.）
类型：珍珠豆型 | 观测地：广州市白云区 | 生长习性：半蔓生
倍性：异源四倍体 | 观测时间：2015 年 6 月 | 开花习性：连续开花
保存单位：广东省农业科学院作物研究所

●特征特性

植株长势一般，半蔓生生长，植株较矮，分枝数一般，收获期落叶性一般，田间表现为高抗锈病和高抗叶斑病。

叶片中等大小，叶绿色，呈长椭圆形。

荚果茧型，中间缢缩极弱，无果嘴，表面质地光滑，无果脊。种仁呈圆柱形。种皮为粉红色，无裂纹。

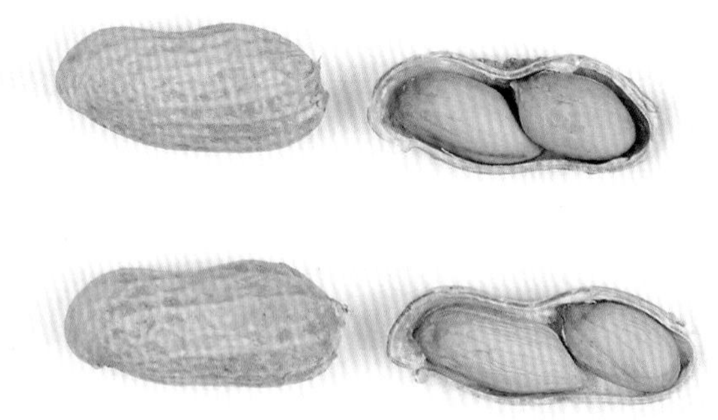

单株农艺性状					
主茎高 /cm	27	结荚数 / 个	27	烂果率 /%	0
第一分枝长 /cm	36	果仁数 / 粒	2	百果重 /g	95.6
收获期主茎青叶数 / 片	12	饱果率 /%	100	百仁重 /g	66.8
总分枝 / 条	8	秕果率 /%	0	出仁率 /%	69.9

营养成分					
蛋白质含量 /%	25.43	粗脂肪含量 /%	50.00	氨基酸总含量 /%	23.59
油酸含量 /%	35.92	亚油酸含量 /%	41.32	油酸含量 / 亚油酸含量	0.87
硬脂酸含量 /%	1.64	花生酸含量 /%	0.93	二十四烷酸含量 /%	1.35
棕榈酸含量 /%	11.44	苏氨酸（Thr）含量 /%	0.71	缬氨酸（Val）含量 /%	0.98
赖氨酸（Lys）含量 /%	0.92	山嵛酸含量 /%	2.51	异亮氨酸（Ile）含量 /%	0.69
亮氨酸（Leu）含量 /%	1.59	苯丙氨酸（Phe）含量 /%	1.27	组氨酸（His）含量 /%	0.85
精氨酸（Arg）含量 /%	2.70	脯氨酸（Pro）含量 /%	1.16	蛋氨酸（Met）含量 /%	0.28

ICGS88

种质库编号 GH01200

来源：印度

科名：豆科（Leguminosae）｜属名：落花生属（*Arachis* L.）
类型：珍珠豆型｜观测地：广州市白云区｜生长习性：半蔓生
倍性：异源四倍体｜观测时间：2015 年 6 月｜开花习性：连续开花
保存单位：广东省农业科学院作物研究所

●特征特性

植株长势一般，半蔓生生长，中等高度，分枝数少，收获期落叶性一般，田间表现为高抗锈病和高抗叶斑病。

叶片中等大小，叶绿色，呈长椭圆形。

荚果普通型，中间缢缩弱，果嘴不明显，表面质地光滑，无果脊。种仁呈圆柱形。种皮为粉红色，无裂纹。

单株农艺性状

主茎高 /cm	52	结荚数 / 个	14	烂果率 /%	21.4
第一分枝长 /cm	62	果仁数 / 粒	2	百果重 /g	142.4
收获期主茎青叶数 / 片	15	饱果率 /%	100	百仁重 /g	100.0
总分枝 / 条	6	秕果率 /%	0	出仁率 /%	70.2

营养成分

蛋白质含量 /%	24.07	粗脂肪含量 /%	52.66	氨基酸总含量 /%	22.57
油酸含量 /%	35.38	亚油酸含量 /%	42.53	油酸含量 / 亚油酸含量	0.83
硬脂酸含量 /%	0.89	花生酸含量 /%	0.74	二十四烷酸含量 /%	1.60
棕榈酸含量 /%	11.65	苏氨酸（Thr）含量 /%	0.85	缬氨酸（Val）含量 /%	1.01
赖氨酸（Lys）含量 /%	0.67	山嵛酸含量 /%	2.36	异亮氨酸（Ile）含量 /%	0.65
亮氨酸（Leu）含量 /%	1.52	苯丙氨酸（Phe）含量 /%	1.21	组氨酸（His）含量 /%	0.84
精氨酸（Arg）含量 /%	2.50	脯氨酸（Pro）含量 /%	1.36	蛋氨酸（Met）含量 /%	0.26

ICGS84

种质库编号
GH01215

来源：印度

科名：豆科（Leguminosae） | 属名：落花生属（*Arachis* L.）
类型：珍珠豆型 | 观测地：广州市白云区 | 生长习性：半蔓生
倍性：异源四倍体 | 观测时间：2015 年 6 月 | 开花习性：连续开花
保存单位：广东省农业科学院作物研究所

●特征特性

植株长势一般，半蔓生生长，植株较矮，分枝数少，收获期落叶性一般，田间表现为高抗锈病和高抗叶斑病。

叶片中等大小，叶绿色，呈长椭圆形。

荚果茧型，中间缢缩极弱，无果嘴，表面质地光滑，无果脊。种仁呈圆柱形。种皮为粉红色，有少量裂纹。

单株农艺性状					
主茎高 /cm	40	结荚数 / 个	10	烂果率 /%	20.0
第一分枝长 /cm	41	果仁数 / 粒	2	百果重 /g	118.4
收获期主茎青叶数 / 片	12	饱果率 /%	80.0	百仁重 /g	88.0
总分枝 / 条	5	秕果率 /%	20.0	出仁率 /%	74.3

营养成分					
蛋白质含量 /%	23.85	粗脂肪含量 /%	50.91	氨基酸总含量 /%	22.60
油酸含量 /%	35.60	亚油酸含量 /%	42.68	油酸含量 / 亚油酸含量	0.83
硬脂酸含量 /%	0.12	花生酸含量 /%	0.55	二十四烷酸含量 /%	2.75
棕榈酸含量 /%	11.52	苏氨酸（Thr）含量 /%	0.78	缬氨酸（Val）含量 /%	1.02
赖氨酸（Lys）含量 /%	0.99	山嵛酸含量 /%	4.89	异亮氨酸（Ile）含量 /%	0.64
亮氨酸（Leu）含量 /%	1.51	苯丙氨酸（Phe）含量 /%	1.22	组氨酸（His）含量 /%	0.93
精氨酸（Arg）含量 /%	2.47	脯氨酸（Pro）含量 /%	1.59	蛋氨酸（Met）含量 /%	0.26

ICGN0586

种质库编号
GH01237

来源：印度

科名：豆科（Leguminosae） | 属名：落花生属（*Arachis* L.）
类型：珍珠豆型 | 观测地：广州市白云区 | 生长习性：半蔓生
倍性：异源四倍体 | 观测时间：2015 年 6 月 | 开花习性：连续开花
保存单位：广东省农业科学院作物研究所

●特征特性

植株长势一般，半蔓生生长，中等高度，分枝数少，收获期落叶性一般，田间表现为高抗锈病和高抗叶斑病。

叶片较小，叶绿色，呈长椭圆形。

荚果普通型，中间缢缩极弱，果嘴明显，表面质地光滑，无果脊。种仁呈圆柱形。种皮为粉红色，无裂纹。

单株农艺性状					
主茎高 /cm	45	结荚数 / 个	7	烂果率 /%	0
第一分枝长 /cm	50	果仁数 / 粒	2	百果重 /g	98.4
收获期主茎青叶数 / 片	10	饱果率 /%	87.1	百仁重 /g	61.2
总分枝 / 条	5	秕果率 /%	12.9	出仁率 /%	62.2

营养成分					
蛋白质含量 /%	24.49	粗脂肪含量 /%	48.24	氨基酸总含量 /%	22.76
油酸含量 /%	34.95	亚油酸含量 /%	41.74	油酸含量 / 亚油酸含量	0.84
硬脂酸含量 /%	2.17	花生酸含量 /%	1.15	二十四烷酸含量 /%	1.22
棕榈酸含量 /%	11.28	苏氨酸（Thr）含量 /%	0.63	缬氨酸（Val）含量 /%	0.97
赖氨酸（Lys）含量 /%	0.78	山嵛酸含量 /%	2.46	异亮氨酸（Ile）含量 /%	0.66
亮氨酸（Leu）含量 /%	1.52	苯丙氨酸（Phe）含量 /%	1.23	组氨酸（His）含量 /%	0.80
精氨酸（Arg）含量 /%	2.57	脯氨酸（Pro）含量 /%	0.94	蛋氨酸（Met）含量 /%	0.29

ICGN0848

种质库编号 GH01247

来源：印度

科名：豆科（Leguminosae） | 属名：落花生属（*Arachis* L.）
类型：珍珠豆型 | 观测地：广州市白云区 | 生长习性：蔓生
倍性：异源四倍体 | 观测时间：2015 年 6 月 | 开花习性：连续开花
保存单位：广东省农业科学院作物研究所

●特征特性

植株长势一般，蔓生生长，中等高度，分枝数一般，收获期落叶性一般，田间表现为高抗锈病和高抗叶斑病。

叶片中等大小，叶绿色，呈长椭圆形。

荚果普通型，中间缢缩极弱，果嘴不明显，表面质地中等，无果脊。种仁呈圆柱形。种皮为粉红色，无裂纹。

单株农艺性状

性状	数值	性状	数值	性状	数值
主茎高 /cm	55	结荚数 / 个	21	烂果率 /%	0
第一分枝长 /cm	66	果仁数 / 粒	2	百果重 /g	86.4
收获期主茎青叶数 / 片	10	饱果率 /%	66.7	百仁重 /g	62.4
总分枝 / 条	9	秕果率 /%	33.3	出仁率 /%	72.2

营养成分

成分	数值	成分	数值	成分	数值
蛋白质含量 /%	25.64	粗脂肪含量 /%	51.46	氨基酸总含量 /%	23.83
油酸含量 /%	38.69	亚油酸含量 /%	38.39	油酸含量 / 亚油酸含量	1.01
硬脂酸含量 /%	1.18	花生酸含量 /%	0.80	二十四烷酸含量 /%	2.03
棕榈酸含量 /%	11.38	苏氨酸（Thr）含量 /%	0.79	缬氨酸（Val）含量 /%	1.04
赖氨酸（Lys）含量 /%	0.80	山嵛酸含量 /%	3.71	异亮氨酸（Ile）含量 /%	0.71
亮氨酸（Leu）含量 /%	1.62	苯丙氨酸（Phe）含量 /%	1.29	组氨酸（His）含量 /%	0.85
精氨酸（Arg）含量 /%	2.74	脯氨酸（Pro）含量 /%	1.29	蛋氨酸（Met）含量 /%	0.26

ICGN07780

种质库编号
GH01252

来源：印度

科名：豆科（Leguminosae）｜属名：落花生属（*Arachis* L.）

类型：珍珠豆型｜观测地：广州市白云区｜生长习性：直立

倍性：异源四倍体｜观测时间：2015 年 6 月｜开花习性：连续开花

保存单位：广东省农业科学院作物研究所

●特征特性

植株长势旺盛，直立生长，植株较高，分枝数少，收获期落叶性一般，田间表现为高抗锈病和高抗叶斑病。

叶片较小，叶色深绿，呈长椭圆形。

荚果普通型，中间缢缩弱，果嘴一般明显，表面质地中等，无果脊。种仁呈圆柱形。种皮为粉红色，无裂纹。

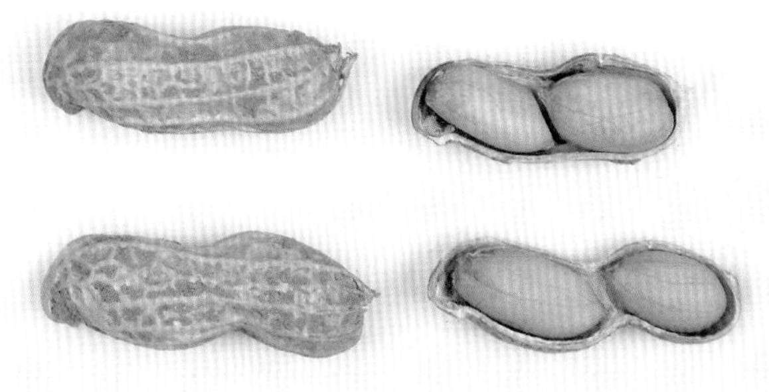

单株农艺性状

性状	数值	性状	数值	性状	数值
主茎高 /cm	74	结荚数 / 个	4	烂果率 /%	0
第一分枝长 /cm	84	果仁数 / 粒	2	百果重 /g	122.4
收获期主茎青叶数 / 片	12	饱果率 /%	75.0	百仁重 /g	92.4
总分枝 / 条	5	秕果率 /%	25.0	出仁率 /%	75.5

营养成分

成分	数值	成分	数值	成分	数值
蛋白质含量 /%	25.83	粗脂肪含量 /%	52.72	氨基酸总含量 /%	24.14
油酸含量 /%	37.35	亚油酸含量 /%	39.24	油酸含量 / 亚油酸含量	0.95
硬脂酸含量 /%	0.38	花生酸含量 /%	0.64	二十四烷酸含量 /%	2.18
棕榈酸含量 /%	11.50	苏氨酸（Thr）含量 /%	0.80	缬氨酸（Val）含量 /%	1.04
赖氨酸（Lys）含量 /%	0.58	山嵛酸含量 /%	4.16	异亮氨酸（Ile）含量 /%	0.70
亮氨酸（Leu）含量 /%	1.63	苯丙氨酸（Phe）含量 /%	1.30	组氨酸（His）含量 /%	0.92
精氨酸（Arg）含量 /%	2.70	脯氨酸（Pro）含量 /%	1.53	蛋氨酸（Met）含量 /%	0.25

ICGN06313

种质库编号
GH01253

来源：印度

科名：豆科（Leguminosae） | 属名：落花生属（*Arachis* L.）
类型：珍珠豆型 | 观测地：广州市白云区 | 生长习性：直立
倍性：异源四倍体 | 观测时间：2015 年 6 月 | 开花习性：连续开花
保存单位：广东省农业科学院作物研究所

● **特征特性**

植株长势一般，直立生长，植株较高，分枝数一般，收获期落叶性好，田间表现为高抗锈病和高抗叶斑病。

叶片中等大小，叶色深绿，呈长椭圆形。

荚果普通型，中间缢缩弱，果嘴明显，表面质地粗糙，无果脊。种仁呈圆柱形。种皮为粉红色，无裂纹。

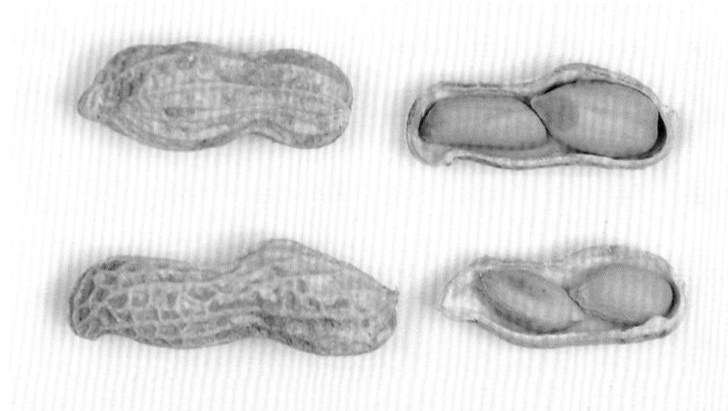

单株农艺性状

主茎高 /cm	80	结荚数 / 个	7	烂果率 /%	0
第一分枝长 /cm	73	果仁数 / 粒	2	百果重 /g	147.6
收获期主茎青叶数 / 片	9	饱果率 /%	71.4	百仁重 /g	103.6
总分枝 / 条	11	秕果率 /%	28.6	出仁率 /%	70.2

营养成分

蛋白质含量 /%	27.03	粗脂肪含量 /%	50.92	氨基酸总含量 /%	25.03
油酸含量 /%	39.90	亚油酸含量 /%	38.44	油酸含量 / 亚油酸含量	1.04
硬脂酸含量 /%	0.82	花生酸含量 /%	0.82	二十四烷酸含量 /%	2.04
棕榈酸含量 /%	11.08	苏氨酸（Thr）含量 /%	0.85	缬氨酸（Val）含量 /%	1.13
赖氨酸（Lys）含量 /%	0.66	山嵛酸含量 /%	3.15	异亮氨酸（Ile）含量 /%	0.73
亮氨酸（Leu）含量 /%	1.69	苯丙氨酸（Phe）含量 /%	1.33	组氨酸（His）含量 /%	0.88
精氨酸（Arg）含量 /%	2.84	脯氨酸（Pro）含量 /%	1.28	蛋氨酸（Met）含量 /%	0.28

ICGV95422

种质库编号 GH01311

来源：印度

科名：豆科（Leguminosae）｜属名：落花生属（*Arachis* L.）
类型：珍珠豆型｜观测地：广州市白云区｜生长习性：直立
倍性：异源四倍体｜观测时间：2015 年 6 月｜开花习性：连续开花
保存单位：广东省农业科学院作物研究所

●特征特性

植株长势一般，直立生长，中等高度，分枝数少，收获期不落叶，田间表现为高抗锈病和高抗叶斑病。

叶片中等大小，叶色淡绿，呈长椭圆形。

荚果普通型，中间缢缩弱，果嘴一般明显，表面质地中等，无果脊。种仁呈圆柱形。种皮为粉红色，有少量裂纹。

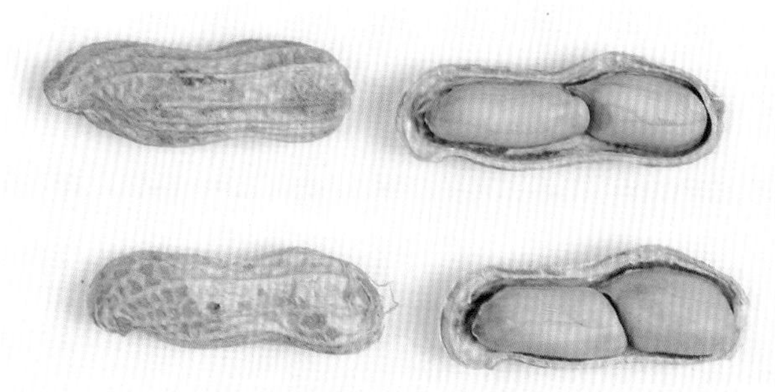

单株农艺性状					
主茎高 /cm	45	结荚数 / 个	9	烂果率 /%	0
第一分枝长 /cm	50	果仁数 / 粒	2	百果重 /g	121.2
收获期主茎青叶数 / 片	16	饱果率 /%	88.9	百仁重 /g	86.0
总分枝 / 条	2	秕果率 /%	11.1	出仁率 /%	71.0

营养成分					
蛋白质含量 /%	22.42	粗脂肪含量 /%	53.30	氨基酸总含量 /%	20.92
油酸含量 /%	32.95	亚油酸含量 /%	41.77	油酸含量 / 亚油酸含量	0.79
硬脂酸含量 /%	3.04	花生酸含量 /%	1.31	二十四烷酸含量 /%	0.81
棕榈酸含量 /%	12.00	苏氨酸（Thr）含量 /%	0.68	缬氨酸（Val）含量 /%	0.86
赖氨酸（Lys）含量 /%	0.91	山嵛酸含量 /%	2.53	异亮氨酸（Ile）含量 /%	0.63
亮氨酸（Leu）含量 /%	1.42	苯丙氨酸（Phe）含量 /%	1.14	组氨酸（His）含量 /%	0.72
精氨酸（Arg）含量 /%	2.37	脯氨酸（Pro）含量 /%	1.05	蛋氨酸（Met）含量 /%	0.25

ICGV94250

种质库编号
GH01381

来源：印度

科名：豆科（Leguminosae） | 属名：落花生属（*Arachis* L.）
类型：珍珠豆型 | 观测地：广州市白云区 | 生长习性：直立
倍性：异源四倍体 | 观测时间：2015 年 6 月 | 开花习性：连续开花
保存单位：广东省农业科学院作物研究所

●**特征特性**

植株长势一般，直立生长，中等高度，分枝数少，收获期落叶性好，田间表现为高抗锈病和高抗叶斑病。

叶片中等大小，叶绿色，呈长椭圆形。

荚果茧型，中间缢缩极弱，无果嘴，表面质地光滑，无果脊。种仁呈圆柱形。种皮为粉红色，无裂纹。

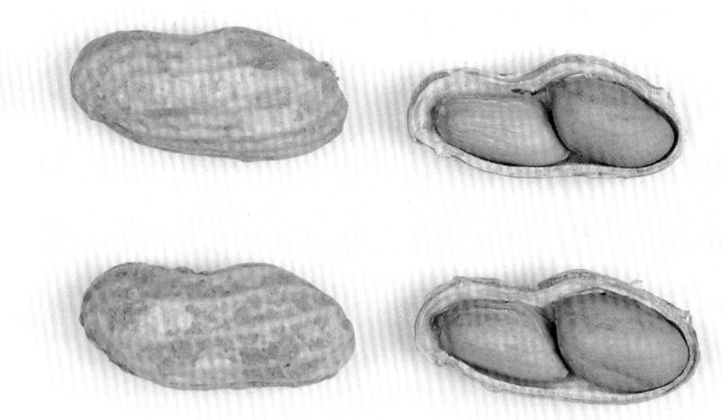

单株农艺性状

主茎高 /cm	43	结荚数 / 个	10	烂果率 /%	10.0
第一分枝长 /cm	51	果仁数 / 粒	2	百果重 /g	91.2
收获期主茎青叶数 / 片	9	饱果率 /%	90.0	百仁重 /g	52.8
总分枝 / 条	3	秕果率 /%	10.0	出仁率 /%	57.9

营养成分

蛋白质含量 /%	26.64	粗脂肪含量 /%	52.29	氨基酸总含量 /%	24.33
油酸含量 /%	42.35	亚油酸含量 /%	37.89	油酸含量 / 亚油酸含量	1.12
硬脂酸含量 /%	1.28	花生酸含量 /%	0.99	二十四烷酸含量 /%	1.61
棕榈酸含量 /%	9.84	苏氨酸（Thr）含量 /%	0.80	缬氨酸（Val）含量 /%	1.15
赖氨酸（Lys）含量 /%	0.91	山嵛酸含量 /%	2.33	异亮氨酸（Ile）含量 /%	0.71
亮氨酸（Leu）含量 /%	1.64	苯丙氨酸（Phe）含量 /%	1.29	组氨酸（His）含量 /%	0.81
精氨酸（Arg）含量 /%	2.77	脯氨酸（Pro）含量 /%	0.77	蛋氨酸（Met）含量 /%	0.26

EF795

种质库编号
GH01385

来源：印度

科名：豆科（Leguminosae） | 属名：落花生属（*Arachis* L.）
类型：珍珠豆型 | 观测地：广州市白云区 | 生长习性：直立
倍性：异源四倍体 | 观测时间：2015 年 6 月 | 开花习性：连续开花
保存单位：广东省农业科学院作物研究所

●特征特性

植株长势一般，直立生长，中等高度，分枝数少，收获期落叶性好，田间表现为中抗锈病和中抗叶斑病。

叶片中等大小，叶色淡绿，呈长椭圆形。

荚果茧型，中间缢缩极弱，无果嘴，表面质地光滑，无果脊。种仁呈圆柱形。种皮为粉红色，无裂纹。

单株农艺性状

性状	值	性状	值	性状	值
主茎高 /cm	51	结荚数 / 个	17	烂果率 /%	23.5
第一分枝长 /cm	60	果仁数 / 粒	2	百果重 /g	138.0
收获期主茎青叶数 / 片	8	饱果率 /%	100	百仁重 /g	103.6
总分枝 / 条	5	秕果率 /%	0	出仁率 /%	75.1

营养成分

成分	值	成分	值	成分	值
蛋白质含量 /%	23.91	粗脂肪含量 /%	48.98	氨基酸总含量 /%	22.5
油酸含量 /%	29.82	亚油酸含量 /%	46.71	油酸含量 / 亚油酸含量	0.64
硬脂酸含量 /%	1.10	花生酸含量 /%	0.73	二十四烷酸含量 /%	1.86
棕榈酸含量 /%	12.11	苏氨酸（Thr）含量 /%	0.80	缬氨酸（Val）含量 /%	1.00
赖氨酸（Lys）含量 /%	1.03	山嵛酸含量 /%	3.60	异亮氨酸（Ile）含量 /%	0.65
亮氨酸（Leu）含量 /%	1.51	苯丙氨酸（Phe）含量 /%	1.23	组氨酸（His）含量 /%	0.88
精氨酸（Arg）含量 /%	2.51	脯氨酸（Pro）含量 /%	1.47	蛋氨酸（Met）含量 /%	0.25

ICGV93057

种质库编号
GH01387

来源：印度

科名：豆科（Leguminosae） | 属名：落花生属（*Arachis* L.）
类型：珍珠豆型 | 观测地：广州市白云区 | 生长习性：直立
倍性：异源四倍体 | 观测时间：2015 年 6 月 | 开花习性：连续开花
保存单位：广东省农业科学院作物研究所

●特征特性

植株长势一般，直立生长，中等高度，分枝数少，收获期落叶性好，田间表现为中抗锈病和高抗叶斑病。

叶片中等大小，叶绿色，呈长椭圆形。

荚果普通型，中间缢缩极弱，无果嘴，表面质地光滑，无果脊。种仁呈圆柱形。种皮为粉红色，无裂纹。

单株农艺性状					
主茎高 /cm	48	结荚数 / 个	30	烂果率 /%	6.7
第一分枝长 /cm	55	果仁数 / 粒	2	百果重 /g	110.4
收获期主茎青叶数 / 片	9	饱果率 /%	96.7	百仁重 /g	84.4
总分枝 / 条	4	秕果率 /%	3.3	出仁率 /%	76.4

营养成分					
蛋白质含量 /%	19.05	粗脂肪含量 /%	58.83	氨基酸总含量 /%	18.47
油酸含量 /%	47.85	亚油酸含量 /%	31.23	油酸含量 / 亚油酸含量	1.53
硬脂酸含量 /%	0.38	花生酸含量 /%	0.66	二十四烷酸含量 /%	2.11
棕榈酸含量 /%	9.79	苏氨酸（Thr）含量 /%	0.76	缬氨酸（Val）含量 /%	0.90
赖氨酸（Lys）含量 /%	0.95	山嵛酸含量 /%	3.73	异亮氨酸（Ile）含量 /%	0.53
亮氨酸（Leu）含量 /%	1.27	苯丙氨酸（Phe）含量 /%	1.00	组氨酸（His）含量 /%	0.80
精氨酸（Arg）含量 /%	1.85	脯氨酸（Pro）含量 /%	1.39	蛋氨酸（Met）含量 /%	0.21

ICGV94123

种质库编号 GH01389

来源：印度

科名：豆科（Leguminosae） | 属名：落花生属（*Arachis* L.）
类型：珍珠豆型 | 观测地：广州市白云区 | 生长习性：半蔓生
倍性：异源四倍体 | 观测时间：2015 年 6 月 | 开花习性：连续开花
保存单位：广东省农业科学院作物研究所

●特征特性

植株长势旺盛，半蔓生生长，中等高度，分枝数一般，收获期落叶性好，田间表现为高抗锈病和高抗叶斑病。

叶片中等大小，叶绿色，呈长椭圆形。

荚果曲棍型，中间缢缩极弱，果嘴非常明显，表面质地中等，无果脊。种仁呈圆柱形。种皮为粉红色，有少量裂纹。

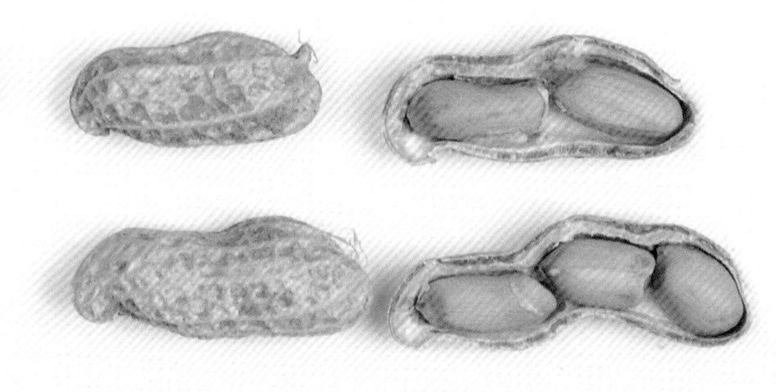

单株农艺性状					
主茎高 /cm	50	结荚数 / 个	27	烂果率 /%	0
第一分枝长 /cm	58	果仁数 / 粒	2~3	百果重 /g	193.6
收获期主茎青叶数 / 片	9	饱果率 /%	100	百仁重 /g	127.2
总分枝 / 条	8	秕果率 /%	0	出仁率 /%	65.7

营养成分					
蛋白质含量 /%	24.27	粗脂肪含量 /%	51.03	氨基酸总含量 /%	22.64
油酸含量 /%	28.19	亚油酸含量 /%	47.29	油酸含量 / 亚油酸含量	0.60
硬脂酸含量 /%	1.31	花生酸含量 /%	0.85	二十四烷酸含量 /%	1.75
棕榈酸含量 /%	12.64	苏氨酸（Thr）含量 /%	0.75	缬氨酸（Val）含量 /%	0.96
赖氨酸（Lys）含量 /%	0.96	山嵛酸含量 /%	3.34	异亮氨酸（Ile）含量 /%	0.66
亮氨酸（Leu）含量 /%	1.52	苯丙氨酸（Phe）含量 /%	1.23	组氨酸（His）含量 /%	0.85
精氨酸（Arg）含量 /%	2.55	脯氨酸（Pro）含量 /%	1.30	蛋氨酸（Met）含量 /%	0.26

ICGV94144

种质库编号 GH01390

来源：印度

科名：豆科（Leguminosae） | 属名：落花生属（*Arachis* L.）
类型：珍珠豆型 | 观测地：广州市白云区 | 生长习性：直立
倍性：异源四倍体 | 观测时间：2015 年 6 月 | 开花习性：连续开花
保存单位：广东省农业科学院作物研究所

●特征特性

植株长势一般，直立生长，中等高度，分枝数少，收获期不落叶，田间表现为高抗锈病和中抗叶斑病。

叶片中等大小，叶绿色，呈长椭圆形。

荚果茧型，中间缢缩极弱，果嘴不明显，表面质地光滑，无果脊。种仁呈圆柱形。种皮为粉红色，无裂纹。

单株农艺性状

性状	值	性状	值	性状	值
主茎高 /cm	55	结荚数 / 个	28	烂果率 /%	0
第一分枝长 /cm	66	果仁数 / 粒	2	百果重 /g	147.6
收获期主茎青叶数 / 片	18	饱果率 /%	92.9	百仁重 /g	102.8
总分枝 / 条	4	秕果率 /%	7.1	出仁率 /%	69.6

营养成分

成分	值	成分	值	成分	值
蛋白质含量 /%	26.67	粗脂肪含量 /%	52.98	氨基酸总含量 /%	24.92
油酸含量 /%	38.37	亚油酸含量 /%	40.00	油酸含量 / 亚油酸含量	0.96
硬脂酸含量 /%	1.43	花生酸含量 /%	0.95	二十四烷酸含量 /%	2.37
棕榈酸含量 /%	11.27	苏氨酸（Thr）含量 /%	0.75	缬氨酸（Val）含量 /%	1.00
赖氨酸（Lys）含量 /%	0.69	山嵛酸含量 /%	4.46	异亮氨酸（Ile）含量 /%	0.73
亮氨酸（Leu）含量 /%	1.69	苯丙氨酸（Phe）含量 /%	1.33	组氨酸（His）含量 /%	0.88
精氨酸（Arg）含量 /%	2.86	脯氨酸（Pro）含量 /%	1.58	蛋氨酸（Met）含量 /%	0.28

ICGV94357

种质库编号
GH01391

来源：印度

科名：豆科（Leguminosae）｜属名：落花生属（*Arachis* L.）
类型：珍珠豆型｜观测地：广州市白云区｜生长习性：直立
倍性：异源四倍体｜观测时间：2015 年 6 月｜开花习性：连续开花
保存单位：广东省农业科学院作物研究所

●特征特性

植株长势一般，直立生长，中等高度，分枝数少，收获期落叶性好，田间表现为高抗锈病和高抗叶斑病。

叶片中等大小，叶绿色，呈长椭圆形。

荚果茧型，中间缢缩极弱，无果嘴，表面质地中等，无果脊。种仁呈圆柱形。种皮为粉红色，无裂纹。

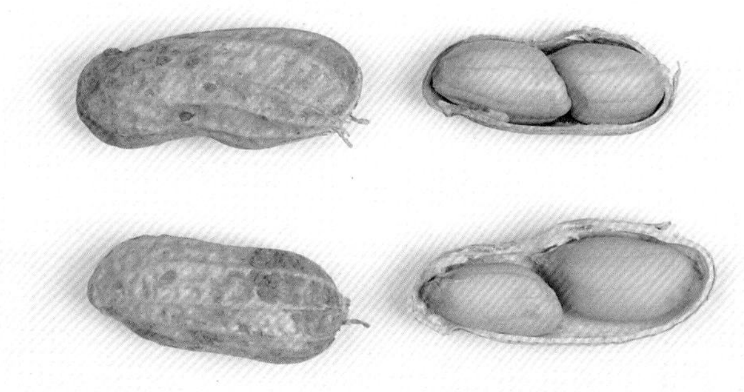

单株农艺性状					
主茎高 /cm	57	结荚数 / 个	16	烂果率 /%	12.5
第一分枝长 /cm	71	果仁数 / 粒	2	百果重 /g	100.4
收获期主茎青叶数 / 片	8	饱果率 /%	87.5	百仁重 /g	71.2
总分枝 / 条	6	秕果率 /%	12.5	出仁率 /%	70.9

营养成分					
蛋白质含量 /%	22.34	粗脂肪含量 /%	52.83	氨基酸总含量 /%	20.97
油酸含量 /%	33.32	亚油酸含量 /%	42.53	油酸含量 / 亚油酸含量	0.78
硬脂酸含量 /%	1.41	花生酸含量 /%	0.83	二十四烷酸含量 /%	1.91
棕榈酸含量 /%	11.81	苏氨酸（Thr）含量 /%	0.71	缬氨酸（Val）含量 /%	0.94
赖氨酸（Lys）含量 /%	0.75	山嵛酸含量 /%	3.84	异亮氨酸（Ile）含量 /%	0.62
亮氨酸（Leu）含量 /%	1.42	苯丙氨酸（Phe）含量 /%	1.15	组氨酸（His）含量 /%	0.83
精氨酸（Arg）含量 /%	2.34	脯氨酸（Pro）含量 /%	1.28	蛋氨酸（Met）含量 /%	0.24

ICGV95034

种质库编号
GH01392

来源：印度

科名：豆科（Leguminosae） | 属名：落花生属（*Arachis* L.）
类型：珍珠豆型 | 观测地：广州市白云区 | 生长习性：蔓生
倍性：异源四倍体 | 观测时间：2015 年 6 月 | 开花习性：连续开花
保存单位：广东省农业科学院作物研究所

●特征特性

植株长势旺盛，蔓生生长，中等高度，分枝数一般，收获期不落叶，田间表现为高抗锈病和高抗叶斑病。

叶片中等大小，叶绿色，呈长椭圆形。

荚果茧型，中间缢缩极弱，果嘴一般明显，表面质地光滑，无果脊。种仁呈圆柱形。种皮为粉红色，无裂纹。

单株农艺性状					
主茎高 /cm	60	结荚数 / 个	19	烂果率 /%	21.1
第一分枝长 /cm	72	果仁数 / 粒	2	百果重 /g	125.2
收获期主茎青叶数 / 片	20	饱果率 /%	94.7	百仁重 /g	86.4
总分枝 / 条	8	秕果率 /%	5.3	出仁率 /%	69.0

营养成分					
蛋白质含量 /%	25.49	粗脂肪含量 /%	51.49	氨基酸总含量 /%	23.75
油酸含量 /%	48.76	亚油酸含量 /%	31.17	油酸含量 / 亚油酸含量	1.56
硬脂酸含量 /%	1.34	花生酸含量 /%	0.92	二十四烷酸含量 /%	2.33
棕榈酸含量 /%	10.12	苏氨酸（Thr）含量 /%	0.71	缬氨酸（Val）含量 /%	0.99
赖氨酸（Lys）含量 /%	0.63	山嵛酸含量 /%	3.95	异亮氨酸（Ile）含量 /%	0.70
亮氨酸（Leu）含量 /%	1.61	苯丙氨酸（Phe）含量 /%	1.27	组氨酸（His）含量 /%	0.81
精氨酸（Arg）含量 /%	2.67	脯氨酸（Pro）含量 /%	1.18	蛋氨酸（Met）含量 /%	0.26

ICGV95308

种质库编号 GH01393

来源：印度

科名：豆科（Leguminosae）｜属名：落花生属（*Arachis* L.）

类型：珍珠豆型｜观测地：广州市白云区｜生长习性：直立

倍性：异源四倍体｜观测时间：2015 年 6 月｜开花习性：连续开花

保存单位：广东省农业科学院作物研究所

●**特征特性**

植株长势一般，直立生长，植株较高，分枝数一般，收获期落叶性一般，田间表现为高抗锈病和高抗叶斑病。

叶片中等大小，叶色淡绿，呈长椭圆形。

荚果普通型，中间缢缩弱，果嘴较明显，表面质地光滑，无果脊。种仁呈圆柱形。种皮为红色，无裂纹。

单株农艺性状

项目	数值	项目	数值	项目	数值
主茎高 /cm	85	结荚数 / 个	22	烂果率 /%	4.5
第一分枝长 /cm	80	果仁数 / 粒	2	百果重 /g	92.4
收获期主茎青叶数 / 片	10	饱果率 /%	95.5	百仁重 /g	69.2
总分枝 / 条	9	秕果率 /%	4.5	出仁率 /%	74.9

营养成分

项目	数值	项目	数值	项目	数值
蛋白质含量 /%	22.60	粗脂肪含量 /%	53.87	氨基酸总含量 /%	21.22
油酸含量 /%	40.36	亚油酸含量 /%	37.74	油酸含量 / 亚油酸含量	1.07
硬脂酸含量 /%	1.41	花生酸含量 /%	0.87	二十四烷酸含量 /%	1.99
棕榈酸含量 /%	10.82	苏氨酸（Thr）含量 /%	0.73	缬氨酸（Val）含量 /%	0.94
赖氨酸（Lys）含量 /%	0.73	山嵛酸含量 /%	4.06	异亮氨酸（Ile）含量 /%	0.63
亮氨酸（Leu）含量 /%	1.45	苯丙氨酸（Phe）含量 /%	1.15	组氨酸（His）含量 /%	0.80
精氨酸（Arg）含量 /%	2.35	脯氨酸（Pro）含量 /%	1.27	蛋氨酸（Met）含量 /%	0.23

ICGV95290

种质库编号
GH01394

来源：印度

科名：豆科（Leguminosae） | 属名：落花生属（*Arachis* L.）
类型：珍珠豆型 | 观测地：广州市白云区 | 生长习性：半蔓生
倍性：异源四倍体 | 观测时间：2015 年 6 月 | 开花习性：连续开花
保存单位：广东省农业科学院作物研究所

●特征特性

植株长势一般，半蔓生生长，中等高度，分枝数多，收获期不落叶，田间表现为中抗锈病和中抗叶斑病。

叶片中等大小，叶色淡绿，呈长椭圆形。

荚果普通型，中间缢缩弱，果嘴一般明显，表面质地中等，无果脊。种仁呈圆柱形。种皮为粉红色，无裂纹。

单株农艺性状

性状	数值	性状	数值	性状	数值
主茎高 /cm	54	结荚数 / 个	73	烂果率 /%	8.2
第一分枝长 /cm	71	果仁数 / 粒	2	百果重 /g	86.4
收获期主茎青叶数 / 片	19	饱果率 /%	97.3	百仁重 /g	61.6
总分枝 / 条	13	秕果率 /%	2.7	出仁率 /%	71.3

营养成分

成分	数值	成分	数值	成分	数值
蛋白质含量 /%	22.43	粗脂肪含量 /%	52.30	氨基酸总含量 /%	21.06
油酸含量 /%	39.50	亚油酸含量 /%	38.54	油酸含量 / 亚油酸含量	1.02
硬脂酸含量 /%	2.19	花生酸含量 /%	1.01	二十四烷酸含量 /%	1.16
棕榈酸含量 /%	10.88	苏氨酸（Thr）含量 /%	0.64	缬氨酸（Val）含量 /%	0.86
赖氨酸（Lys）含量 /%	0.95	山嵛酸含量 /%	2.83	异亮氨酸（Ile）含量 /%	0.62
亮氨酸（Leu）含量 /%	1.43	苯丙氨酸（Phe）含量 /%	1.15	组氨酸（His）含量 /%	0.78
精氨酸（Arg）含量 /%	2.36	脯氨酸（Pro）含量 /%	1.26	蛋氨酸（Met）含量 /%	0.25

ICGV94348

种质库编号
GH01397

来源：印度

科名：豆科（Leguminosae） | 属名：落花生属（*Arachis* L.）
类型：珍珠豆型 | 观测地：广州市白云区 | 生长习性：直立
倍性：异源四倍体 | 观测时间：2015 年 6 月 | 开花习性：连续开花
保存单位：广东省农业科学院作物研究所

●特征特性

植株长势一般，直立生长，植株较高，分枝数少，收获期落叶性好，田间表现为高抗锈病和高抗叶斑病。

叶片中等大小，叶绿色，呈长椭圆形。

荚果普通型，中间缢缩极弱，果嘴一般明显，表面质地中等，无果脊。种仁呈圆柱形。种皮为粉红色，无裂纹。

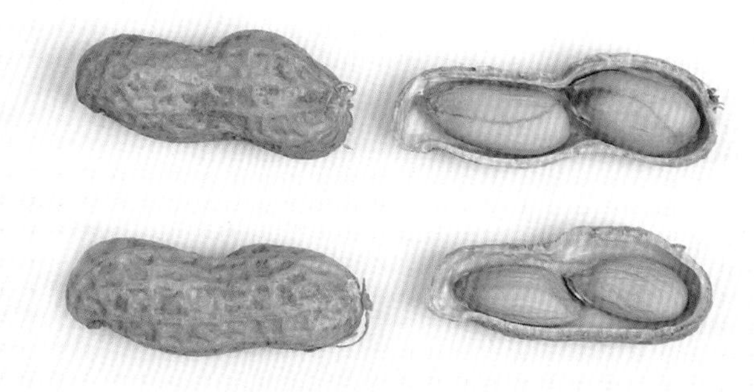

单株农艺性状					
主茎高 /cm	80	结荚数 / 个	19	烂果率 /%	0
第一分枝长 /cm	82	果仁数 / 粒	2	百果重 /g	109.2
收获期主茎青叶数 / 片	5	饱果率 /%	94.7	百仁重 /g	74.8
总分枝 / 条	6	秕果率 /%	5.3	出仁率 /%	68.5

营养成分					
蛋白质含量 /%	26.27	粗脂肪含量 /%	50.58	氨基酸总含量 /%	24.75
油酸含量 /%	42.04	亚油酸含量 /%	37.75	油酸含量 / 亚油酸含量	1.11
硬脂酸含量 /%	0.03	花生酸含量 /%	0.57	二十四烷酸含量 /%	2.00
棕榈酸含量 /%	10.54	苏氨酸（Thr）含量 /%	0.86	缬氨酸（Val）含量 /%	1.02
赖氨酸（Lys）含量 /%	1.04	山嵛酸含量 /%	3.48	异亮氨酸（Ile）含量 /%	0.70
亮氨酸（Leu）含量 /%	1.66	苯丙氨酸（Phe）含量 /%	1.32	组氨酸（His）含量 /%	0.95
精氨酸（Arg）含量 /%	2.72	脯氨酸（Pro）含量 /%	1.71	蛋氨酸（Met）含量 /%	0.25

ICGV95242

种质库编号 GH01398

来源：印度

科名：豆科（Leguminosae） | 属名：落花生属（*Arachis* L.）
类型：珍珠豆型 | 观测地：广州市白云区 | 生长习性：直立
倍性：异源四倍体 | 观测时间：2015 年 6 月 | 开花习性：连续开花
保存单位：广东省农业科学院作物研究所

●特征特性

植株长势一般，直立生长，中等高度，分枝数少，收获期落叶性一般，田间表现为高抗锈病和高抗叶斑病。

叶片中等大小，叶色淡绿，呈长椭圆形。

荚果茧型，中间缢缩弱，果嘴不明显，表面质地光滑，无果脊。种仁呈圆柱形。种皮为粉红色，无裂纹。

单株农艺性状

性状	值	性状	值	性状	值
主茎高 /cm	43	结荚数 / 个	15	烂果率 /%	13.3
第一分枝长 /cm	59	果仁数 / 粒	2	百果重 /g	115.2
收获期主茎青叶数 / 片	12	饱果率 /%	100	百仁重 /g	88.4
总分枝 / 条	4	秕果率 /%	0	出仁率 /%	76.7

营养成分

成分	值	成分	值	成分	值
蛋白质含量 /%	22.13	粗脂肪含量 /%	54.61	氨基酸总含量 /%	21.10
油酸含量 /%	42.93	亚油酸含量 /%	35.45	油酸含量 / 亚油酸含量	1.21
硬脂酸含量 /%	0.97	花生酸含量 /%	0.77	二十四烷酸含量 /%	1.66
棕榈酸含量 /%	10.29	苏氨酸（Thr）含量 /%	0.72	缬氨酸（Val）含量 /%	0.92
赖氨酸（Lys）含量 /%	0.63	山嵛酸含量 /%	3.38	异亮氨酸（Ile）含量 /%	0.61
亮氨酸（Leu）含量 /%	1.44	苯丙氨酸（Phe）含量 /%	1.14	组氨酸（His）含量 /%	0.86
精氨酸（Arg）含量 /%	2.27	脯氨酸（Pro）含量 /%	1.52	蛋氨酸（Met）含量 /%	0.23

ICGV94146

种质库编号
GH01399

来源：印度

科名：豆科（Leguminosae）｜属名：落花生属（*Arachis* L.）
类型：珍珠豆型｜观测地：广州市白云区｜生长习性：直立
倍性：异源四倍体｜观测时间：2015 年 6 月｜开花习性：连续开花
保存单位：广东省农业科学院作物研究所

●**特征特性**

植株长势旺盛，直立生长，中等高度，分枝数一般，收获期落叶性一般，田间表现为高抗锈病和高抗叶斑病。

叶片中等大小，叶绿色，呈长椭圆形。

荚果普通型，中间缢缩极弱，果嘴一般明显，表面质地光滑，无果脊。种仁呈圆柱形。种皮为粉红色，有少量裂纹。

单株农艺性状					
主茎高 /cm	53	结荚数 / 个	29	烂果率 /%	0
第一分枝长 /cm	67	果仁数 / 粒	1~2	百果重 /g	126.8
收获期主茎青叶数 / 片	10	饱果率 /%	89.7	百仁重 /g	84.0
总分枝 / 条	9	秕果率 /%	10.3	出仁率 /%	66.2

营养成分					
蛋白质含量 /%	25.52	粗脂肪含量 /%	50.63	氨基酸总含量 /%	24.12
油酸含量 /%	38.03	亚油酸含量 /%	40.69	油酸含量 / 亚油酸含量	0.93
硬脂酸含量 /%	0.46	花生酸含量 /%	0.70	二十四烷酸含量 /%	3.02
棕榈酸含量 /%	11.27	苏氨酸（Thr）含量 /%	0.78	缬氨酸（Val）含量 /%	1.05
赖氨酸（Lys）含量 /%	0.52	山嵛酸含量 /%	4.92	异亮氨酸（Ile）含量 /%	0.68
亮氨酸（Leu）含量 /%	1.61	苯丙氨酸（Phe）含量 /%	1.29	组氨酸（His）含量 /%	0.96
精氨酸（Arg）含量 /%	2.63	脯氨酸（Pro）含量 /%	1.74	蛋氨酸（Met）含量 /%	0.27

ICGV94283

种质库编号
GH01400

来源：印度

科名：豆科（Leguminosae） | 属名：落花生属（*Arachis* L.）
类型：珍珠豆型 | 观测地：广州市白云区 | 生长习性：直立
倍性：异源四倍体 | 观测时间：2015 年 6 月 | 开花习性：连续开花
保存单位：广东省农业科学院作物研究所

●特征特性

植株长势一般，直立生长，中等高度，分枝数少，收获期不落叶，田间表现为高抗锈病和高抗叶斑病。

叶片中等大小，叶绿色，呈长椭圆形。

荚果普通型，中间缢缩弱，果嘴一般明显，表面质地中等，无果脊。种仁呈圆柱形。种皮为粉红色，有少量裂纹。

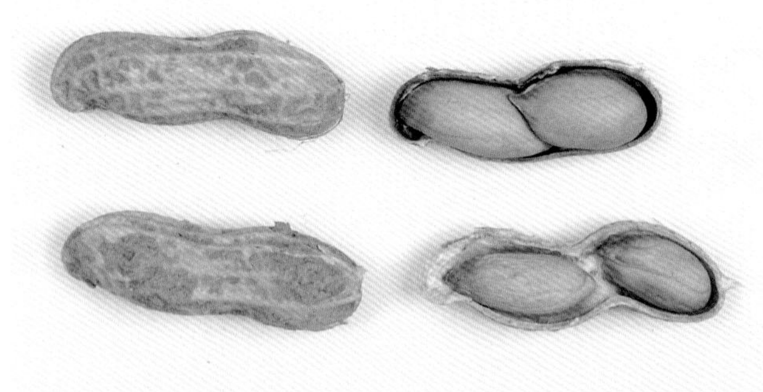

单株农艺性状					
主茎高 /cm	50	结荚数 / 个	24	烂果率 /%	0
第一分枝长 /cm	82	果仁数 / 粒	2	百果重 /g	102.4
收获期主茎青叶数 / 片	16	饱果率 /%	100	百仁重 /g	80.4
总分枝 / 条	5	秕果率 /%	0	出仁率 /%	78.5

营养成分					
蛋白质含量 /%	24.73	粗脂肪含量 /%	53.09	氨基酸总含量 /%	23.07
油酸含量 /%	38.76	亚油酸含量 /%	37.52	油酸含量 / 亚油酸含量	1.03
硬脂酸含量 /%	1.31	花生酸含量 /%	0.81	二十四烷酸含量 /%	1.97
棕榈酸含量 /%	11.24	苏氨酸（Thr）含量 /%	0.73	缬氨酸（Val）含量 /%	0.98
赖氨酸（Lys）含量 /%	0.73	山嵛酸含量 /%	3.87	异亮氨酸（Ile）含量 /%	0.69
亮氨酸（Leu）含量 /%	1.57	苯丙氨酸（Phe）含量 /%	1.25	组氨酸（His）含量 /%	0.85
精氨酸（Arg）含量 /%	2.62	脯氨酸（Pro）含量 /%	1.32	蛋氨酸（Met）含量 /%	0.26

ICGV95280

种质库编号 GH01401

来源：印度

科名：豆科（Leguminosae） | 属名：落花生属（*Arachis* L.）
类型：珍珠豆型 | 观测地：广州市白云区 | 生长习性：直立
倍性：异源四倍体 | 观测时间：2015 年 6 月 | 开花习性：连续开花
保存单位：广东省农业科学院作物研究所

●特征特性

植株长势一般，直立生长，中等高度，分枝数少，收获期落叶性一般，田间表现为高抗锈病和高抗叶斑病。

叶片较小，叶色淡绿，呈长椭圆形。

荚果茧型，中间缢缩极弱，无果嘴，表面质地光滑，无果脊。种仁呈圆柱形。种皮为粉红色，无裂纹。

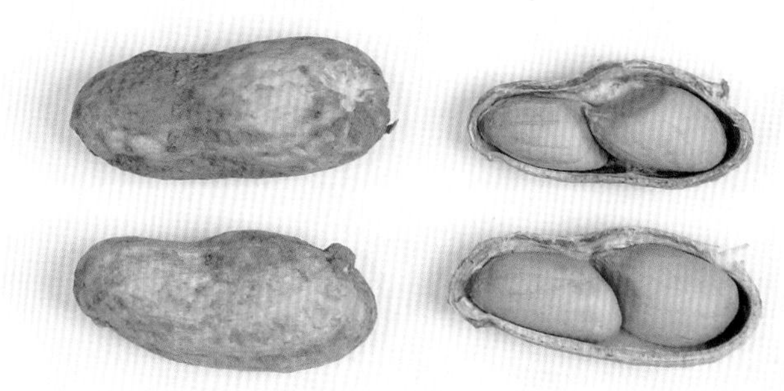

单株农艺性状					
主茎高 /cm	44	结荚数 / 个	27	烂果率 /%	0
第一分枝长 /cm	56	果仁数 / 粒	2	百果重 /g	73.6
收获期主茎青叶数 / 片	11	饱果率 /%	100	百仁重 /g	50.4
总分枝 / 条	6	秕果率 /%	0	出仁率 /%	68.5

营养成分					
蛋白质含量 /%	21.34	粗脂肪含量 /%	53.37	氨基酸总含量 /%	19.94
油酸含量 /%	32.45	亚油酸含量 /%	43.29	油酸含量 / 亚油酸含量	0.75
硬脂酸含量 /%	1.52	花生酸含量 /%	0.93	二十四烷酸含量 /%	1.42
棕榈酸含量 /%	12.19	苏氨酸（Thr）含量 /%	0.64	缬氨酸（Val）含量 /%	0.83
赖氨酸（Lys）含量 /%	0.85	山嵛酸含量 /%	3.20	异亮氨酸（Ile）含量 /%	0.59
亮氨酸（Leu）含量 /%	1.35	苯丙氨酸（Phe）含量 /%	1.09	组氨酸（His）含量 /%	0.74
精氨酸（Arg）含量 /%	2.21	脯氨酸（Pro）含量 /%	0.99	蛋氨酸（Met）含量 /%	0.24

EF83

种质库编号
GH01402

来源：印度

科名：豆科（Leguminosae） | 属名：落花生属（*Arachis* L.）
类型：珍珠豆型 | 观测地：广州市白云区 | 生长习性：直立
倍性：异源四倍体 | 观测时间：2015 年 6 月 | 开花习性：连续开花
保存单位：广东省农业科学院作物研究所

●特征特性

植株长势一般，直立生长，中等高度，分枝数少，收获期落叶性好，田间表现为高抗锈病和高抗叶斑病。

叶片中等大小，叶绿色，呈长椭圆形。

荚果茧型，中间缢缩弱，无果嘴，表面质地中等，无果脊。种仁呈圆柱形。种皮为粉红色，无裂纹。

单株农艺性状

性状	数值	性状	数值	性状	数值
主茎高 /cm	68	结荚数 / 个	25	烂果率 /%	0
第一分枝长 /cm	75	果仁数 / 粒	2	百果重 /g	97.6
收获期主茎青叶数 / 片	9	饱果率 /%	96.0	百仁重 /g	76.8
总分枝 / 条	4	秕果率 /%	4.0	出仁率 /%	78.7

营养成分

成分	数值	成分	数值	成分	数值
蛋白质含量 /%	23.91	粗脂肪含量 /%	53.83	氨基酸总含量 /%	22.17
油酸含量 /%	41.49	亚油酸含量 /%	34.98	油酸含量 / 亚油酸含量	1.19
硬脂酸含量 /%	2.37	花生酸含量 /%	1.14	二十四烷酸含量 /%	1.31
棕榈酸含量 /%	10.87	苏氨酸（Thr）含量 /%	0.68	缬氨酸（Val）含量 /%	0.93
赖氨酸（Lys）含量 /%	0.94	山嵛酸含量 /%	3.24	异亮氨酸（Ile）含量 /%	0.67
亮氨酸（Leu）含量 /%	1.52	苯丙氨酸（Phe）含量 /%	1.20	组氨酸（His）含量 /%	0.76
精氨酸（Arg）含量 /%	2.52	脯氨酸（Pro）含量 /%	1.01	蛋氨酸（Met）含量 /%	0.25

EF87

种质库编号 GH01414

来源：印度

科名：豆科（Leguminosae） | 属名：落花生属（*Arachis* L.）
类型：珍珠豆型 | 观测地：广州市白云区 | 生长习性：直立
倍性：异源四倍体 | 观测时间：2015 年 6 月 | 开花习性：连续开花
保存单位：广东省农业科学院作物研究所

●特征特性

植株长势一般，直立生长，中等高度，分枝数一般，收获期落叶性较好，田间表现为高抗锈病和高抗叶斑病。

叶片中等大小，叶绿色，呈长椭圆形。

荚果普通型，中间缢缩极弱，无果嘴，表面质地中等，无果脊。种仁呈圆柱形。种皮为粉红色，无裂纹。

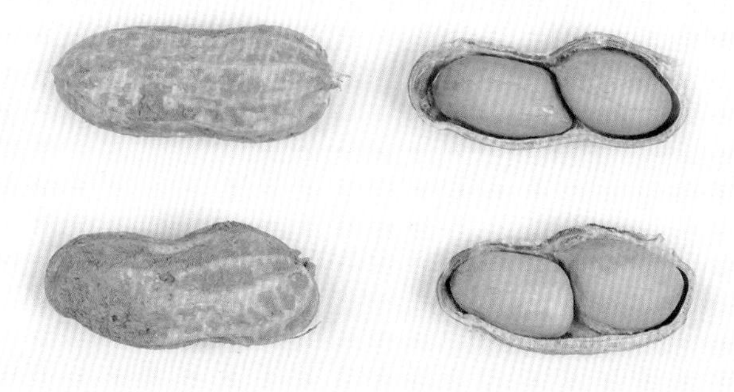

单株农艺性状					
主茎高 /cm	42	结荚数 / 个	15	烂果率 /%	6.7
第一分枝长 /cm	54	果仁数 / 粒	2	百果重 /g	133.2
收获期主茎青叶数 / 片	11	饱果率 /%	100	百仁重 /g	100.0
总分枝 / 条	8	秕果率 /%	0	出仁率 /%	75.1

营养成分					
蛋白质含量 /%	26.36	粗脂肪含量 /%	49.26	氨基酸总含量 /%	24.48
油酸含量 /%	27.93	亚油酸含量 /%	47.83	油酸含量 / 亚油酸含量	0.58
硬脂酸含量 /%	1.22	花生酸含量 /%	0.78	二十四烷酸含量 /%	1.79
棕榈酸含量 /%	12.57	苏氨酸（Thr）含量 /%	0.77	缬氨酸（Val）含量 /%	1.04
赖氨酸（Lys）含量 /%	0.64	山嵛酸含量 /%	3.50	异亮氨酸（Ile）含量 /%	0.72
亮氨酸（Leu）含量 /%	1.65	苯丙氨酸（Phe）含量 /%	1.33	组氨酸（His）含量 /%	0.92
精氨酸（Arg）含量 /%	2.86	脯氨酸（Pro）含量 /%	1.51	蛋氨酸（Met）含量 /%	0.27

ICGV92187

种质库编号 GH01403

来源：印度

科名：豆科（Leguminosae） | 属名：落花生属（*Arachis* L.）
类型：珍珠豆型 | 观测地：广州市白云区 | 生长习性：直立
倍性：异源四倍体 | 观测时间：2015 年 6 月 | 开花习性：连续开花
保存单位：广东省农业科学院作物研究所

●特征特性

植株长势一般，直立生长，中等高度，分枝数一般，收获期落叶性一般，田间表现为高抗锈病和高抗叶斑病。

叶片中等大小，叶绿色，呈长椭圆形。

荚果曲棍型，中间缢缩极弱，果嘴明显，表面质地中等，果脊中等。种仁呈圆柱形。种皮为粉红色，无裂纹。

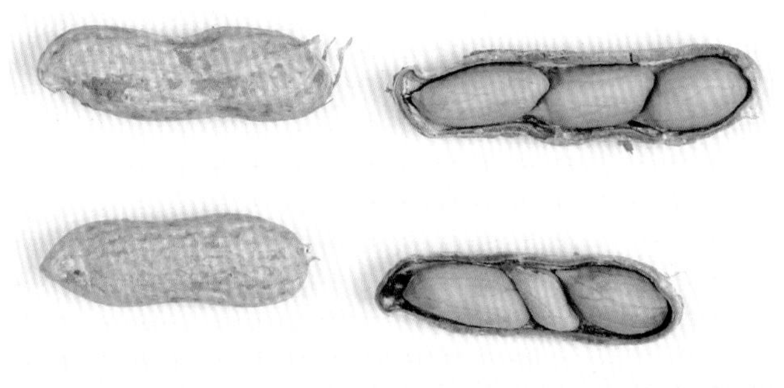

单株农艺性状					
主茎高 /cm	52	结荚数 / 个	35	烂果率 /%	0
第一分枝长 /cm	61	果仁数 / 粒	3	百果重 /g	139.6
收获期主茎青叶数 / 片	12	饱果率 /%	97.1	百仁重 /g	100.8
总分枝 / 条	9	秕果率 /%	2.9	出仁率 /%	72.2

营养成分					
蛋白质含量 /%	26.63	粗脂肪含量 /%	51.7	氨基酸总含量 /%	24.66
油酸含量 /%	36.01	亚油酸含量 /%	42.53	油酸含量 / 亚油酸含量	0.85
硬脂酸含量 /%	1.68	花生酸含量 /%	0.94	二十四烷酸含量 /%	2.11
棕榈酸含量 /%	11.37	苏氨酸（Thr）含量 /%	0.80	缬氨酸（Val）含量 /%	0.98
赖氨酸（Lys）含量 /%	0.95	山嵛酸含量 /%	4.16	异亮氨酸（Ile）含量 /%	0.74
亮氨酸（Leu）含量 /%	1.68	苯丙氨酸（Phe）含量 /%	1.32	组氨酸（His）含量 /%	0.84
精氨酸（Arg）含量 /%	2.89	脯氨酸（Pro）含量 /%	1.45	蛋氨酸（Met）含量 /%	0.27

ICGV86388

种质库编号
GH01404

来源：印度

科名：豆科（Leguminosae）｜属名：落花生属（*Arachis* L.）

类型：珍珠豆型｜观测地：广州市白云区｜生长习性：直立

倍性：异源四倍体｜观测时间：2015 年 6 月｜开花习性：连续开花

保存单位：广东省农业科学院作物研究所

●特征特性

植株长势一般，直立生长，中等高度，分枝数一般，收获期落叶性好，田间表现为中抗锈病和高抗叶斑病。

叶片中等大小，叶绿色，呈长椭圆形。

荚果茧型，中间缢缩极弱，无果嘴，表面质地中等，无果脊。种仁呈锥形。种皮为粉红色，有较多裂纹。

单株农艺性状

性状	数值	性状	数值	性状	数值
主茎高 /cm	65	结荚数 / 个	30	烂果率 /%	10.0
第一分枝长 /cm	75	果仁数 / 粒	2	百果重 /g	96.0
收获期主茎青叶数 / 片	9	饱果率 /%	96.7	百仁重 /g	70.4
总分枝 / 条	8	秕果率 /%	3.3	出仁率 /%	73.3

营养成分

成分	数值	成分	数值	成分	数值
蛋白质含量 /%	21.44	粗脂肪含量 /%	52.11	氨基酸总含量 /%	20.40
油酸含量 /%	38.95	亚油酸含量 /%	38.10	油酸含量 / 亚油酸含量	1.02
硬脂酸含量 /%	1.87	花生酸含量 /%	0.97	二十四烷酸含量 /%	1.80
棕榈酸含量 /%	11.14	苏氨酸（Thr）含量 /%	0.72	缬氨酸（Val）含量 /%	0.92
赖氨酸（Lys）含量 /%	0.70	山嵛酸含量 /%	3.35	异亮氨酸（Ile）含量 /%	0.59
亮氨酸（Leu）含量 /%	1.38	苯丙氨酸（Phe）含量 /%	1.11	组氨酸（His）含量 /%	0.79
精氨酸（Arg）含量 /%	2.21	脯氨酸（Pro）含量 /%	1.31	蛋氨酸（Met）含量 /%	0.25

ICGV94326

种质库编号
GH01405

来源：印度

科名：豆科（Leguminosae）｜属名：落花生属（*Arachis* L.）
类型：珍珠豆型｜观测地：广州市白云区｜生长习性：直立
倍性：异源四倍体｜观测时间：2015 年 6 月｜开花习性：连续开花
保存单位：广东省农业科学院作物研究所

●特征特性

植株长势一般，直立生长，中等高度，分枝数少，收获期不落叶，田间表现为中抗锈病和中抗叶斑病。

叶片中等大小，叶绿色，呈长椭圆形。

荚果串珠型，中间缢缩较弱，果嘴不明显，表面质地粗糙，无果脊。种仁呈圆柱形。种皮为粉红色，无裂纹。

单株农艺性状					
主茎高 /cm	46	结荚数 / 个	27	烂果率 /%	0
第一分枝长 /cm	68	果仁数 / 粒	2	百果重 /g	109.2
收获期主茎青叶数 / 片	17	饱果率 /%	96.3	百仁重 /g	85.6
总分枝 / 条	5	秕果率 /%	3.7	出仁率 /%	78.4

营养成分					
蛋白质含量 /%	24.81	粗脂肪含量 /%	53.23	氨基酸总含量 /%	23.29
油酸含量 /%	38.95	亚油酸含量 /%	38.68	油酸含量 / 亚油酸含量	1.01
硬脂酸含量 /%	0.59	花生酸含量 /%	0.66	二十四烷酸含量 /%	2.05
棕榈酸含量 /%	10.96	苏氨酸（Thr）含量 /%	0.84	缬氨酸（Val）含量 /%	1.05
赖氨酸（Lys）含量 /%	0.44	山嵛酸含量 /%	3.58	异亮氨酸（Ile）含量 /%	0.69
亮氨酸（Leu）含量 /%	1.58	苯丙氨酸（Phe）含量 /%	1.25	组氨酸（His）含量 /%	0.89
精氨酸（Arg）含量 /%	2.62	脯氨酸（Pro）含量 /%	1.56	蛋氨酸（Met）含量 /%	0.25

ICGV95374

种质库编号
GH01406

来源：印度

科名：豆科（Leguminosae）　属名：落花生属（*Arachis* L.）
类型：珍珠豆型　观测地：广州市白云区　生长习性：半蔓生
倍性：异源四倍体　观测时间：2015 年 6 月　开花习性：连续开花
保存单位：广东省农业科学院作物研究所

●特征特性

植株长势一般，半蔓生生长，中等高度，分枝数少，收获期落叶性一般，田间表现为高抗锈病和高抗叶斑病。

叶片中等大小，叶绿色，呈长椭圆形。

荚果普通型，中间缢缩极弱，无果嘴，表面质地中等，无果脊。种仁呈圆柱形。种皮为粉红色，有少量裂纹。

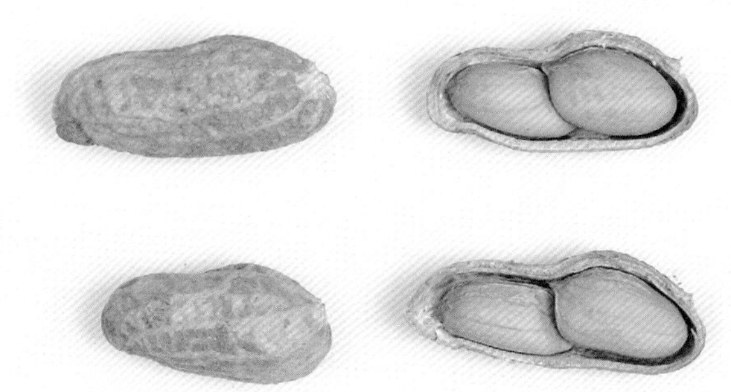

单株农艺性状					
主茎高 /cm	53	结荚数 / 个	18	烂果率 /%	5.6
第一分枝长 /cm	58	果仁数 / 粒	2	百果重 /g	124.8
收获期主茎青叶数 / 片	11	饱果率 /%	94.4	百仁重 /g	90.4
总分枝 / 条	5	秕果率 /%	5.6	出仁率 /%	72.4

营养成分					
蛋白质含量 /%	24.86	粗脂肪含量 /%	52.98	氨基酸总含量 /%	23.35
油酸含量 /%	39.30	亚油酸含量 /%	38.36	油酸含量 / 亚油酸含量	1.02
硬脂酸含量 /%	0.38	花生酸含量 /%	0.65	二十四烷酸含量 /%	1.48
棕榈酸含量 /%	11.25	苏氨酸（Thr）含量 /%	0.92	缬氨酸（Val）含量 /%	1.09
赖氨酸（Lys）含量 /%	0.56	山嵛酸含量 /%	1.97	异亮氨酸（Ile）含量 /%	0.68
亮氨酸（Leu）含量 /%	1.58	苯丙氨酸（Phe）含量 /%	1.25	组氨酸（His）含量 /%	0.89
精氨酸（Arg）含量 /%	2.57	脯氨酸（Pro）含量 /%	1.49	蛋氨酸（Met）含量 /%	0.25

ICGV94256

种质库编号 GH01407

来源：印度

科名：豆科（Leguminosae） | 属名：落花生属（*Arachis* L.）
类型：珍珠豆型 | 观测地：广州市白云区 | 生长习性：直立
倍性：异源四倍体 | 观测时间：2015 年 6 月 | 开花习性：连续开花
保存单位：广东省农业科学院作物研究所

●特征特性

植株长势一般，直立生长，中等高度，分枝数一般，收获期落叶性一般，田间表现为中抗锈病和中抗叶斑病。

叶片中等大小，叶绿色，呈长椭圆形。

荚果普通型，中间缢缩中等，果嘴一般明显，表面质地粗糙，无果脊。种仁呈锥形。种皮为粉红色，无裂纹。

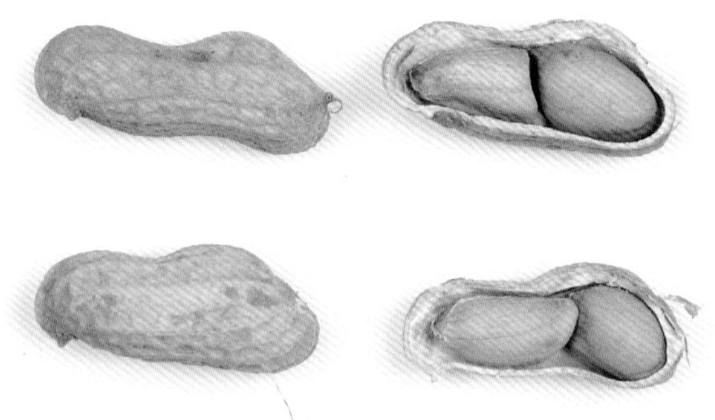

单株农艺性状					
主茎高 /cm	45	结荚数 / 个	28	烂果率 /%	0
第一分枝长 /cm	54	果仁数 / 粒	2	百果重 /g	120.8
收获期主茎青叶数 / 片	10	饱果率 /%	92.9	百仁重 /g	86.4
总分枝 / 条	9	秕果率 /%	7.1	出仁率 /%	71.5

营养成分					
蛋白质含量 /%	27.58	粗脂肪含量 /%	50.22	氨基酸总含量 /%	25.11
油酸含量 /%	39.92	亚油酸含量 /%	38.14	油酸含量 / 亚油酸含量	1.05
硬脂酸含量 /%	2.51	花生酸含量 /%	1.25	二十四烷酸含量 /%	1.25
棕榈酸含量 /%	10.70	苏氨酸（Thr）含量 /%	0.74	缬氨酸（Val）含量 /%	1.11
赖氨酸（Lys）含量 /%	0.91	山嵛酸含量 /%	2.40	异亮氨酸（Ile）含量 /%	0.75
亮氨酸（Leu）含量 /%	1.70	苯丙氨酸（Phe）含量 /%	1.35	组氨酸（His）含量 /%	0.84
精氨酸（Arg）含量 /%	2.93	脯氨酸（Pro）含量 /%	1.00	蛋氨酸（Met）含量 /%	0.27

ICGV95299

种质库编号 GH01408

来源：印度

科名：豆科（Leguminosae）｜属名：落花生属（*Arachis* L.）
类型：珍珠豆型｜观测地：广州市白云区｜生长习性：蔓生
倍性：异源四倍体｜观测时间：2015 年 6 月｜开花习性：连续开花
保存单位：广东省农业科学院作物研究所

●特征特性

植株长势一般，蔓生生长，中等高度，分枝数一般，收获期落叶性一般，田间表现为高抗锈病和高抗叶斑病。

叶片中等大小，叶绿色，呈长椭圆形。

荚果斧头型，中间缢缩强，果嘴明显，表面质地中等，无果脊。种仁呈圆柱形。种皮为粉红色，无裂纹。

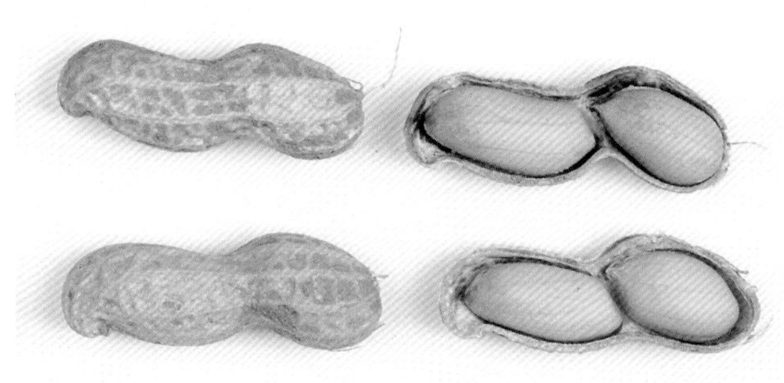

单株农艺性状					
主茎高 /cm	55	结荚数 / 个	30	烂果率 /%	0
第一分枝长 /cm	61	果仁数 / 粒	2	百果重 /g	130.8
收获期主茎青叶数 / 片	12	饱果率 /%	96.7	百仁重 /g	97.2
总分枝 / 条	9	秕果率 /%	3.3	出仁率 /%	74.3

营养成分					
蛋白质含量 /%	24.37	粗脂肪含量 /%	51.54	氨基酸总含量 /%	22.86
油酸含量 /%	42.93	亚油酸含量 /%	35.91	油酸含量 / 亚油酸含量	1.20
硬脂酸含量 /%	0.44	花生酸含量 /%	0.63	二十四烷酸含量 /%	2.39
棕榈酸含量 /%	10.59	苏氨酸（Thr）含量 /%	0.85	缬氨酸（Val）含量 /%	1.06
赖氨酸（Lys）含量 /%	0.50	山嵛酸含量 /%	4.21	异亮氨酸（Ile）含量 /%	0.66
亮氨酸（Leu）含量 /%	1.54	苯丙氨酸（Phe）含量 /%	1.23	组氨酸（His）含量 /%	0.90
精氨酸（Arg）含量 /%	2.51	脯氨酸（Pro）含量 /%	1.55	蛋氨酸（Met）含量 /%	0.23

ICGV95050

种质库编号 GH01412

来源：印度

科名：豆科（Leguminosae） | 属名：落花生属（*Arachis* L.）
类型：珍珠豆型 | 观测地：广州市白云区 | 生长习性：直立
倍性：异源四倍体 | 观测时间：2015 年 6 月 | 开花习性：连续开花
保存单位：广东省农业科学院作物研究所

● **特征特性**

植株长势一般，直立生长，植株较矮，分枝数一般，收获期落叶性一般，田间表现为中抗锈病和中抗叶斑病。

叶片中等大小，叶色淡绿，呈长椭圆形。

荚果茧型，中间无缢缩，无果嘴，表面质地中等，无果脊。种仁呈圆柱形。种皮为粉红色，无裂纹。

5 cm

单株农艺性状					
主茎高 /cm	36	结荚数 / 个	37	烂果率 /%	2.7
第一分枝长 /cm	46	果仁数 / 粒	2	百果重 /g	134.0
收获期主茎青叶数 / 片	13	饱果率 /%	91.9	百仁重 /g	89.2
总分枝 / 条	7	秕果率 /%	8.1	出仁率 /%	66.6

营养成分					
蛋白质含量 /%	26.73	粗脂肪含量 /%	49.84	氨基酸总含量 /%	24.56
油酸含量 /%	43.06	亚油酸含量 /%	36.64	油酸含量 / 亚油酸含量	1.18
硬脂酸含量 /%	0.95	花生酸含量 /%	0.87	二十四烷酸含量 /%	2.52
棕榈酸含量 /%	10.06	苏氨酸（Thr）含量 /%	0.80	缬氨酸（Val）含量 /%	1.11
赖氨酸（Lys）含量 /%	0.72	山嵛酸含量 /%	3.81	异亮氨酸（Ile）含量 /%	0.72
亮氨酸（Leu）含量 /%	1.65	苯丙氨酸（Phe）含量 /%	1.32	组氨酸（His）含量 /%	0.89
精氨酸（Arg）含量 /%	2.80	脯氨酸（Pro）含量 /%	1.18	蛋氨酸（Met）含量 /%	0.25

EF279

种质库编号 GH01413

来源：印度

科名：豆科（Leguminosae）｜属名：落花生属（*Arachis* L.）
类型：珍珠豆型｜观测地：广州市白云区｜生长习性：蔓生
倍性：异源四倍体｜观测时间：2015 年 6 月｜开花习性：连续开花
保存单位：广东省农业科学院作物研究所

●特征特性

植株长势一般，蔓生生长，植株较高，分枝数一般，收获期落叶性一般，田间表现为中抗锈病和中抗叶斑病。

叶片中等大小，叶绿色，呈长椭圆形。

荚果普通型，中间缢缩弱，果嘴不明显，表面质地中等，无果脊。种仁呈圆柱形。种皮为粉红色，无裂纹。

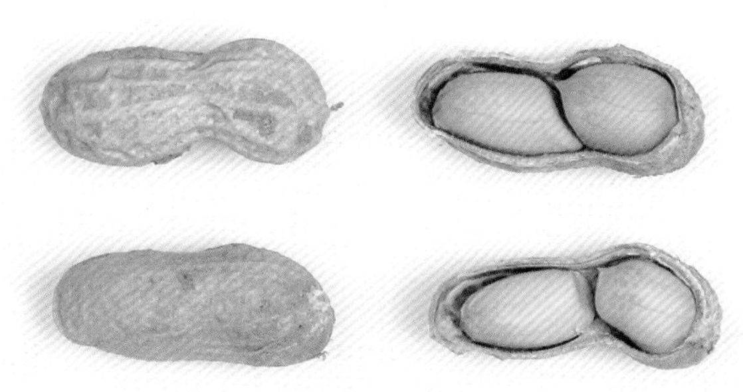

单株农艺性状

性状	数值	性状	数值	性状	数值
主茎高 /cm	73	结荚数 / 个	22	烂果率 /%	36.4
第一分枝长 /cm	76	果仁数 / 粒	2	百果重 /g	103.6
收获期主茎青叶数 / 片	12	饱果率 /%	100	百仁重 /g	73.2
总分枝 / 条	10	秕果率 /%	0	出仁率 /%	70.7

营养成分

成分	数值	成分	数值	成分	数值
蛋白质含量 /%	25.95	粗脂肪含量 /%	48.82	氨基酸总含量 /%	23.90
油酸含量 /%	39.70	亚油酸含量 /%	37.78	油酸含量 / 亚油酸含量	1.05
硬脂酸含量 /%	2.50	花生酸含量 /%	1.08	二十四烷酸含量 /%	1.37
棕榈酸含量 /%	10.96	苏氨酸（Thr）含量 /%	0.66	缬氨酸（Val）含量 /%	0.95
赖氨酸（Lys）含量 /%	0.92	山嵛酸含量 /%	3.19	异亮氨酸（Ile）含量 /%	0.72
亮氨酸（Leu）含量 /%	1.62	苯丙氨酸（Phe）含量 /%	1.30	组氨酸（His）含量 /%	0.82
精氨酸（Arg）含量 /%	2.79	脯氨酸（Pro）含量 /%	1.16	蛋氨酸（Met）含量 /%	0.26

EF93

种质库编号 GH01415

来源：印度

科名：豆科（Leguminosae） | 属名：落花生属（*Arachis* L.）
类型：珍珠豆型 | 观测地：广州市白云区 | 生长习性：直立
倍性：异源四倍体 | 观测时间：2015 年 6 月 | 开花习性：连续开花
保存单位：广东省农业科学院作物研究所

●**特征特性**

植株长势一般，直立生长，中等高度，分枝数少，收获期落叶性好，田间表现为中抗锈病和中抗叶斑病。

叶片中等大小，叶色淡绿，呈长椭圆形。

荚果葫芦型，中间缢缩明显，果嘴一般明显，表面质地光滑，无果脊。种仁呈圆柱形。种皮为粉红色，有少量裂纹。

5 cm

单株农艺性状					
主茎高 /cm	46	结荚数 / 个	20	烂果率 /%	5.0
第一分枝长 /cm	52	果仁数 / 粒	2	百果重 /g	111.6
收获期主茎青叶数 / 片	6	饱果率 /%	95.0	百仁重 /g	76.4
总分枝 / 条	6	秕果率 /%	5.0	出仁率 /%	68.5

营养成分					
蛋白质含量 /%	25.49	粗脂肪含量 /%	50.40	氨基酸总含量 /%	23.94
油酸含量 /%	40.35	亚油酸含量 /%	37.23	油酸含量 / 亚油酸含量	1.08
硬脂酸含量 /%	0.44	花生酸含量 /%	0.67	二十四烷酸含量 /%	2.56
棕榈酸含量 /%	10.64	苏氨酸（Thr）含量 /%	0.72	缬氨酸（Val）含量 /%	1.03
赖氨酸（Lys）含量 /%	0.07	山嵛酸含量 /%	4.43	异亮氨酸（Ile）含量 /%	0.69
亮氨酸（Leu）含量 /%	1.61	苯丙氨酸（Phe）含量 /%	1.30	组氨酸（His）含量 /%	0.95
精氨酸（Arg）含量 /%	2.67	脯氨酸（Pro）含量 /%	1.64	蛋氨酸（Met）含量 /%	0.24

EF911

种质库编号 GH01416

来源：印度

科名：豆科（Leguminosae） | 属名：落花生属（*Arachis* L.）
类型：珍珠豆型 | 观测地：广州市白云区 | 生长习性：半蔓生
倍性：异源四倍体 | 观测时间：2015 年 6 月 | 开花习性：连续开花
保存单位：广东省农业科学院作物研究所

●特征特性

植株长势一般，半蔓生生长，中等高度，分枝数一般，收获期落叶性一般，田间表现为中抗锈病和中抗叶斑病。

叶片中等大小，叶绿色，呈长椭圆形。

荚果茧型，中间缢缩极弱，无果嘴，表面质地光滑，无果脊。种仁呈球形。种皮为粉红色，无裂纹。

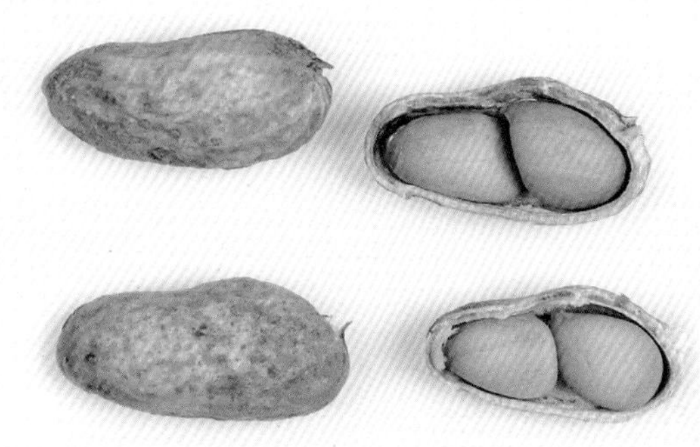

单株农艺性状					
主茎高 /cm	62	结荚数 / 个	12	烂果率 /%	41.7
第一分枝长 /cm	64	果仁数 / 粒	2	百果重 /g	122.4
收获期主茎青叶数 / 片	11	饱果率 /%	100	百仁重 /g	88.8
总分枝 / 条	7	秕果率 /%	0	出仁率 /%	72.5

营养成分					
蛋白质含量 /%	23.60	粗脂肪含量 /%	52.76	氨基酸总含量 /%	21.87
油酸含量 /%	37.28	亚油酸含量 /%	39.89	油酸含量 / 亚油酸含量	0.93
硬脂酸含量 /%	2.50	花生酸含量 /%	1.16	二十四烷酸含量 /%	1.24
棕榈酸含量 /%	11.26	苏氨酸（Thr）含量 /%	0.67	缬氨酸（Val）含量 /%	0.89
赖氨酸（Lys）含量 /%	0.91	山嵛酸含量 /%	2.89	异亮氨酸（Ile）含量 /%	0.66
亮氨酸（Leu）含量 /%	1.49	苯丙氨酸（Phe）含量 /%	1.19	组氨酸（His）含量 /%	0.75
精氨酸（Arg）含量 /%	2.52	脯氨酸（Pro）含量 /%	1.04	蛋氨酸（Met）含量 /%	0.25

ICGV94433

种质库编号
GH01417

来源：印度

科名：豆科（Leguminosae） | 属名：落花生属（*Arachis* L.）
类型：珍珠豆型 | 观测地：广州市白云区 | 生长习性：直立
倍性：异源四倍体 | 观测时间：2015 年 6 月 | 开花习性：连续开花
保存单位：广东省农业科学院作物研究所

●特征特性

植株长势一般，直立生长，中等高度，分枝数少，收获期不落叶，田间表现为高抗锈病和高抗叶斑病。

叶片中等大小，叶色淡绿，呈长椭圆形。

荚果串珠型，中间缢缩极弱，果嘴不明显，表面质地中等，果脊中等。种仁呈圆柱形。种皮为红色，无裂纹。

单株农艺性状					
主茎高 /cm	50	结荚数 / 个	43	烂果率 /%	4.7
第一分枝长 /cm	81	果仁数 / 粒	3	百果重 /g	121.2
收获期主茎青叶数 / 片	16	饱果率 /%	90.7	百仁重 /g	80.4
总分枝 / 条	4	秕果率 /%	9.3	出仁率 /%	66.3

营养成分					
蛋白质含量 /%	23.90	粗脂肪含量 /%	49.88	氨基酸总含量 /%	22.53
油酸含量 /%	37.04	亚油酸含量 /%	40.67	油酸含量 / 亚油酸含量	0.91
硬脂酸含量 /%	0.73	花生酸含量 /%	0.66	二十四烷酸含量 /%	2.20
棕榈酸含量 /%	11.55	苏氨酸（Thr）含量 /%	0.80	缬氨酸（Val）含量 /%	1.05
赖氨酸（Lys）含量 /%	0.50	山嵛酸含量 /%	4.04	异亮氨酸（Ile）含量 /%	0.65
亮氨酸（Leu）含量 /%	1.51	苯丙氨酸（Phe）含量 /%	1.22	组氨酸（His）含量 /%	0.89
精氨酸（Arg）含量 /%	2.47	脯氨酸（Pro）含量 /%	1.53	蛋氨酸（Met）含量 /%	0.24

ICGV94373

种质库编号
GH01434

来源：印度

科名：豆科（Leguminosae） | 属名：落花生属（*Arachis* L.）
类型：珍珠豆型 | 观测地：广州市白云区 | 生长习性：直立
倍性：异源四倍体 | 观测时间：2015 年 6 月 | 开花习性：连续开花
保存单位：广东省农业科学院作物研究所

●特征特性

植株长势一般，直立生长，中等高度，分枝数少，收获期不落叶，田间表现为高抗锈病和高抗叶斑病。

叶片中等大小，叶绿色，呈长椭圆形。

荚果串珠型，中间缢缩极弱，果嘴不明显，表面质地中等，果脊中等。种仁呈圆柱形。种皮为淡褐色，无裂纹。

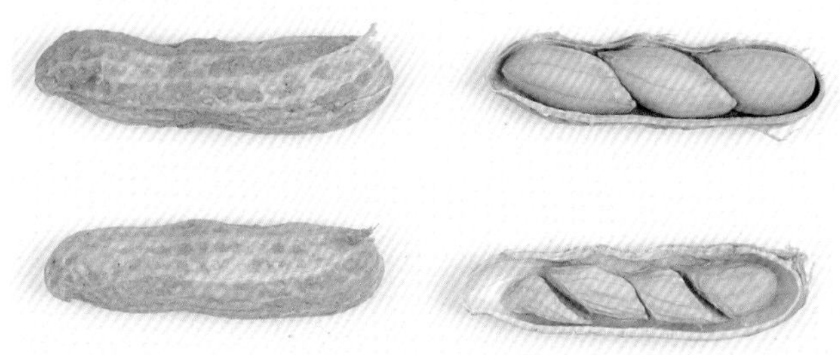

单株农艺性状

主茎高 /cm	57	结荚数 / 个	36	烂果率 /%	0
第一分枝长 /cm	82	果仁数 / 粒	3~4	百果重 /g	128.8
收获期主茎青叶数 / 片	17	饱果率 /%	83.3	百仁重 /g	100.0
总分枝 / 条	5	秕果率 /%	16.7	出仁率 /%	77.6

营养成分

蛋白质含量 /%	25.31	粗脂肪含量 /%	52.30	氨基酸总含量 /%	23.56
油酸含量 /%	43.78	亚油酸含量 /%	34.08	油酸含量 / 亚油酸含量	1.28
硬脂酸含量 /%	1.44	花生酸含量 /%	0.85	二十四烷酸含量 /%	2.14
棕榈酸含量 /%	10.62	苏氨酸（Thr）含量 /%	0.73	缬氨酸（Val）含量 /%	0.99
赖氨酸（Lys）含量 /%	0.57	山嵛酸含量 /%	4.21	异亮氨酸（Ile）含量 /%	0.71
亮氨酸（Leu）含量 /%	1.61	苯丙氨酸（Phe）含量 /%	1.27	组氨酸（His）含量 /%	0.85
精氨酸（Arg）含量 /%	2.69	脯氨酸（Pro）含量 /%	1.42	蛋氨酸（Met）含量 /%	0.25

ICGV92209

种质库编号
GH01436

来源：印度

科名：豆科（Leguminosae） | 属名：落花生属（*Arachis* L.）
类型：珍珠豆型 | 观测地：广州市白云区 | 生长习性：蔓生
倍性：异源四倍体 | 观测时间：2015 年 6 月 | 开花习性：连续开花
保存单位：广东省农业科学院作物研究所

●特征特性

植株长势一般，蔓生生长，中等高度，分枝数一般，收获期落叶性一般，田间表现为中抗锈病和中抗叶斑病。

叶片中等大小，叶色淡绿，呈长椭圆形。

荚果葫芦型，中间缢缩明显，果嘴明显，表面质地中等，无果脊。种仁呈圆柱形。种皮为粉红色，无裂纹。

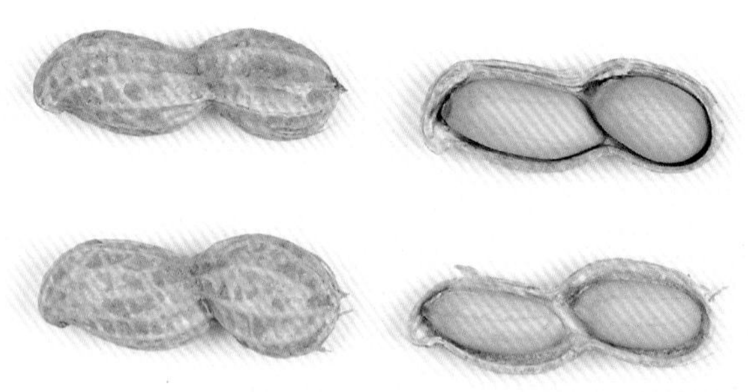

单株农艺性状					
主茎高 /cm	70	结荚数 / 个	22	烂果率 /%	0
第一分枝长 /cm	85	果仁数 / 粒	2	百果重 /g	108.8
收获期主茎青叶数 / 片	14	饱果率 /%	90.9	百仁重 /g	83.6
总分枝 / 条	7	秕果率 /%	9.1	出仁率 /%	76.8

营养成分					
蛋白质含量 /%	25.82	粗脂肪含量 /%	50.17	氨基酸总含量 /%	24.37
油酸含量 /%	41.73	亚油酸含量 /%	35.86	油酸含量 / 亚油酸含量	1.16
硬脂酸含量 /%	0.33	花生酸含量 /%	0.54	二十四烷酸含量 /%	1.75
棕榈酸含量 /%	10.50	苏氨酸（Thr）含量 /%	0.82	缬氨酸（Val）含量 /%	1.05
赖氨酸（Lys）含量 /%	0.76	山嵛酸含量 /%	3.23	异亮氨酸（Ile）含量 /%	0.71
亮氨酸（Leu）含量 /%	1.64	苯丙氨酸（Phe）含量 /%	1.32	组氨酸（His）含量 /%	0.97
精氨酸（Arg）含量 /%	2.71	脯氨酸（Pro）含量 /%	1.71	蛋氨酸（Met）含量 /%	0.26

ICGV91146

种质库编号 GH01437

来源：印度

科名：豆科（Leguminosae）｜属名：落花生属（*Arachis* L.）
类型：珍珠豆型｜观测地：广州市白云区｜生长习性：直立
倍性：异源四倍体｜观测时间：2015 年 6 月｜开花习性：连续开花
保存单位：广东省农业科学院作物研究所

●特征特性

植株长势一般，直立生长，中等高度，分枝数少，收获期落叶性一般，田间表现为高抗锈病和高抗叶斑病。

叶片中等大小，叶绿色，呈长椭圆形。

荚果普通型，中间缢缩极弱，果嘴一般明显，表面质地中等，无果脊。种仁呈圆柱形。种皮为粉红色，无裂纹。

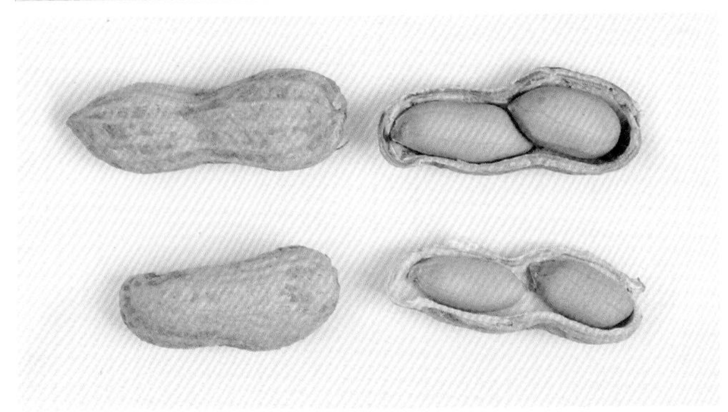

单株农艺性状

性状	数值	性状	数值	性状	数值
主茎高 /cm	49	结荚数 / 个	12	烂果率 /%	0
第一分枝长 /cm	64	果仁数 / 粒	2	百果重 /g	128.8
收获期主茎青叶数 / 片	11	饱果率 /%	100	百仁重 /g	93.2
总分枝 / 条	6	秕果率 /%	0	出仁率 /%	72.4

营养成分

成分	数值	成分	数值	成分	数值
蛋白质含量 /%	26.82	粗脂肪含量 /%	48.35	氨基酸总含量 /%	25.07
油酸含量 /%	28.02	亚油酸含量 /%	48.40	油酸含量 / 亚油酸含量	0.58
硬脂酸含量 /%	0.48	花生酸含量 /%	0.61	二十四烷酸含量 /%	2.18
棕榈酸含量 /%	12.55	苏氨酸（Thr）含量 /%	0.77	缬氨酸（Val）含量 /%	1.07
赖氨酸（Lys）含量 /%	0.49	山嵛酸含量 /%	3.90	异亮氨酸（Ile）含量 /%	0.72
亮氨酸（Leu）含量 /%	1.68	苯丙氨酸（Phe）含量 /%	1.36	组氨酸（His）含量 /%	0.97
精氨酸（Arg）含量 /%	2.88	脯氨酸（Pro）含量 /%	1.68	蛋氨酸（Met）含量 /%	0.27

ICGV3046

种质库编号
GH01443

来源：印度

科名：豆科（Leguminosae） | 属名：落花生属（*Arachis* L.）
类型：珍珠豆型 | 观测地：广州市白云区 | 生长习性：直立
倍性：异源四倍体 | 观测时间：2015 年 6 月 | 开花习性：连续开花
保存单位：广东省农业科学院作物研究所

●**特征特性**

植株长势一般，直立生长，中等高度，分枝数一般，收获期基本不落叶，田间表现为中抗锈病和中抗叶斑病。

叶片中等大小，叶绿色，呈长椭圆形。

荚果串珠型，中间缢缩极弱，果嘴不明显，表面质地中等，果脊明显。种仁呈圆柱形。种皮为粉红色，有少量裂纹。

单株农艺性状					
主茎高 /cm	50	结荚数 / 个	47	烂果率 /%	0
第一分枝长 /cm	80	果仁数 / 粒	3	百果重 /g	99.2
收获期主茎青叶数 / 片	17	饱果率 /%	91.5	百仁重 /g	70.8
总分枝 / 条	7	秕果率 /%	8.5	出仁率 /%	71.4

营养成分					
蛋白质含量 /%	26.12	粗脂肪含量 /%	53.29	氨基酸总含量 /%	24.08
油酸含量 /%	46.14	亚油酸含量 /%	32.39	油酸含量 / 亚油酸含量	1.42
硬脂酸含量 /%	1.92	花生酸含量 /%	1.01	二十四烷酸含量 /%	1.37
棕榈酸含量 /%	10.15	苏氨酸（Thr）含量 /%	0.72	缬氨酸（Val）含量 /%	0.93
赖氨酸（Lys）含量 /%	0.96	山嵛酸含量 /%	3.12	异亮氨酸（Ile）含量 /%	0.73
亮氨酸（Leu）含量 /%	1.65	苯丙氨酸（Phe）含量 /%	1.29	组氨酸（His）含量 /%	0.81
精氨酸（Arg）含量 /%	2.79	脯氨酸（Pro）含量 /%	1.23	蛋氨酸（Met）含量 /%	0.25

ICGV91265

种质库编号
GH01445

来源：印度

科名：豆科（Leguminosae） | 属名：落花生属（*Arachis* L.）

类型：珍珠豆型 | 观测地：广州市白云区 | 生长习性：半蔓生

倍性：异源四倍体 | 观测时间：2015 年 6 月 | 开花习性：连续开花

保存单位：广东省农业科学院作物研究所

●特征特性

植株长势一般，半蔓生生长，中等高度，分枝数一般，收获期落叶性一般，田间表现为高抗锈病和高抗叶斑病。

叶片较小，叶绿色，呈长椭圆形。

荚果普通型，中间缢缩极弱，果嘴不明显，表面质地中等，无果脊。种仁呈圆柱形。种皮为粉红色，无裂纹。

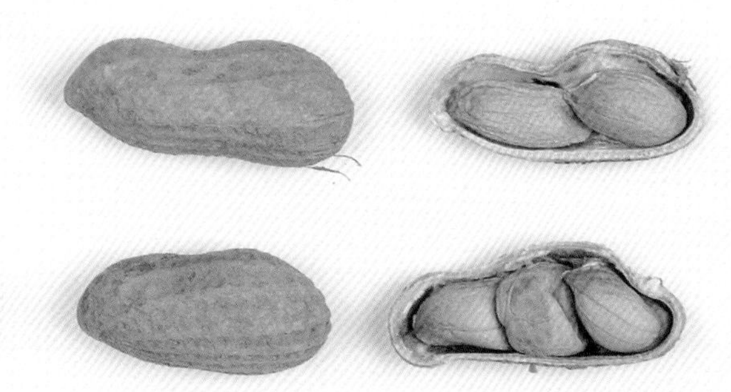

单株农艺性状

性状	数值	性状	数值	性状	数值
主茎高 /cm	41	结荚数 / 个	15	烂果率 /%	0
第一分枝长 /cm	53	果仁数 / 粒	2~3	百果重 /g	117.2
收获期主茎青叶数 / 片	12	饱果率 /%	86.7	百仁重 /g	83.2
总分枝 / 条	8	秕果率 /%	13.3	出仁率 /%	71.0

营养成分

成分	数值	成分	数值	成分	数值
蛋白质含量 /%	24.17	粗脂肪含量 /%	48.26	氨基酸总含量 /%	22.60
油酸含量 /%	31.83	亚油酸含量 /%	45.69	油酸含量 / 亚油酸含量	0.70
硬脂酸含量 /%	0.71	花生酸含量 /%	0.70	二十四烷酸含量 /%	2.06
棕榈酸含量 /%	11.93	苏氨酸（Thr）含量 /%	0.83	缬氨酸（Val）含量 /%	1.08
赖氨酸（Lys）含量 /%	0.63	山嵛酸含量 /%	2.96	异亮氨酸（Ile）含量 /%	0.65
亮氨酸（Leu）含量 /%	1.50	苯丙氨酸（Phe）含量 /%	1.22	组氨酸（His）含量 /%	0.85
精氨酸（Arg）含量 /%	2.52	脯氨酸（Pro）含量 /%	1.24	蛋氨酸（Met）含量 /%	0.28

FF783

种质库编号
GH01449

来源：印度

科名：豆科（Leguminosae） | 属名：落花生属（*Arachis* L.）
类型：珍珠豆型 | 观测地：广州市白云区 | 生长习性：直立
倍性：异源四倍体 | 观测时间：2015 年 6 月 | 开花习性：连续开花
保存单位：广东省农业科学院作物研究所

●特征特性

植株长势一般，直立生长，中等高度，分枝数一般，收获期落叶性好，田间表现为中抗锈病和高抗叶斑病。

叶片中等大小，叶绿色，呈长椭圆形。

荚果茧型，中间缢缩极弱，果嘴不明显，表面质地中等，无果脊。种仁呈圆柱形。种皮为粉红色，无裂纹。

单株农艺性状

性状	数值	性状	数值	性状	数值
主茎高 /cm	56	结荚数 / 个	32	烂果率 /%	0
第一分枝长 /cm	62	果仁数 / 粒	2	百果重 /g	80.8
收获期主茎青叶数 / 片	9	饱果率 /%	96.9	百仁重 /g	61.2
总分枝 / 条	11	秕果率 /%	3.1	出仁率 /%	75.7

营养成分

成分	数值	成分	数值	成分	数值
蛋白质含量 /%	26.25	粗脂肪含量 /%	50.27	氨基酸总含量 /%	24.18
油酸含量 /%	38.63	亚油酸含量 /%	39.30	油酸含量 / 亚油酸含量	0.98
硬脂酸含量 /%	2.14	花生酸含量 /%	1.07	二十四烷酸含量 /%	1.34
棕榈酸含量 /%	11.04	苏氨酸（Thr）含量 /%	0.71	缬氨酸（Val）含量 /%	0.93
赖氨酸（Lys）含量 /%	0.91	山嵛酸含量 /%	2.98	异亮氨酸（Ile）含量 /%	0.72
亮氨酸（Leu）含量 /%	1.64	苯丙氨酸（Phe）含量 /%	1.30	组氨酸（His）含量 /%	0.80
精氨酸（Arg）含量 /%	2.81	脯氨酸（Pro）含量 /%	1.14	蛋氨酸（Met）含量 /%	0.27

ICGV92268

种质库编号
GH01451

来源：印度

科名：豆科（Leguminosae）｜属名：落花生属（*Arachis* L.）
类型：珍珠豆型｜观测地：广州市白云区｜生长习性：半蔓生
倍性：异源四倍体｜观测时间：2015 年 6 月｜开花习性：连续开花
保存单位：广东省农业科学院作物研究所

●特征特性

植株长势一般，半蔓生生长，中等高度，分枝数一般，收获期落叶性一般，田间表现为中抗锈病和中抗叶斑病。

叶片中等大小，叶色深绿，呈长椭圆形。

荚果茧型，中间缢缩弱，果嘴明显，表面质地中等，无果脊。种仁呈圆柱形。种皮为粉红色，无裂纹。

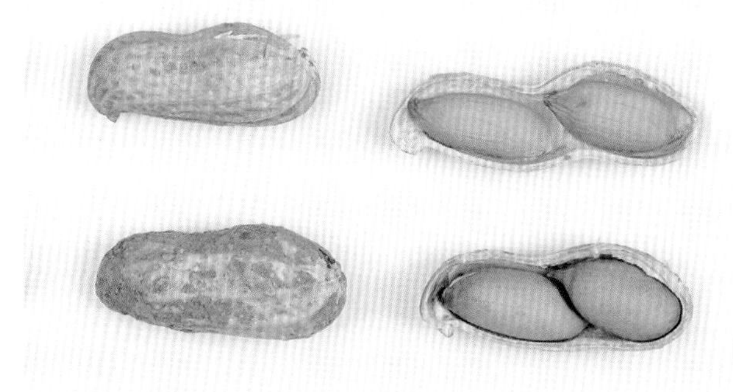

单株农艺性状

性状	值	性状	值	性状	值
主茎高 /cm	60	结荚数 / 个	27	烂果率 /%	14.8
第一分枝长 /cm	70	果仁数 / 粒	2	百果重 /g	98.4
收获期主茎青叶数 / 片	11	饱果率 /%	96.3	百仁重 /g	66.4
总分枝 / 条	9	秕果率 /%	3.7	出仁率 /%	67.5

营养成分

成分	值	成分	值	成分	值
蛋白质含量 /%	23.29	粗脂肪含量 /%	53.06	氨基酸总含量 /%	21.75
油酸含量 /%	39.94	亚油酸含量 /%	37.72	油酸含量 / 亚油酸含量	1.06
硬脂酸含量 /%	0.48	花生酸含量 /%	0.57	二十四烷酸含量 /%	2.14
棕榈酸含量 /%	11.20	苏氨酸（Thr）含量 /%	0.74	缬氨酸（Val）含量 /%	0.97
赖氨酸（Lys）含量 /%	0.68	山嵛酸含量 /%	3.38	异亮氨酸（Ile）含量 /%	0.64
亮氨酸（Leu）含量 /%	1.47	苯丙氨酸（Phe）含量 /%	1.17	组氨酸（His）含量 /%	0.83
精氨酸（Arg）含量 /%	2.40	脯氨酸（Pro）含量 /%	1.25	蛋氨酸（Met）含量 /%	0.24

ICGV91263

种质库编号
GH01453

来源：印度

科名：豆科（Leguminosae） | 属名：落花生属（*Arachis* L.）
类型：珍珠豆型 | 观测地：广州市白云区 | 生长习性：半蔓生
倍性：异源四倍体 | 观测时间：2015 年 6 月 | 开花习性：连续开花
保存单位：广东省农业科学院作物研究所

●特征特性

植株长势一般，半蔓生生长，中等高度，分枝数一般，收获期不落叶，田间表现为高抗锈病和高抗叶斑病。

叶片中等大小，叶色深绿，呈长椭圆形。

荚果茧型，中间缢缩极弱，无果嘴，表面质地粗糙，无果脊。种仁球形。种皮为浅褐色，有少量裂纹。

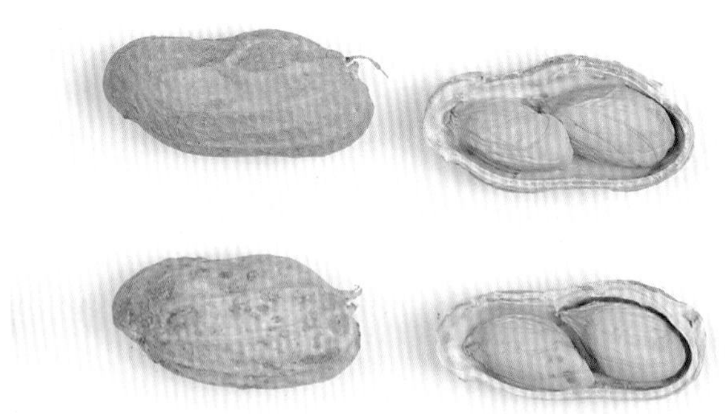

单株农艺性状

性状	值	性状	值	性状	值
主茎高 /cm	52	结荚数 / 个	13	烂果率 /%	0
第一分枝长 /cm	58	果仁数 / 粒	2	百果重 /g	107.2
收获期主茎青叶数 / 片	16	饱果率 /%	84.6	百仁重 /g	68.4
总分枝 / 条	8	秕果率 /%	15.4	出仁率 /%	63.8

营养成分

成分	值	成分	值	成分	值
蛋白质含量 /%	24.90	粗脂肪含量 /%	51.86	氨基酸总含量 /%	23.31
油酸含量 /%	30.69	亚油酸含量 /%	46.51	油酸含量 / 亚油酸含量	0.66
硬脂酸含量 /%	0.21	花生酸含量 /%	0.60	二十四烷酸含量 /%	2.06
棕榈酸含量 /%	12.39	苏氨酸（Thr）含量 /%	0.83	缬氨酸（Val）含量 /%	1.08
赖氨酸（Lys）含量 /%	0.76	山嵛酸含量 /%	2.88	异亮氨酸（Ile）含量 /%	0.67
亮氨酸（Leu）含量 /%	1.56	苯丙氨酸（Phe）含量 /%	1.24	组氨酸（His）含量 /%	0.88
精氨酸（Arg）含量 /%	2.60	脯氨酸（Pro）含量 /%	1.27	蛋氨酸（Met）含量 /%	0.28

ICGV92242

种质库编号 GH01457

来源：印度

科名：豆科（Leguminosae） | 属名：落花生属（*Arachis* L.）
类型：珍珠豆型 | 观测地：广州市白云区 | 生长习性：半蔓生
倍性：异源四倍体 | 观测时间：2015 年 6 月 | 开花习性：连续开花
保存单位：广东省农业科学院作物研究所

●**特征特性**

植株长势一般，半蔓生生长，植株较矮，分枝数少，收获期落叶性一般，田间表现为感锈病和感叶斑病。

叶片中等大小，叶色淡绿，呈长椭圆形。

荚果普通型，中间缢缩极弱，果嘴一般明显，表面质地粗糙，无果脊。种仁呈圆柱形。种皮为粉红色，无裂纹。

单株农艺性状

性状	值	性状	值	性状	值
主茎高 /cm	26	结荚数 / 个	13	烂果率 /%	0
第一分枝长 /cm	30	果仁数 / 粒	2	百果重 /g	88.4
收获期主茎青叶数 / 片	10	饱果率 /%	100	百仁重 /g	61.6
总分枝 / 条	4	秕果率 /%	0	出仁率 /%	69.7

营养成分

成分	值	成分	值	成分	值
蛋白质含量 /%	20.22	粗脂肪含量 /%	55.42	氨基酸总含量 /%	19.13
油酸含量 /%	44.02	亚油酸含量 /%	33.92	油酸含量 / 亚油酸含量	1.30
硬脂酸含量 /%	0.34	花生酸含量 /%	0.53	二十四烷酸含量 /%	2.00
棕榈酸含量 /%	10.31	苏氨酸（Thr）含量 /%	0.78	缬氨酸（Val）含量 /%	0.94
赖氨酸（Lys）含量 /%	0.74	山嵛酸含量 /%	3.44	异亮氨酸（Ile）含量 /%	0.57
亮氨酸（Leu）含量 /%	1.31	苯丙氨酸（Phe）含量 /%	1.04	组氨酸（His）含量 /%	0.79
精氨酸（Arg）含量 /%	2.02	脯氨酸（Pro）含量 /%	1.19	蛋氨酸（Met）含量 /%	0.21

ICGV90129

种质库编号
GH01462

来源：印度

科名：豆科（Leguminosae） | 属名：落花生属（*Arachis* L.）
类型：珍珠豆型 | 观测地：广州市白云区 | 生长习性：直立
倍性：异源四倍体 | 观测时间：2015 年 6 月 | 开花习性：连续开花
保存单位：广东省农业科学院作物研究所

●特征特性

植株长势旺盛，直立生长，中等高度，分枝数多，收获期落叶性一般，田间表现为高抗锈病和高抗叶斑病。

叶片中等大小，叶色深绿，呈长椭圆形。

荚果普通型，中间缢缩极弱，果嘴一般明显，表面质地中等，果脊中等。种仁呈锥形。种皮为粉红色，有较多裂纹。

单株农艺性状

性状	数值	性状	数值	性状	数值
主茎高 /cm	49	结荚数 / 个	28	烂果率 /%	0
第一分枝长 /cm	60	果仁数 / 粒	3	百果重 /g	135.6
收获期主茎青叶数 / 片	13	饱果率 /%	92.9	百仁重 /g	89.6
总分枝 / 条	11	秕果率 /%	7.1	出仁率 /%	66.1

营养成分

成分	数值	成分	数值	成分	数值
蛋白质含量 /%	23.96	粗脂肪含量 /%	49.16	氨基酸总含量 /%	22.62
油酸含量 /%	32.21	亚油酸含量 /%	43.95	油酸含量 / 亚油酸含量	0.73
硬脂酸含量 /%	0.76	花生酸含量 /%	0.73	二十四烷酸含量 /%	2.46
棕榈酸含量 /%	11.96	苏氨酸（Thr）含量 /%	0.79	缬氨酸（Val）含量 /%	1.07
赖氨酸（Lys）含量 /%	0.57	山嵛酸含量 /%	4.14	异亮氨酸（Ile）含量 /%	0.64
亮氨酸（Leu）含量 /%	1.50	苯丙氨酸（Phe）含量 /%	1.22	组氨酸（His）含量 /%	0.89
精氨酸（Arg）含量 /%	2.49	脯氨酸（Pro）含量 /%	1.43	蛋氨酸（Met）含量 /%	0.28

ICGV91117

种质库编号 GH01464

来源：印度

科名：豆科（Leguminosae）　属名：落花生属（*Arachis* L.）

类型：珍珠豆型　观测地：广州市白云区　生长习性：直立

倍性：异源四倍体　观测时间：2015 年 6 月　开花习性：连续开花

保存单位：广东省农业科学院作物研究所

●特征特性

植株长势一般，直立生长，中等高度，分枝数少，收获期落叶性一般，田间表现为中抗锈病和高抗叶斑病。

叶片中等大小，叶绿色，呈长椭圆形。

荚果茧型，中间缢缩极弱，果嘴不明显，表面质地中等，无果脊。种仁呈圆柱形。种皮为粉红色，无裂纹。

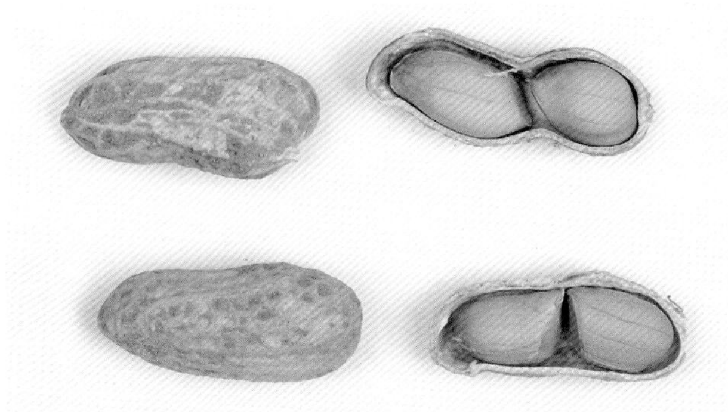

单株农艺性状

性状	值	性状	值	性状	值
主茎高 /cm	56	结荚数 / 个	33	烂果率 /%	3.0
第一分枝长 /cm	77	果仁数 / 粒	2	百果重 /g	128.4
收获期主茎青叶数 / 片	13	饱果率 /%	97.0	百仁重 /g	98.0
总分枝 / 条	4	秕果率 /%	3.0	出仁率 /%	76.3

营养成分

成分	值	成分	值	成分	值
蛋白质含量 /%	26.24	粗脂肪含量 /%	50.38	氨基酸总含量 /%	24.48
油酸含量 /%	36.53	亚油酸含量 /%	41.15	油酸含量 / 亚油酸含量	0.89
硬脂酸含量 /%	0.83	花生酸含量 /%	0.75	二十四烷酸含量 /%	2.40
棕榈酸含量 /%	11.49	苏氨酸（Thr）含量 /%	0.83	缬氨酸（Val）含量 /%	1.03
赖氨酸（Lys）含量 /%	1.06	山嵛酸含量 /%	4.49	异亮氨酸（Ile）含量 /%	0.71
亮氨酸（Leu）含量 /%	1.65	苯丙氨酸（Phe）含量 /%	1.32	组氨酸（His）含量 /%	0.92
精氨酸（Arg）含量 /%	2.77	脯氨酸（Pro）含量 /%	1.51	蛋氨酸（Met）含量 /%	0.26

ICGV91109

种质库编号 GH01465

来源：印度

科名：豆科（Leguminosae） | 属名：落花生属（*Arachis* L.）
类型：珍珠豆型 | 观测地：广州市白云区 | 生长习性：蔓生
倍性：异源四倍体 | 观测时间：2015 年 6 月 | 开花习性：连续开花
保存单位：广东省农业科学院作物研究所

●特征特性

植株长势一般，蔓生生长，植株较高，分枝数少，收获期不落叶，田间表现为中抗锈病和中抗叶斑病。

叶片中等大小，叶绿色，呈长椭圆形。

荚果普通型，中间缢缩弱，果嘴一般明显，表面质地中等，无果脊。种仁呈圆柱形。种皮为粉红色，无裂纹。

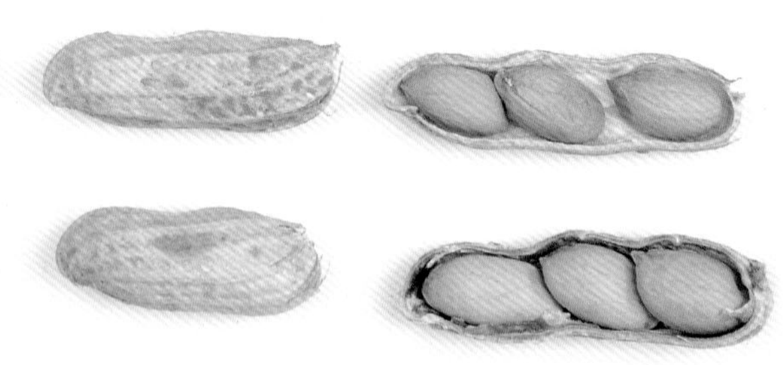

单株农艺性状

主茎高 /cm	71	结荚数 / 个	41	烂果率 /%	0
第一分枝长 /cm	56	果仁数 / 粒	3	百果重 /g	123.2
收获期主茎青叶数 / 片	16	饱果率 /%	97.6	百仁重 /g	89.6
总分枝 / 条	4	秕果率 /%	2.4	出仁率 /%	72.7

营养成分

蛋白质含量 /%	26.26	粗脂肪含量 /%	51.00	氨基酸总含量 /%	24.38
油酸含量 /%	39.06	亚油酸含量 /%	39.08	油酸含量 / 亚油酸含量	1.00
硬脂酸含量 /%	0.65	花生酸含量 /%	0.65	二十四烷酸含量 /%	2.67
棕榈酸含量 /%	11.27	苏氨酸（Thr）含量 /%	0.83	缬氨酸（Val）含量 /%	1.05
赖氨酸（Lys）含量 /%	0.70	山嵛酸含量 /%	4.85	异亮氨酸（Ile）含量 /%	0.72
亮氨酸（Leu）含量 /%	1.65	苯丙氨酸（Phe）含量 /%	1.31	组氨酸（His）含量 /%	0.89
精氨酸（Arg）含量 /%	2.78	脯氨酸（Pro）含量 /%	1.51	蛋氨酸（Met）含量 /%	0.26

ICGV307

种质库编号
GH01467

来源：印度

科名：豆科（Leguminosae） | 属名：落花生属（*Arachis* L.）
类型：珍珠豆型 | 观测地：广州市白云区 | 生长习性：直立
倍性：异源四倍体 | 观测时间：2015 年 6 月 | 开花习性：连续开花
保存单位：广东省农业科学院作物研究所

●特征特性

植株长势一般，直立生长，中等高度，分枝数一般，收获期落叶性一般，田间表现为中抗锈病和中抗叶斑病。

叶片中等大小，叶绿色，呈长椭圆形。

荚果串珠型，中间缢缩极弱，果嘴明显，表面质地中等，果脊明显。种仁呈圆柱形。种皮为粉红色，无裂纹。

单株农艺性状

主茎高 /cm	58	结荚数 / 个	15	烂果率 /%	33.3
第一分枝长 /cm	70	果仁数 / 粒	3	百果重 /g	100.0
收获期主茎青叶数 / 片	15	饱果率 /%	100	百仁重 /g	72.4
总分枝 / 条	9	秕果率 /%	0	出仁率 /%	72.4

营养成分

蛋白质含量 /%	25.82	粗脂肪含量 /%	49.45	氨基酸总含量 /%	23.91
油酸含量 /%	40.95	亚油酸含量 /%	36.50	油酸含量 / 亚油酸含量	1.12
硬脂酸含量 /%	1.83	花生酸含量 /%	0.94	二十四烷酸含量 /%	2.13
棕榈酸含量 /%	11.03	苏氨酸（Thr）含量 /%	0.76	缬氨酸（Val）含量 /%	1.03
赖氨酸（Lys）含量 /%	0.77	山嵛酸含量 /%	4.33	异亮氨酸（Ile）含量 /%	0.72
亮氨酸（Leu）含量 /%	1.62	苯丙氨酸（Phe）含量 /%	1.30	组氨酸（His）含量 /%	0.84
精氨酸（Arg）含量 /%	2.75	脯氨酸（Pro）含量 /%	1.31	蛋氨酸（Met）含量 /%	0.26

ICGV91228

种质库编号 GH01586

来源：印度

科名：豆科（Leguminosae） | 属名：落花生属（*Arachis* L.）
类型：珍珠豆型 | 观测地：广州市白云区 | 生长习性：直立
倍性：异源四倍体 | 观测时间：2015 年 6 月 | 开花习性：连续开花
保存单位：广东省农业科学院作物研究所

●特征特性

植株长势一般，直立生长，中等高度，分枝数一般，收获期落叶性一般，田间表现为高抗锈病和高抗叶斑病。

叶片中等大小，叶绿色，呈长椭圆形。

荚果曲棍型，中间缢缩弱，果嘴明显，表面质地粗糙，无果脊。种仁呈圆柱形。种皮为粉红色，有少量裂纹。

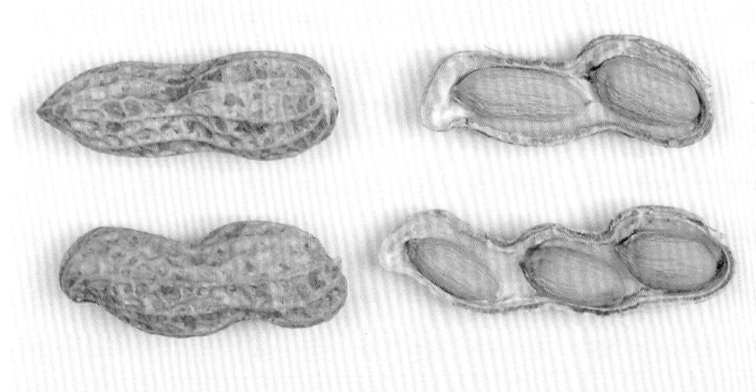

单株农艺性状					
主茎高 /cm	42	结荚数 / 个	45	烂果率 /%	0
第一分枝长 /cm	50	果仁数 / 粒	2~3	百果重 /g	174.4
收获期主茎青叶数 / 片	10	饱果率 /%	97.8	百仁重 /g	106.8
总分枝 / 条	9	秕果率 /%	2.2	出仁率 /%	61.2

营养成分					
蛋白质含量 /%	24.16	粗脂肪含量 /%	50.38	氨基酸总含量 /%	22.61
油酸含量 /%	35.80	亚油酸含量 /%	40.25	油酸含量 / 亚油酸含量	0.89
硬脂酸含量 /%	0.79	花生酸含量 /%	0.68	二十四烷酸含量 /%	2.27
棕榈酸含量 /%	11.05	苏氨酸（Thr）含量 /%	0.81	缬氨酸（Val）含量 /%	1.04
赖氨酸（Lys）含量 /%	0.99	山嵛酸含量 /%	3.87	异亮氨酸（Ile）含量 /%	0.65
亮氨酸（Leu）含量 /%	1.51	苯丙氨酸（Phe）含量 /%	1.23	组氨酸（His）含量 /%	0.90
精氨酸（Arg）含量 /%	2.50	脯氨酸（Pro）含量 /%	1.32	蛋氨酸（Met）含量 /%	0.25

ICGV94147

种质库编号
GH01604

来源：印度

科名：豆科（Leguminosae）　属名：落花生属（*Arachis* L.）

类型：珍珠豆型　观测地：广州市白云区　生长习性：直立

倍性：异源四倍体　观测时间：2015 年 6 月　开花习性：连续开花

保存单位：广东省农业科学院作物研究所

●特征特性

植株长势一般，直立生长，中等高度，分枝数一般，收获期落叶性一般，田间表现为中抗锈病和中抗叶斑病。

叶片中等大小，叶色淡绿，呈长椭圆形。

荚果普通型，中间缢缩极弱，果嘴不明显，表面质地中等，无果脊。种仁呈圆柱形。种皮为粉红色，有少量裂纹。

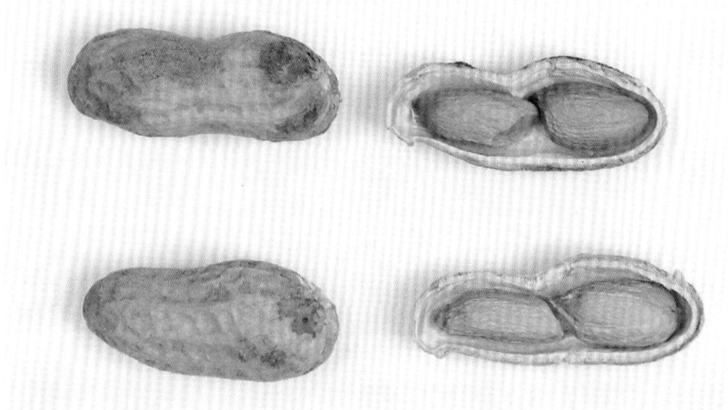

单株农艺性状					
主茎高 /cm	41	结荚数 / 个	8	烂果率 /%	37.5
第一分枝长 /cm	49	果仁数 / 粒	2	百果重 /g	94.0
收获期主茎青叶数 / 片	15	饱果率 /%	75.0	百仁重 /g	52.4
总分枝 / 条	7	秕果率 /%	25.0	出仁率 /%	55.7

营养成分					
蛋白质含量 /%	24.14	粗脂肪含量 /%	49.13	氨基酸总含量 /%	22.93
油酸含量 /%	38.99	亚油酸含量 /%	40.60	油酸含量 / 亚油酸含量	0.96
硬脂酸含量 /%	1.07	花生酸含量 /%	0.81	二十四烷酸含量 /%	2.23
棕榈酸含量 /%	10.81	苏氨酸（Thr）含量 /%	0.70	缬氨酸（Val）含量 /%	0.96
赖氨酸（Lys）含量 /%	0.70	山嵛酸含量 /%	3.59	异亮氨酸（Ile）含量 /%	0.65
亮氨酸（Leu）含量 /%	1.53	苯丙氨酸（Phe）含量 /%	1.24	组氨酸（His）含量 /%	0.89
精氨酸（Arg）含量 /%	2.52	脯氨酸（Pro）含量 /%	1.47	蛋氨酸（Met）含量 /%	0.28

ICGV94263

种质库编号
GH01605

来源：印度

科名：豆科（Leguminosae） | 属名：落花生属（*Arachis* L.）
类型：珍珠豆型 | 观测地：广州市白云区 | 生长习性：直立
倍性：异源四倍体 | 观测时间：2015 年 6 月 | 开花习性：连续开花
保存单位：广东省农业科学院作物研究所

●特征特性

植株长势一般，直立生长，中等高度，分枝数一般，收获期落叶性一般，田间表现为中抗锈病和高抗叶斑病。

叶片中等大小，叶色淡绿，呈长椭圆形。

荚果茧型，中间缢缩极弱，无果嘴，表面质地中等，无果脊。种仁呈圆柱形。种皮为粉红色，无裂纹。

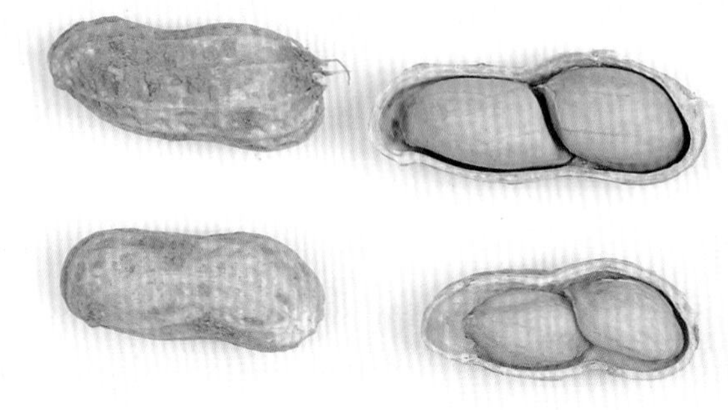

单株农艺性状					
主茎高 /cm	68	结荚数 / 个	51	烂果率 /%	0
第一分枝长 /cm	72	果仁数 / 粒	2	百果重 /g	77.2
收获期主茎青叶数 / 片	12	饱果率 /%	98.0	百仁重 /g	57.2
总分枝 / 条	7	秕果率 /%	2.0	出仁率 /%	74.1

营养成分					
蛋白质含量 /%	25.07	粗脂肪含量 /%	51.46	氨基酸总含量 /%	22.97
油酸含量 /%	37.71	亚油酸含量 /%	40.23	油酸含量 / 亚油酸含量	0.94
硬脂酸含量 /%	1.82	花生酸含量 /%	1.01	二十四烷酸含量 /%	1.53
棕榈酸含量 /%	11.34	苏氨酸（Thr）含量 /%	0.71	缬氨酸（Val）含量 /%	0.97
赖氨酸（Lys）含量 /%	0.92	山嵛酸含量 /%	3.30	异亮氨酸（Ile）含量 /%	0.68
亮氨酸（Leu）含量 /%	1.55	苯丙氨酸（Phe）含量 /%	1.23	组氨酸（His）含量 /%	0.76
精氨酸（Arg）含量 /%	2.63	脯氨酸（Pro）含量 /%	0.93	蛋氨酸（Met）含量 /%	0.25

CONFF432

种质库编号
GH01627

来源：印度

科名：豆科（Leguminosae） | 属名：落花生属（*Arachis* L.）
类型：珍珠豆型 | 观测地：广州市白云区 | 生长习性：半蔓生
倍性：异源四倍体 | 观测时间：2015 年 6 月 | 开花习性：连续开花
保存单位：广东省农业科学院作物研究所

●特征特性

植株长势一般，半蔓生生长，中等高度，分枝数一般，收获期落叶性一般，田间表现为高抗锈病和高抗叶斑病。

叶片中等大小，叶绿色，呈长椭圆形。

荚果茧型，中间缢缩极弱，果嘴不明显，表面质地光滑，无果脊。种仁呈锥形。种皮为红色，有少量裂纹。

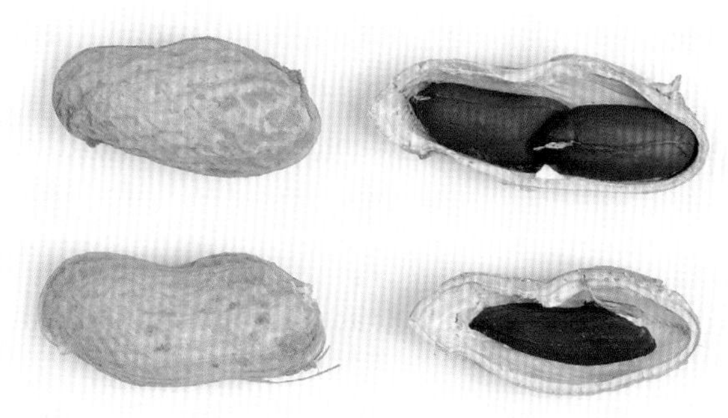

单株农艺性状					
主茎高 /cm	53	结荚数 / 个	47	烂果率 /%	0
第一分枝长 /cm	54	果仁数 / 粒	1~2	百果重 /g	108.4
收获期主茎青叶数 / 片	12	饱果率 /%	95.7	百仁重 /g	51.6
总分枝 / 条	11	秕果率 /%	4.3	出仁率 /%	47.6

营养成分					
蛋白质含量 /%	27.63	粗脂肪含量 /%	44.09	氨基酸总含量 /%	25.55
油酸含量 /%	30.83	亚油酸含量 /%	48.16	油酸含量 / 亚油酸含量	0.64
硬脂酸含量 /%	1.50	花生酸含量 /%	1.11	二十四烷酸含量 /%	2.45
棕榈酸含量 /%	10.62	苏氨酸（Thr）含量 /%	0.79	缬氨酸（Val）含量 /%	1.18
赖氨酸（Lys）含量 /%	0.61	山嵛酸含量 /%	3.93	异亮氨酸（Ile）含量 /%	0.71
亮氨酸（Leu）含量 /%	1.68	苯丙氨酸（Phe）含量 /%	1.37	组氨酸（His）含量 /%	0.91
精氨酸（Arg）含量 /%	2.90	脯氨酸（Pro）含量 /%	1.10	蛋氨酸（Met）含量 /%	0.29

ICGV93197

种质库编号
GH01631

来源：印度

科名：豆科（Leguminosae） | 属名：落花生属（*Arachis* L.）
类型：珍珠豆型 | 观测地：广州市白云区 | 生长习性：蔓生
倍性：异源四倍体 | 观测时间：2015 年 6 月 | 开花习性：连续开花
保存单位：广东省农业科学院作物研究所

●特征特性

植株长势一般，蔓生生长，中等高度，分枝数一般，收获期落叶性一般，田间表现为高抗锈病和高抗叶斑病。

叶片中等大小，叶绿色，呈长椭圆形。

荚果普通型，中间缢缩中等，果嘴一般明显，表面质地中等，无果脊。种仁呈锥形。种皮为粉红色，有少量裂纹。

单株农艺性状

主茎高 /cm	49	结荚数 / 个	15	烂果率 /%	13.3
第一分枝长 /cm	54	果仁数 / 粒	2	百果重 /g	91.2
收获期主茎青叶数 / 片	15	饱果率 /%	93.3	百仁重 /g	50.8
总分枝 / 条	9	秕果率 /%	6.7	出仁率 /%	55.7

营养成分

蛋白质含量 /%	27.22	粗脂肪含量 /%	46.87	氨基酸总含量 /%	24.76
油酸含量 /%	42.67	亚油酸含量 /%	38.32	油酸含量 / 亚油酸含量	1.11
硬脂酸含量 /%	1.00	花生酸含量 /%	0.92	二十四烷酸含量 /%	1.46
棕榈酸含量 /%	9.90	苏氨酸（Thr）含量 /%	0.80	缬氨酸（Val）含量 /%	1.12
赖氨酸（Lys）含量 /%	0.92	山嵛酸含量 /%	2.18	异亮氨酸（Ile）含量 /%	0.73
亮氨酸（Leu）含量 /%	1.66	苯丙氨酸（Phe）含量 /%	1.31	组氨酸（His）含量 /%	0.76
精氨酸（Arg）含量 /%	2.84	脯氨酸（Pro）含量 /%	0.65	蛋氨酸（Met）含量 /%	0.26

ICGV93009

种质库编号 GH01633

来源：印度

科名：豆科（Leguminosae）｜属名：落花生属（*Arachis* L.）
类型：珍珠豆型｜观测地：广州市白云区｜生长习性：半蔓生
倍性：异源四倍体｜观测时间：2015 年 6 月｜开花习性：连续开花
保存单位：广东省农业科学院作物研究所

●特征特性

植株长势一般，半蔓生生长，中等高度，分枝数少，收获期落叶性一般，田间表现为高抗锈病和高抗叶斑病。

叶片中等大小，叶绿色，呈长椭圆形。

荚果斧头型，中间缢缩较强，果嘴明显，表面质地粗糙，果脊中等。种仁呈锥形。种皮为粉红色，有少量裂纹。

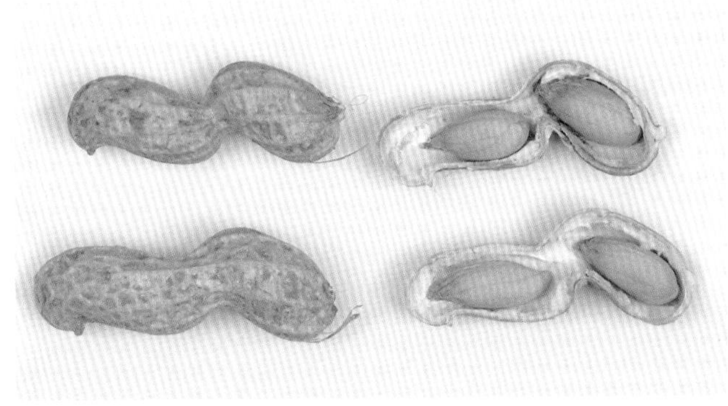

单株农艺性状					
主茎高 /cm	44	结荚数 / 个	17	烂果率 /%	0
第一分枝长 /cm	53	果仁数 / 粒	2	百果重 /g	137.6
收获期主茎青叶数 / 片	14	饱果率 /%	94.1	百仁重 /g	89.2
总分枝 / 条	6	秕果率 /%	5.9	出仁率 /%	64.8

营养成分					
蛋白质含量 /%	25.71	粗脂肪含量 /%	50.62	氨基酸总含量 /%	23.98
油酸含量 /%	48.20	亚油酸含量 /%	32.59	油酸含量 / 亚油酸含量	1.48
硬脂酸含量 /%	0.22	花生酸含量 /%	0.69	二十四烷酸含量 /%	2.82
棕榈酸含量 /%	9.59	苏氨酸（Thr）含量 /%	0.70	缬氨酸（Val）含量 /%	0.96
赖氨酸（Lys）含量 /%	0.68	山嵛酸含量 /%	4.82	异亮氨酸（Ile）含量 /%	0.69
亮氨酸（Leu）含量 /%	1.61	苯丙氨酸（Phe）含量 /%	1.28	组氨酸（His）含量 /%	0.92
精氨酸（Arg）含量 /%	2.63	脯氨酸（Pro）含量 /%	1.50	蛋氨酸（Met）含量 /%	0.24

ICGV94107

种质库编号 GH01648

来源：印度

科名：豆科（Leguminosae） | 属名：落花生属（*Arachis* L.）
类型：珍珠豆型 | 观测地：广州市白云区 | 生长习性：半蔓生
倍性：异源四倍体 | 观测时间：2015 年 6 月 | 开花习性：连续开花
保存单位：广东省农业科学院作物研究所

●特征特性

植株长势一般，半蔓生生长，中等高度，分枝数一般，收获期不落叶，田间表现为高抗锈病和高抗叶斑病。

叶片中等大小，叶色淡绿，呈长椭圆形。

荚果普通型，中间缢缩弱，无果嘴，表面质地中等，无果脊。种仁呈圆柱形。种皮为粉红色，无裂纹。

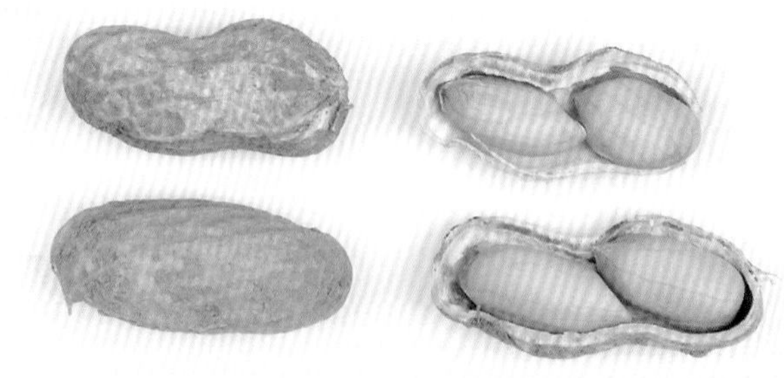

单株农艺性状

主茎高 /cm	52	结荚数 / 个	27	烂果率 /%	0
第一分枝长 /cm	53	果仁数 / 粒	2	百果重 /g	108.0
收获期主茎青叶数 / 片	18	饱果率 /%	88.9	百仁重 /g	73.2
总分枝 / 条	8	秕果率 /%	11.1	出仁率 /%	67.8

营养成分

蛋白质含量 /%	22.34	粗脂肪含量 /%	52.07	氨基酸总含量 /%	21.00
油酸含量 /%	46.45	亚油酸含量 /%	30.01	油酸含量 / 亚油酸含量	1.55
硬脂酸含量 /%	1.50	花生酸含量 /%	0.83	二十四烷酸含量 /%	2.24
棕榈酸含量 /%	9.93	苏氨酸（Thr）含量 /%	0.66	缬氨酸（Val）含量 /%	0.92
赖氨酸（Lys）含量 /%	0.63	山嵛酸含量 /%	4.41	异亮氨酸（Ile）含量 /%	0.62
亮氨酸（Leu）含量 /%	1.42	苯丙氨酸（Phe）含量 /%	1.15	组氨酸（His）含量 /%	0.85
精氨酸（Arg）含量 /%	2.27	脯氨酸（Pro）含量 /%	1.25	蛋氨酸（Met）含量 /%	0.23

ICGV94413

种质库编号
GH01649

来源：印度

科名：豆科（Leguminosae） | 属名：落花生属（*Arachis* L.）
类型：珍珠豆型 | 观测地：广州市白云区 | 生长习性：半蔓生
倍性：异源四倍体 | 观测时间：2015 年 6 月 | 开花习性：连续开花
保存单位：广东省农业科学院作物研究所

●**特征特性**

植株长势一般，半蔓生生长，中等高度，分枝数少，收获期落叶性一般，田间表现为中抗锈病和中抗叶斑病。

叶片中等大小，叶色淡绿，呈长椭圆形。

荚果茧型，中间缢缩弱，果嘴不明显，表面质地中等，无果脊。种仁呈圆柱形。种皮为粉红色，无裂纹。

单株农艺性状

主茎高 /cm	54	结荚数 / 个	32	烂果率 /%	3.1
第一分枝长 /cm	64	果仁数 / 粒	2	百果重 /g	120.4
收获期主茎青叶数 / 片	15	饱果率 /%	93.8	百仁重 /g	92.4
总分枝 / 条	6	秕果率 /%	6.3	出仁率 /%	76.7

营养成分

蛋白质含量 /%	20.89	粗脂肪含量 /%	53.49	氨基酸总含量 /%	19.72
油酸含量 /%	53.59	亚油酸含量 /%	24.17	油酸含量 / 亚油酸含量	2.22
硬脂酸含量 /%	1.77	花生酸含量 /%	0.93	二十四烷酸含量 /%	2.12
棕榈酸含量 /%	8.94	苏氨酸（Thr）含量 /%	0.60	缬氨酸（Val）含量 /%	0.86
赖氨酸（Lys）含量 /%	0.60	山嵛酸含量 /%	4.01	异亮氨酸（Ile）含量 /%	0.59
亮氨酸（Leu）含量 /%	1.35	苯丙氨酸（Phe）含量 /%	1.09	组氨酸（His）含量 /%	0.77
精氨酸（Arg）含量 /%	2.10	脯氨酸（Pro）含量 /%	1.09	蛋氨酸（Met）含量 /%	0.22

ICGV95311

种质库编号
GH01650

来源：印度

科名：豆科（Leguminosae） | 属名：落花生属（*Arachis* L.）
类型：珍珠豆型 | 观测地：广州市白云区 | 生长习性：蔓生
倍性：异源四倍体 | 观测时间：2015 年 6 月 | 开花习性：连续开花
保存单位：广东省农业科学院作物研究所

●特征特性

植株长势一般，蔓生生长，中等高度，分枝数一般，收获期落叶性一般，田间表现为高抗锈病和中抗叶斑病。

叶片中等大小，叶色淡绿，呈长椭圆形。

荚果蜂腰型，中间缢缩中等，果嘴明显，表面质地中等，无果脊。种仁呈圆柱形。种皮为红色，有少量裂纹。

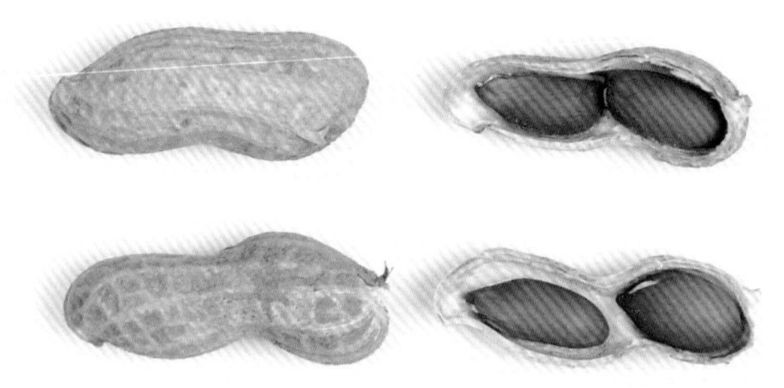

单株农艺性状					
主茎高 /cm	54	结荚数 / 个	19	烂果率 /%	0
第一分枝长 /cm	56	果仁数 / 粒	2	百果重 /g	58.8
收获期主茎青叶数 / 片	15	饱果率 /%	78.9	百仁重 /g	36.0
总分枝 / 条	8	秕果率 /%	21.1	出仁率 /%	61.2

营养成分					
蛋白质含量 /%	21.69	粗脂肪含量 /%	53.13	氨基酸总含量 /%	20.12
油酸含量 /%	45.43	亚油酸含量 /%	34.65	油酸含量 / 亚油酸含量	1.31
硬脂酸含量 /%	1.02	花生酸含量 /%	0.77	二十四烷酸含量 /%	1.59
棕榈酸含量 /%	10.12	苏氨酸（Thr）含量 /%	0.64	缬氨酸（Val）含量 /%	0.82
赖氨酸（Lys）含量 /%	0.88	山嵛酸含量 /%	3.19	异亮氨酸（Ile）含量 /%	0.59
亮氨酸（Leu）含量 /%	1.37	苯丙氨酸（Phe）含量 /%	1.09	组氨酸（His）含量 /%	0.75
精氨酸（Arg）含量 /%	2.17	脯氨酸（Pro）含量 /%	1.03	蛋氨酸（Met）含量 /%	0.20

ICGV95391

种质库编号
GH01651

来源：印度

科名：豆科（Leguminosae） | 属名：落花生属（*Arachis* L.）
类型：珍珠豆型 | 观测地：广州市白云区 | 生长习性：半蔓生
倍性：异源四倍体 | 观测时间：2015 年 6 月 | 开花习性：连续开花
保存单位：广东省农业科学院作物研究所

●特征特性

植株长势一般，半蔓生生长，中等高度，分枝数一般，收获期落叶性一般，田间表现为高抗锈病和中抗叶斑病。

叶片中等大小，叶绿色，呈长椭圆形。

荚果茧型，中间缢缩弱，果嘴明显，表面质地中等，无果脊。种仁呈圆柱形。种皮为粉红色，无裂纹。

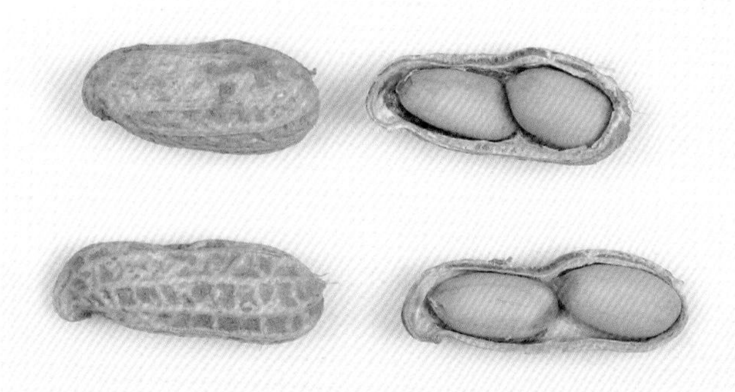

单株农艺性状					
主茎高 /cm	55	结荚数 / 个	33	烂果率 /%	3.0
第一分枝长 /cm	71	果仁数 / 粒	2	百果重 /g	103.2
收获期主茎青叶数 / 片	14	饱果率 /%	100	百仁重 /g	70.8
总分枝 / 条	12	秕果率 /%	0	出仁率 /%	68.6

营养成分					
蛋白质含量 /%	24.43	粗脂肪含量 /%	51.24	氨基酸总含量 /%	22.76
油酸含量 /%	37.90	亚油酸含量 /%	38.09	油酸含量 / 亚油酸含量	1.00
硬脂酸含量 /%	1.59	花生酸含量 /%	0.88	二十四烷酸含量 /%	1.99
棕榈酸含量 /%	11.52	苏氨酸（Thr）含量 /%	0.73	缬氨酸（Val）含量 /%	1.00
赖氨酸（Lys）含量 /%	0.67	山嵛酸含量 /%	3.98	异亮氨酸（Ile）含量 /%	0.68
亮氨酸（Leu）含量 /%	1.54	苯丙氨酸（Phe）含量 /%	1.24	组氨酸（His）含量 /%	0.85
精氨酸（Arg）含量 /%	2.58	脯氨酸（Pro）含量 /%	1.29	蛋氨酸（Met）含量 /%	0.26

ICGV95379

种质库编号
GH01683

来源：印度

科名：豆科（Leguminosae） | 属名：落花生属（*Arachis* L.）
类型：珍珠豆型 | 观测地：广州市白云区 | 生长习性：蔓生
倍性：异源四倍体 | 观测时间：2015 年 6 月 | 开花习性：连续开花
保存单位：广东省农业科学院作物研究所

● 特征特性

植株长势一般，蔓生生长，中等高度，分枝数少，收获期落叶性一般，田间表现为中抗锈病和中抗叶斑病。

叶片中等大小，叶绿色，呈长椭圆形。

荚果茧型，中间缢缩弱，果嘴不明显，表面质地光滑，无果脊。种仁呈圆柱形。种皮为粉红色，有少量裂纹。

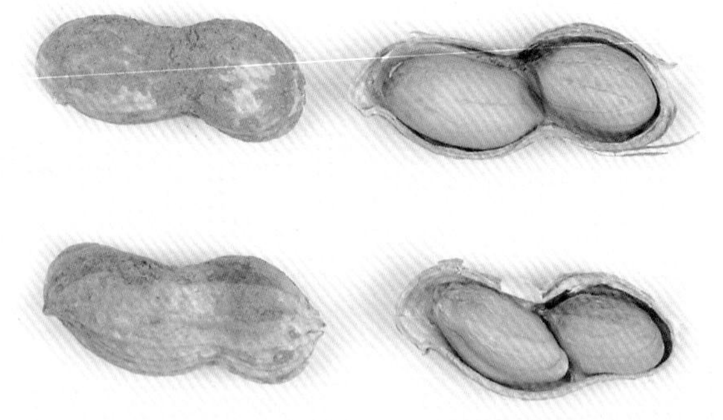

单株农艺性状

主茎高 /cm	61	结荚数 / 个	23	烂果率 /%	0
第一分枝长 /cm	70	果仁数 / 粒	2	百果重 /g	96.8
收获期主茎青叶数 / 片	11	饱果率 /%	95.7	百仁重 /g	69.2
总分枝 / 条	5	秕果率 /%	4.3	出仁率 /%	71.5

营养成分

蛋白质含量 /%	25.01	粗脂肪含量 /%	50.47	氨基酸总含量 /%	23.22
油酸含量 /%	32.67	亚油酸含量 /%	44.57	油酸含量 / 亚油酸含量	0.73
硬脂酸含量 /%	0.39	花生酸含量 /%	0.51	二十四烷酸含量 /%	1.97
棕榈酸含量 /%	11.88	苏氨酸（Thr）含量 /%	0.78	缬氨酸（Val）含量 /%	1.00
赖氨酸（Lys）含量 /%	0.77	山嵛酸含量 /%	3.16	异亮氨酸（Ile）含量 /%	0.68
亮氨酸（Leu）含量 /%	1.57	苯丙氨酸（Phe）含量 /%	1.25	组氨酸（His）含量 /%	0.89
精氨酸（Arg）含量 /%	2.66	脯氨酸（Pro）含量 /%	1.39	蛋氨酸（Met）含量 /%	0.27

ICGV92086

种质库编号
GH01921

来源：印度

科名：豆科（Leguminosae） | 属名：落花生属（*Arachis* L.）
类型：珍珠豆型 | 观测地：广州市白云区 | 生长习性：直立
倍性：异源四倍体 | 观测时间：2015 年 6 月 | 开花习性：连续开花
保存单位：广东省农业科学院作物研究所

●特征特性

植株长势旺盛，直立生长，中等高度，分枝数一般，收获期不落叶，田间表现为高抗锈病和高抗叶斑病。

叶片较大，叶绿色，呈长椭圆形。

荚果普通型，中间缢缩极弱，果嘴一般明显，表面质地中等，无果脊。种仁呈圆柱形。种皮为粉红色，无裂纹。

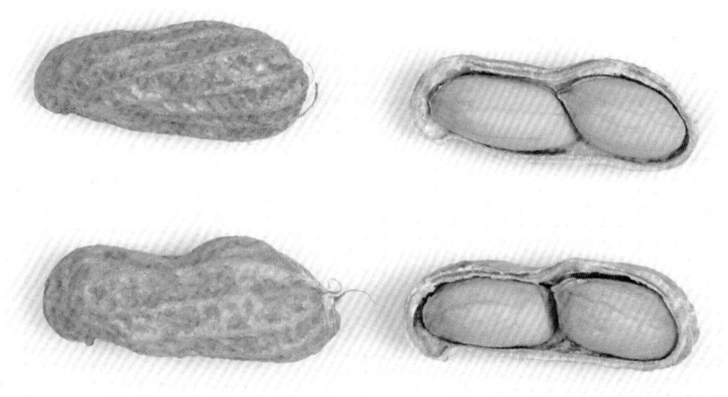

单株农艺性状					
主茎高 /cm	45	结荚数 / 个	57	烂果率 /%	0
第一分枝长 /cm	60	果仁数 / 粒	2	百果重 /g	160.0
收获期主茎青叶数 / 片	16	饱果率 /%	94.7	百仁重 /g	116.0
总分枝 / 条	8	秕果率 /%	5.3	出仁率 /%	72.5

营养成分					
蛋白质含量 /%	26.67	粗脂肪含量 /%	52.29	氨基酸总含量 /%	24.67
油酸含量 /%	35.88	亚油酸含量 /%	40.23	油酸含量 / 亚油酸含量	0.89
硬脂酸含量 /%	1.90	花生酸含量 /%	1.06	二十四烷酸含量 /%	2.65
棕榈酸含量 /%	11.89	苏氨酸（Thr）含量 /%	0.77	缬氨酸（Val）含量 /%	1.06
赖氨酸（Lys）含量 /%	0.48	山嵛酸含量 /%	5.27	异亮氨酸（Ile）含量 /%	0.74
亮氨酸（Leu）含量 /%	1.68	苯丙氨酸（Phe）含量 /%	1.33	组氨酸（His）含量 /%	0.83
精氨酸（Arg）含量 /%	2.88	脯氨酸（Pro）含量 /%	1.34	蛋氨酸（Met）含量 /%	0.27

ICGV91324

种质库编号
GH01942

来源：印度

科名：豆科（Leguminosae） | 属名：落花生属（*Arachis* L.）
类型：珍珠豆型 | 观测地：广州市白云区 | 生长习性：直立
倍性：异源四倍体 | 观测时间：2015 年 6 月 | 开花习性：连续开花
保存单位：广东省农业科学院作物研究所

●特征特性

植株长势一般，直立生长，中等高度，分枝数少，收获期落叶性一般，田间表现为中抗锈病和中抗叶斑病。

叶片中等大小，叶绿色，呈长椭圆形。

荚果茧型，中间缢缩极弱，无果嘴，表面质地光滑，无果脊。种仁呈圆柱形。种皮为粉红色，无裂纹。

单株农艺性状					
主茎高 /cm	70	结荚数 / 个	48	烂果率 /%	0
第一分枝长 /cm	87	果仁数 / 粒	2	百果重 /g	73.6
收获期主茎青叶数 / 片	15	饱果率 /%	91.7	百仁重 /g	52.0
总分枝 / 条	4	秕果率 /%	8.3	出仁率 /%	70.7

营养成分					
蛋白质含量 /%	21.64	粗脂肪含量 /%	53.37	氨基酸总含量 /%	20.41
油酸含量 /%	42.31	亚油酸含量 /%	35.63	油酸含量 / 亚油酸含量	1.19
硬脂酸含量 /%	1.13	花生酸含量 /%	0.75	二十四烷酸含量 /%	1.99
棕榈酸含量 /%	10.80	苏氨酸（Thr）含量 /%	0.69	缬氨酸（Val）含量 /%	0.89
赖氨酸（Lys）含量 /%	0.71	山嵛酸含量 /%	3.84	异亮氨酸（Ile）含量 /%	0.60
亮氨酸（Leu）含量 /%	1.39	苯丙氨酸（Phe）含量 /%	1.11	组氨酸（His）含量 /%	0.79
精氨酸（Arg）含量 /%	2.21	脯氨酸（Pro）含量 /%	1.27	蛋氨酸（Met）含量 /%	0.24

ICGV92217

种质库编号 GH01943

来源：印度

科名：豆科（Leguminosae）　属名：落花生属（*Arachis* L.）

类型：珍珠豆型　观测地：广州市白云区　生长习性：半蔓生

倍性：异源四倍体　观测时间：2015 年 6 月　开花习性：连续开花

保存单位：广东省农业科学院作物研究所

●**特征特性**

植株长势一般，半蔓生生长，中等高度，分枝数一般，收获期落叶性一般，田间表现为高抗锈病和中抗叶斑病。

叶片中等大小，叶色淡绿，呈长椭圆形。

荚果蜂腰型，中间缢缩中等，果嘴明显，表面质地粗糙，无果脊。种仁呈锥形。种皮为粉红色，有少量裂纹。

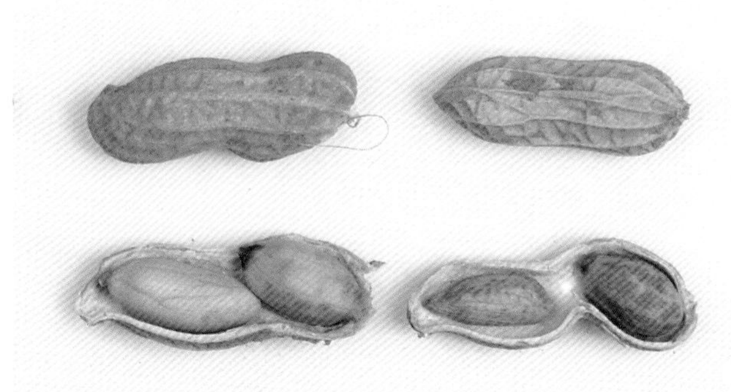

单株农艺性状

性状	值	性状	值	性状	值
主茎高 /cm	44	结荚数 / 个	42	烂果率 /%	14.3
第一分枝长 /cm	57	果仁数 / 粒	2	百果重 /g	70.8
收获期主茎青叶数 / 片	15	饱果率 /%	90.5	百仁重 /g	49.2
总分枝 / 条	7	秕果率 /%	9.5	出仁率 /%	69.5

营养成分

成分	值	成分	值	成分	值
蛋白质含量 /%	16.44	粗脂肪含量 /%	55.69	氨基酸总含量 /%	16.02
油酸含量 /%	44.07	亚油酸含量 /%	33.57	油酸含量 / 亚油酸含量	1.31
硬脂酸含量 /%	0.64	花生酸含量 /%	0.61	二十四烷酸含量 /%	2.08
棕榈酸含量 /%	10.51	苏氨酸（Thr）含量 /%	0.64	缬氨酸（Val）含量 /%	0.82
赖氨酸（Lys）含量 /%	0.57	山嵛酸含量 /%	3.82	异亮氨酸（Ile）含量 /%	0.46
亮氨酸（Leu）含量 /%	1.09	苯丙氨酸（Phe）含量 /%	0.89	组氨酸（His）含量 /%	0.75
精氨酸（Arg）含量 /%	1.55	脯氨酸（Pro）含量 /%	1.15	蛋氨酸（Met）含量 /%	0.20

ICGV94361

种质库编号 GH01944

来源：印度

科名：豆科（Leguminosae） | 属名：落花生属（*Arachis* L.）
类型：珍珠豆型 | 观测地：广州市白云区 | 生长习性：半蔓生
倍性：异源四倍体 | 观测时间：2015 年 6 月 | 开花习性：连续开花
保存单位：广东省农业科学院作物研究所

●特征特性

植株长势一般，半蔓生生长，中等高度，分枝数一般，收获期落叶性一般，田间表现为高抗锈病和中抗叶斑病。

叶片中等大小，叶绿色，呈长椭圆形。

荚果茧型，中间缢缩极弱，果嘴不明显，表面质地光滑，无果脊。种仁呈圆柱形。种皮为粉红色，无裂纹。

单株农艺性状					
主茎高 /cm	46	结荚数 / 个	53	烂果率 /%	1.9
第一分枝长 /cm	54	果仁数 / 粒	2	百果重 /g	108.0
收获期主茎青叶数 / 片	12	饱果率 /%	100	百仁重 /g	78.4
总分枝 / 条	7	秕果率 /%	0	出仁率 /%	72.6

营养成分					
蛋白质含量 /%	21.46	粗脂肪含量 /%	53.55	氨基酸总含量 /%	20.3
油酸含量 /%	45.39	亚油酸含量 /%	31.54	油酸含量 / 亚油酸含量	1.44
硬脂酸含量 /%	2.11	花生酸含量 /%	1.04	二十四烷酸含量 /%	1.85
棕榈酸含量 /%	10.17	苏氨酸（Thr）含量 /%	0.58	缬氨酸（Val）含量 /%	0.84
赖氨酸（Lys）含量 /%	0.61	山嵛酸含量 /%	3.59	异亮氨酸（Ile）含量 /%	0.60
亮氨酸（Leu）含量 /%	1.38	苯丙氨酸（Phe）含量 /%	1.12	组氨酸（His）含量 /%	0.80
精氨酸（Arg）含量 /%	2.22	脯氨酸（Pro）含量 /%	1.21	蛋氨酸（Met）含量 /%	0.24

ICGV92195

种质库编号
GH01945

来源：印度

科名：豆科（Leguminosae）｜属名：落花生属（*Arachis* L.）
类型：珍珠豆型｜观测地：广州市白云区｜生长习性：直立
倍性：异源四倍体｜观测时间：2015 年 6 月｜开花习性：连续开花
保存单位：广东省农业科学院作物研究所

●特征特性

植株长势一般，直立生长，中等高度，分枝数少，收获期落叶性一般，田间表现为高抗锈病和中抗叶斑病。

叶片中等大小，叶色淡绿，呈长椭圆形。

荚果普通型，中间缢缩弱，果嘴不明显，表面质地粗糙，无果脊。种仁呈圆柱形。种皮为粉红色，有少量裂纹。

单株农艺性状					
主茎高 /cm	62	结荚数 / 个	40	烂果率 /%	0
第一分枝长 /cm	58	果仁数 / 粒	2	百果重 /g	93.6
收获期主茎青叶数 / 片	11	饱果率 /%	95.0	百仁重 /g	64.4
总分枝 / 条	5	秕果率 /%	5.0	出仁率 /%	68.8

营养成分					
蛋白质含量 /%	18.47	粗脂肪含量 /%	57.43	氨基酸总含量 /%	17.76
油酸含量 /%	45.22	亚油酸含量 /%	32.12	油酸含量 / 亚油酸含量	1.41
硬脂酸含量 /%	0.71	花生酸含量 /%	0.67	二十四烷酸含量 /%	2.05
棕榈酸含量 /%	10.22	苏氨酸（Thr）含量 /%	0.71	缬氨酸（Val）含量 /%	0.90
赖氨酸（Lys）含量 /%	0.64	山嵛酸含量 /%	3.59	异亮氨酸（Ile）含量 /%	0.53
亮氨酸（Leu）含量 /%	1.22	苯丙氨酸（Phe）含量 /%	0.97	组氨酸（His）含量 /%	0.75
精氨酸（Arg）含量 /%	1.82	脯氨酸（Pro）含量 /%	1.12	蛋氨酸（Met）含量 /%	0.21

ICGV92218

种质库编号
GH01946

来源：印度

科名：豆科（Leguminosae）｜属名：落花生属（*Arachis* L.）
类型：珍珠豆型｜观测地：广州市白云区｜生长习性：直立
倍性：异源四倍体｜观测时间：2015 年 6 月｜开花习性：连续开花
保存单位：广东省农业科学院作物研究所

●特征特性

植株长势一般，直立生长，中等高度，分枝数一般，收获期落叶性一般，田间表现为中抗锈病和中抗叶斑病。

叶片中等大小，叶绿色，呈长椭圆形。

荚果普通型，中间缢缩极弱，果嘴不明显，表面质地粗糙，无果脊。种仁呈圆柱形。种皮为粉红色，无裂纹。

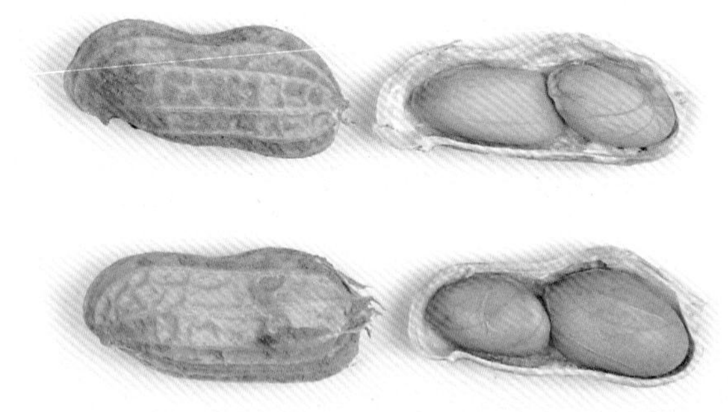

单株农艺性状					
主茎高 /cm	64	结荚数 / 个	41	烂果率 /%	2.4
第一分枝长 /cm	81	果仁数 / 粒	2	百果重 /g	85.2
收获期主茎青叶数 / 片	14	饱果率 /%	97.6	百仁重 /g	59.6
总分枝 / 条	10	秕果率 /%	2.4	出仁率 /%	70.0

营养成分					
蛋白质含量 /%	25.03	粗脂肪含量 /%	51.51	氨基酸总含量 /%	23.27
油酸含量 /%	37.64	亚油酸含量 /%	39.99	油酸含量 / 亚油酸含量	0.94
硬脂酸含量 /%	1.10	花生酸含量 /%	0.80	二十四烷酸含量 /%	2.27
棕榈酸含量 /%	11.34	苏氨酸（Thr）含量 /%	0.77	缬氨酸（Val）含量 /%	0.97
赖氨酸（Lys）含量 /%	0.72	山嵛酸含量 /%	3.92	异亮氨酸（Ile）含量 /%	0.68
亮氨酸（Leu）含量 /%	1.57	苯丙氨酸（Phe）含量 /%	1.25	组氨酸（His）含量 /%	0.84
精氨酸（Arg）含量 /%	2.62	脯氨酸（Pro）含量 /%	1.30	蛋氨酸（Met）含量 /%	0.26

ICGV93305

种质库编号
GH01947

来源：印度

科名：豆科（Leguminosae）｜属名：落花生属（*Arachis* L.）
类型：珍珠豆型｜观测地：广州市白云区｜生长习性：直立
倍性：异源四倍体｜观测时间：2015 年 6 月｜开花习性：连续开花
保存单位：广东省农业科学院作物研究所

●特征特性

植株长势一般，直立生长，植株较矮，分枝数少，收获期落叶性好，田间表现为中抗锈病和中抗叶斑病。

叶片中等大小，叶色淡绿，呈长椭圆形。

荚果串珠型，中间缢缩极弱，果嘴不明显，表面质地光滑，无果脊。种仁呈锥形。种皮为红色，有少量裂纹。

单株农艺性状					
主茎高 /cm	27	结荚数 / 个	35	烂果率 /%	0
第一分枝长 /cm	98	果仁数 / 粒	3	百果重 /g	117.2
收获期主茎青叶数 / 片	6	饱果率 /%	88.6	百仁重 /g	84.4
总分枝 / 条	6	秕果率 /%	11.4	出仁率 /%	72.0

营养成分					
蛋白质含量 /%	25.07	粗脂肪含量 /%	51.93	氨基酸总含量 /%	23.35
油酸含量 /%	42.74	亚油酸含量 /%	35.63	油酸含量 / 亚油酸含量	1.20
硬脂酸含量 /%	1.79	花生酸含量 /%	0.95	二十四烷酸含量 /%	1.96
棕榈酸含量 /%	10.60	苏氨酸（Thr）含量 /%	0.75	缬氨酸（Val）含量 /%	0.98
赖氨酸（Lys）含量 /%	0.77	山嵛酸含量 /%	3.85	异亮氨酸（Ile）含量 /%	0.70
亮氨酸（Leu）含量 /%	1.59	苯丙氨酸（Phe）含量 /%	1.26	组氨酸（His）含量 /%	0.83
精氨酸（Arg）含量 /%	2.67	脯氨酸（Pro）含量 /%	1.32	蛋氨酸（Met）含量 /%	0.25

ICGV91278

种质库编号
GH01949

来源：印度

科名：豆科（Leguminosae） | 属名：落花生属（*Arachis* L.）
类型：珍珠豆型 | 观测地：广州市白云区 | 生长习性：半蔓生
倍性：异源四倍体 | 观测时间：2015 年 6 月 | 开花习性：连续开花
保存单位：广东省农业科学院作物研究所

●特征特性

植株长势旺盛，半蔓生生长，植株较矮，分枝数多，收获期落叶性一般，田间表现为中抗锈病和高抗叶斑病。

叶片较小，叶绿色，呈长椭圆形。

荚果茧型，中间缢缩极弱，无果嘴，表面质地光滑，无果脊。种仁呈圆柱形。种皮为粉红色，有少量裂纹。

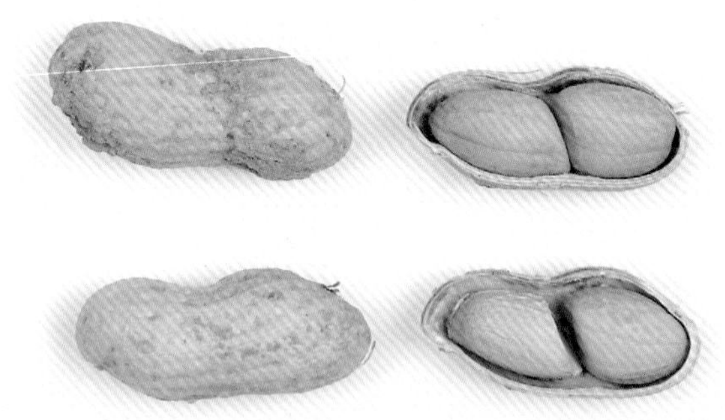

单株农艺性状					
主茎高 /cm	38	结荚数 / 个	32	烂果率 /%	3.1
第一分枝长 /cm	56	果仁数 / 粒	2	百果重 /g	131.2
收获期主茎青叶数 / 片	14	饱果率 /%	100	百仁重 /g	94.4
总分枝 / 条	12	秕果率 /%	0	出仁率 /%	72.0

营养成分					
蛋白质含量 /%	25.46	粗脂肪含量 /%	50.11	氨基酸总含量 /%	23.97
油酸含量 /%	39.23	亚油酸含量 /%	38.43	油酸含量 / 亚油酸含量	1.02
硬脂酸含量 /%	0.50	花生酸含量 /%	0.63	二十四烷酸含量 /%	2.25
棕榈酸含量 /%	10.92	苏氨酸（Thr）含量 /%	0.72	缬氨酸（Val）含量 /%	1.00
赖氨酸（Lys）含量 /%	0.46	山嵛酸含量 /%	3.51	异亮氨酸（Ile）含量 /%	0.69
亮氨酸（Leu）含量 /%	1.61	苯丙氨酸（Phe）含量 /%	1.30	组氨酸（His）含量 /%	0.95
精氨酸（Arg）含量 /%	2.69	脯氨酸（Pro）含量 /%	1.59	蛋氨酸（Met）含量 /%	0.27

ICGV92229

种质库编号
GH01951

来源：印度

科名：豆科（Leguminosae）	属名：落花生属（*Arachis* L.）	
类型：珍珠豆型	观测地：广州市白云区	生长习性：直立
倍性：异源四倍体	观测时间：2015 年 6 月	开花习性：连续开花

保存单位：广东省农业科学院作物研究所

●特征特性

植株长势一般，直立生长，中等高度，分枝数少，收获期落叶性一般，田间表现为高抗锈病和高抗叶斑病。

叶片中等大小，叶色淡绿，呈长椭圆形。

荚果茧型，中间缢缩弱，无果嘴，表面质地中等，无果脊。种仁呈圆柱形。种皮为粉红色，有少量裂纹。

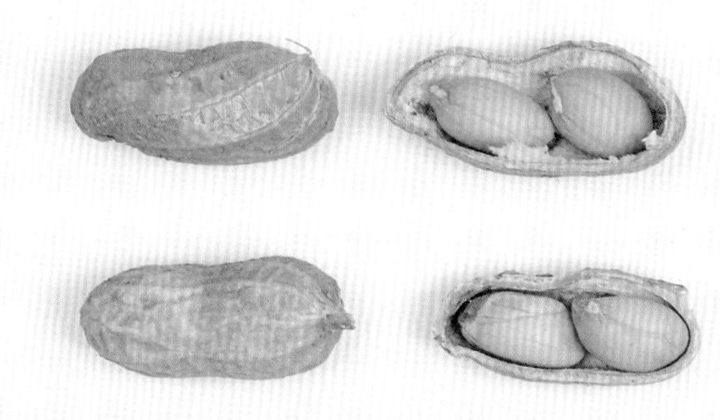

单株农艺性状					
主茎高 /cm	62	结荚数 / 个	34	烂果率 /%	20.6
第一分枝长 /cm	80	果仁数 / 粒	2	百果重 /g	96.4
收获期主茎青叶数 / 片	14	饱果率 /%	97.1	百仁重 /g	69.6
总分枝 / 条	5	秕果率 /%	2.9	出仁率 /%	72.2

营养成分					
蛋白质含量 /%	24.06	粗脂肪含量 /%	51.01	氨基酸总含量 /%	22.33
油酸含量 /%	34.23	亚油酸含量 /%	41.98	油酸含量 / 亚油酸含量	0.82
硬脂酸含量 /%	1.40	花生酸含量 /%	0.80	二十四烷酸含量 /%	1.95
棕榈酸含量 /%	11.55	苏氨酸（Thr）含量 /%	0.76	缬氨酸（Val）含量 /%	0.99
赖氨酸（Lys）含量 /%	0.75	山嵛酸含量 /%	3.72	异亮氨酸（Ile）含量 /%	0.66
亮氨酸（Leu）含量 /%	1.51	苯丙氨酸（Phe）含量 /%	1.22	组氨酸（His）含量 /%	0.83
精氨酸（Arg）含量 /%	2.55	脯氨酸（Pro）含量 /%	1.21	蛋氨酸（Met）含量 /%	0.25

ICGV91341

种质库编号 GH01952

来源：印度

科名：豆科（Leguminosae） | 属名：落花生属（*Arachis* L.）
类型：珍珠豆型 | 观测地：广州市白云区 | 生长习性：直立
倍性：异源四倍体 | 观测时间：2015 年 6 月 | 开花习性：连续开花
保存单位：广东省农业科学院作物研究所

●特征特性

植株长势一般，直立生长，植株较高，分枝数少，收获期不落叶，田间表现为中抗锈病和中抗叶斑病。

叶片中等大小，叶色淡绿，呈长椭圆形。

荚果串珠型，中间缢缩极弱，果嘴不明显，表面质地中等，无果脊。种仁呈圆柱形。种皮为红色，无裂纹。

单株农艺性状					
主茎高 /cm	79	结荚数 / 个	45	烂果率 /%	0
第一分枝长 /cm	84	果仁数 / 粒	3	百果重 /g	94.0
收获期主茎青叶数 / 片	17	饱果率 /%	95.6	百仁重 /g	65.6
总分枝 / 条	5	秕果率 /%	4.4	出仁率 /%	69.8

营养成分					
蛋白质含量 /%	22.80	粗脂肪含量 /%	51.14	氨基酸总含量 /%	21.58
油酸含量 /%	47.51	亚油酸含量 /%	32.02	油酸含量 / 亚油酸含量	1.48
硬脂酸含量 /%	0.76	花生酸含量 /%	0.68	二十四烷酸含量 /%	2.45
棕榈酸含量 /%	10.08	苏氨酸（Thr）含量 /%	0.71	缬氨酸（Val）含量 /%	0.95
赖氨酸（Lys）含量 /%	0.65	山嵛酸含量 /%	4.55	异亮氨酸（Ile）含量 /%	0.63
亮氨酸（Leu）含量 /%	1.46	苯丙氨酸（Phe）含量 /%	1.17	组氨酸（His）含量 /%	0.86
精氨酸（Arg）含量 /%	2.32	脯氨酸（Pro）含量 /%	1.43	蛋氨酸（Met）含量 /%	0.23

ICGV92302

种质库编号
GH01953

来源：印度

科名：豆科（Leguminosae）　属名：落花生属（*Arachis* L.）
类型：珍珠豆型　观测地：广州市白云区　生长习性：半蔓生
倍性：异源四倍体　观测时间：2015 年 6 月　开花习性：连续开花
保存单位：广东省农业科学院作物研究所

●特征特性

植株长势一般，半蔓生生长，中等高度，分枝数一般，收获期不落叶，田间表现为中抗锈病和中抗叶斑病。

叶片中等大小，叶绿色，呈长椭圆形。

荚果茧型，中间缢缩极弱，无果嘴，表面质地中等，无果脊。种仁呈球形。种皮为粉红色，有少量裂纹。

单株农艺性状

性状	数值	性状	数值	性状	数值
主茎高 /cm	50	结荚数 / 个	44	烂果率 /%	0
第一分枝长 /cm	67	果仁数 / 粒	2	百果重 /g	85.2
收获期主茎青叶数 / 片	16	饱果率 /%	93.2	百仁重 /g	60.0
总分枝 / 条	7	秕果率 /%	6.8	出仁率 /%	70.4

营养成分

成分	数值	成分	数值	成分	数值
蛋白质含量 /%	22.44	粗脂肪含量 /%	56.19	氨基酸总含量 /%	20.96
油酸含量 /%	48.39	亚油酸含量 /%	29.15	油酸含量 / 亚油酸含量	1.66
硬脂酸含量 /%	1.80	花生酸含量 /%	0.99	二十四烷酸含量 /%	1.36
棕榈酸含量 /%	9.97	苏氨酸（Thr）含量 /%	0.71	缬氨酸（Val）含量 /%	0.92
赖氨酸（Lys）含量 /%	0.90	山嵛酸含量 /%	2.65	异亮氨酸（Ile）含量 /%	0.63
亮氨酸（Leu）含量 /%	1.44	苯丙氨酸（Phe）含量 /%	1.13	组氨酸（His）含量 /%	0.73
精氨酸（Arg）含量 /%	2.31	脯氨酸（Pro）含量 /%	0.93	蛋氨酸（Met）含量 /%	0.24

ICGV91284

种质库编号 GH01955

来源：印度

科名：豆科（Leguminosae）｜属名：落花生属（*Arachis* L.）

类型：珍珠豆型｜观测地：广州市白云区｜生长习性：直立

倍性：异源四倍体｜观测时间：2015 年 6 月｜开花习性：连续开花

保存单位：广东省农业科学院作物研究所

●特征特性

植株长势一般，直立生长，植株较高，分枝数少，收获期落叶性好，田间表现为中抗锈病和高抗叶斑病。

叶片中等大小，叶绿色，呈长椭圆形。

荚果茧型，中间缢缩极弱，无果嘴，表面质地中等，无果脊。种仁呈圆柱形。种皮为粉红色，无裂纹。

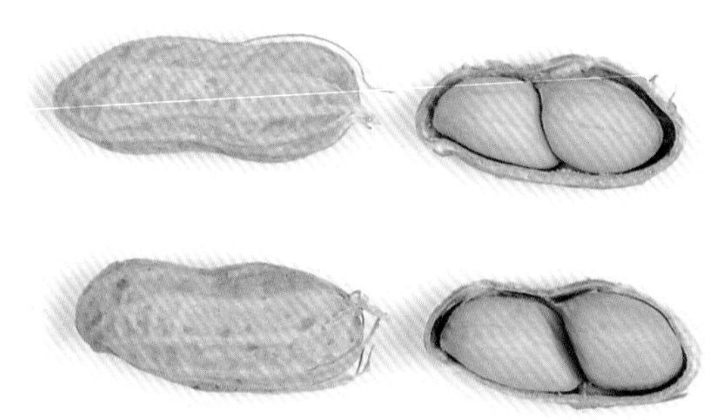

单株农艺性状

性状	数值	性状	数值	性状	数值
主茎高 /cm	72	结荚数 / 个	31	烂果率 /%	6.5
第一分枝长 /cm	74	果仁数 / 粒	2	百果重 /g	85.2
收获期主茎青叶数 / 片	8	饱果率 /%	93.5	百仁重 /g	66.8
总分枝 / 条	6	秕果率 /%	6.5	出仁率 /%	78.4

营养成分

成分	数值	成分	数值	成分	数值
蛋白质含量 /%	21.76	粗脂肪含量 /%	55.25	氨基酸总含量 /%	20.44
油酸含量 /%	46.13	亚油酸含量 /%	31.44	油酸含量 / 亚油酸含量	1.47
硬脂酸含量 /%	2.57	花生酸含量 /%	1.15	二十四烷酸含量 /%	1.24
棕榈酸含量 /%	9.84	苏氨酸（Thr）含量 /%	0.64	缬氨酸（Val）含量 /%	0.87
赖氨酸（Lys）含量 /%	0.87	山嵛酸含量 /%	3.05	异亮氨酸（Ile）含量 /%	0.61
亮氨酸（Leu）含量 /%	1.41	苯丙氨酸（Phe）含量 /%	1.12	组氨酸（His）含量 /%	0.74
精氨酸（Arg）含量 /%	2.26	脯氨酸（Pro）含量 /%	1.05	蛋氨酸（Met）含量 /%	0.23

ICGV91315

种质库编号
GH01956

来源：印度

科名：豆科（Leguminosae）｜属名：落花生属（*Arachis* L.）
类型：珍珠豆型｜观测地：广州市白云区｜生长习性：直立
倍性：异源四倍体｜观测时间：2015 年 6 月｜开花习性：连续开花
保存单位：广东省农业科学院作物研究所

●特征特性

植株长势一般，直立生长，中等高度，分枝数一般，收获期落叶性一般，田间表现为中抗锈病和中抗叶斑病。

叶片中等大小，叶色淡绿，呈长椭圆形。

荚果普通型，中间缢缩极弱，果嘴不明显，表面质地中等，无果脊。种仁呈圆柱形。种皮为粉红色，无裂纹。

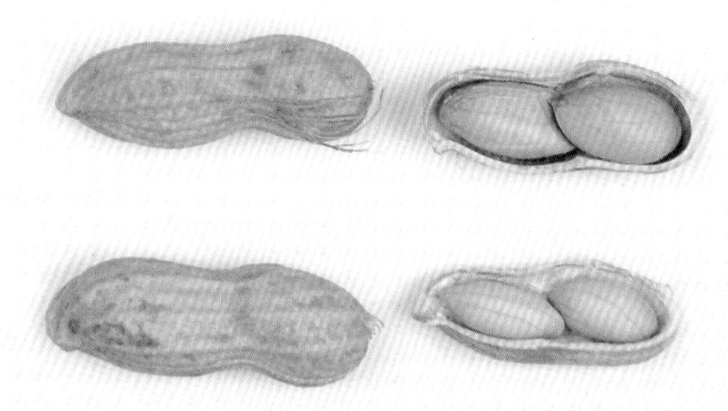

单株农艺性状

性状	数值	性状	数值	性状	数值
主茎高 /cm	61	结荚数 / 个	20	烂果率 /%	15.0
第一分枝长 /cm	84	果仁数 / 粒	2	百果重 /g	90.4
收获期主茎青叶数 / 片	12	饱果率 /%	95.0	百仁重 /g	59.2
总分枝 / 条	7	秕果率 /%	5.0	出仁率 /%	65.5

营养成分

成分	数值	成分	数值	成分	数值
蛋白质含量 /%	21.11	粗脂肪含量 /%	54.36	氨基酸总含量 /%	20.04
油酸含量 /%	50.58	亚油酸含量 /%	28.59	油酸含量 / 亚油酸含量	1.77
硬脂酸含量 /%	0.57	花生酸含量 /%	0.65	二十四烷酸含量 /%	2.34
棕榈酸含量 /%	9.73	苏氨酸（Thr）含量 /%	0.71	缬氨酸（Val）含量 /%	0.90
赖氨酸（Lys）含量 /%	0.63	山嵛酸含量 /%	4.02	异亮氨酸（Ile）含量 /%	0.59
亮氨酸（Leu）含量 /%	1.36	苯丙氨酸（Phe）含量 /%	1.09	组氨酸（His）含量 /%	0.81
精氨酸（Arg）含量 /%	2.10	脯氨酸（Pro）含量 /%	1.29	蛋氨酸（Met）含量 /%	0.23

ICGV91279

种质库编号
GH01957

来源：印度

科名：豆科（Leguminosae） | 属名：落花生属（*Arachis* L.）
类型：珍珠豆型 | 观测地：广州市白云区 | 生长习性：直立
倍性：异源四倍体 | 观测时间：2015 年 6 月 | 开花习性：连续开花
保存单位：广东省农业科学院作物研究所

●特征特性

植株长势一般，直立生长，植株较矮，分枝数一般，收获期落叶性好，田间表现感锈病和感叶斑病。

叶片中等大小，叶色淡绿，呈长椭圆形。

荚果茧型，中间缢缩极弱，无果嘴，表面质地中等，无果脊。种仁呈圆柱形。种皮为浅褐色，无裂纹。

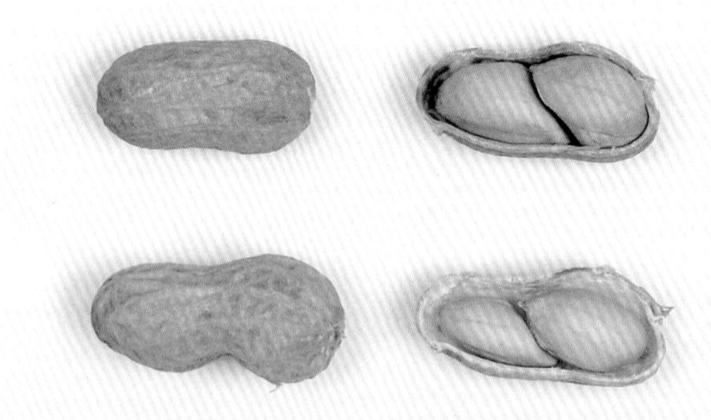

单株农艺性状

性状	数值	性状	数值	性状	数值
主茎高 /cm	25	结荚数 / 个	22	烂果率 /%	0
第一分枝长 /cm	65	果仁数 / 粒	2	百果重 /g	81.2
收获期主茎青叶数 / 片	7	饱果率 /%	72.7	百仁重 /g	54.8
总分枝 / 条	7	秕果率 /%	27.3	出仁率 /%	67.5

营养成分

成分	数值	成分	数值	成分	数值
蛋白质含量 /%	21.84	粗脂肪含量 /%	53.68	氨基酸总含量 /%	20.34
油酸含量 /%	40.75	亚油酸含量 /%	37.03	油酸含量 / 亚油酸含量	1.10
硬脂酸含量 /%	0.55	花生酸含量 /%	0.59	二十四烷酸含量 /%	2.35
棕榈酸含量 /%	10.95	苏氨酸（Thr）含量 /%	0.72	缬氨酸（Val）含量 /%	0.91
赖氨酸（Lys）含量 /%	0.63	山嵛酸含量 /%	4.34	异亮氨酸（Ile）含量 /%	0.60
亮氨酸（Leu）含量 /%	1.38	苯丙氨酸（Phe）含量 /%	1.10	组氨酸（His）含量 /%	0.80
精氨酸（Arg）含量 /%	2.20	脯氨酸（Pro）含量 /%	1.26	蛋氨酸（Met）含量 /%	0.22

ICGV95471

种质库编号
GH01958

来源：印度

科名：豆科（Leguminosae） | 属名：落花生属（*Arachis* L.）
类型：珍珠豆型 | 观测地：广州市白云区 | 生长习性：半蔓生
倍性：异源四倍体 | 观测时间：2015 年 6 月 | 开花习性：连续开花
保存单位：广东省农业科学院作物研究所

●特征特性

植株长势一般，半蔓生生长，中等高度，分枝数少，收获期落叶性一般，田间表现为中抗锈病和中抗叶斑病。

叶片中等大小，叶色淡绿，呈长椭圆形。

荚果茧型，中间缢缩极弱，无果嘴，表面质地中等，无果脊。种仁呈圆柱形。种皮为粉红色，有少量裂纹。

单株农艺性状					
主茎高 /cm	50	结荚数 / 个	13	烂果率 /%	16.2
第一分枝长 /cm	52	果仁数 / 粒	2	百果重 /g	104.8
收获期主茎青叶数 / 片	10	饱果率 /%	92.3	百仁重 /g	73.6
总分枝 / 条	3	秕果率 /%	7.7	出仁率 /%	70.2

营养成分					
蛋白质含量 /%	23.20	粗脂肪含量 /%	49.69	氨基酸总含量 /%	22.06
油酸含量 /%	44.47	亚油酸含量 /%	34.89	油酸含量 / 亚油酸含量	1.27
硬脂酸含量 /%	0.27	花生酸含量 /%	0.58	二十四烷酸含量 /%	2.30
棕榈酸含量 /%	9.88	苏氨酸（Thr）含量 /%	0.75	缬氨酸（Val）含量 /%	0.99
赖氨酸（Lys）含量 /%	0.31	山嵛酸含量 /%	3.76	异亮氨酸（Ile）含量 /%	0.62
亮氨酸（Leu）含量 /%	1.47	苯丙氨酸（Phe）含量 /%	1.20	组氨酸（His）含量 /%	0.94
精氨酸（Arg）含量 /%	2.34	脯氨酸（Pro）含量 /%	1.65	蛋氨酸（Met）含量 /%	0.24

ICGV91155

种质库编号 GH01959

来源：印度

科名：豆科（Leguminosae） | 属名：落花生属（*Arachis* L.）
类型：珍珠豆型 | 观测地：广州市白云区 | 生长习性：直立
倍性：异源四倍体 | 观测时间：2015 年 6 月 | 开花习性：连续开花
保存单位：广东省农业科学院作物研究所

●特征特性

植株长势一般，直立生长，中等高度，分枝数少，收获期落叶性一般，田间表现感锈病和感叶斑病。

叶片中等大小，叶绿色，呈长椭圆形。

荚果茧型，中间缢缩极弱，果嘴明显，表面质地粗糙，无果脊。种仁呈圆柱形。种皮为粉红色，无裂纹。

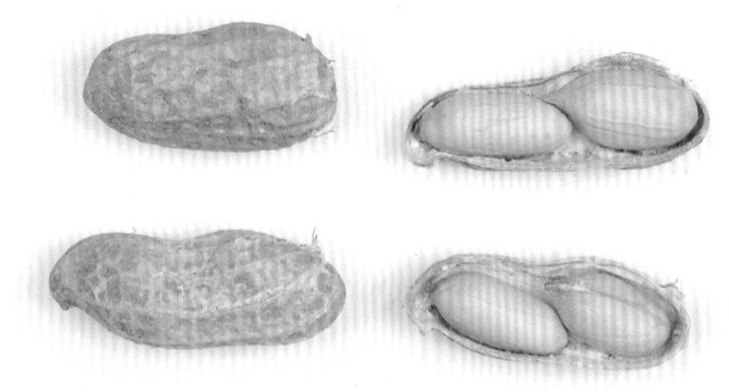

单株农艺性状					
主茎高 /cm	68	结荚数 / 个	25	烂果率 /%	0
第一分枝长 /cm	77	果仁数 / 粒	2	百果重 /g	75.6
收获期主茎青叶数 / 片	12	饱果率 /%	100	百仁重 /g	58.0
总分枝 / 条	4	秕果率 /%	0	出仁率 /%	76.7

营养成分					
蛋白质含量 /%	20.57	粗脂肪含量 /%	53.26	氨基酸总含量 /%	19.7
油酸含量 /%	39.66	亚油酸含量 /%	36.54	油酸含量 / 亚油酸含量	1.09
硬脂酸含量 /%	1.06	花生酸含量 /%	0.70	二十四烷酸含量 /%	2.11
棕榈酸含量 /%	10.85	苏氨酸（Thr）含量 /%	0.67	缬氨酸（Val）含量 /%	0.91
赖氨酸（Lys）含量 /%	0.78	山嵛酸含量 /%	4.17	异亮氨酸（Ile）含量 /%	0.57
亮氨酸（Leu）含量 /%	1.34	苯丙氨酸（Phe）含量 /%	1.09	组氨酸（His）含量 /%	0.85
精氨酸（Arg）含量 /%	2.11	脯氨酸（Pro）含量 /%	1.40	蛋氨酸（Met）含量 /%	0.24

ICGV92126

种质库编号 GH01961

来源：印度

科名：豆科（Leguminosae） | 属名：落花生属（*Arachis* L.）
类型：珍珠豆型 | 观测地：广州市白云区 | 生长习性：半蔓生
倍性：异源四倍体 | 观测时间：2015 年 6 月 | 开花习性：连续开花
保存单位：广东省农业科学院作物研究所

●特征特性

植株长势一般，半蔓生生长，中等高度，分枝数一般，收获期落叶性一般，田间表现为中抗锈病和中抗叶斑病。

叶片中等大小，叶色淡绿，呈长椭圆形。

荚果茧型，中间缢缩极弱，果嘴明显，表面质地非常粗糙，无果脊。种仁呈锥形。种皮为粉红色，有少量裂纹。

单株农艺性状					
主茎高 /cm	48	结荚数 / 个	34	烂果率 /%	14.7
第一分枝长 /cm	65	果仁数 / 粒	2	百果重 /g	96.0
收获期主茎青叶数 / 片	14	饱果率 /%	94.1	百仁重 /g	62.0
总分枝 / 条	7	秕果率 /%	5.9	出仁率 /%	64.6

营养成分					
蛋白质含量 /%	21.49	粗脂肪含量 /%	50.01	氨基酸总含量 /%	20.27
油酸含量 /%	40.76	亚油酸含量 /%	39.46	油酸含量 / 亚油酸含量	1.03
硬脂酸含量 /%	0.23	花生酸含量 /%	0.60	二十四烷酸含量 /%	2.47
棕榈酸含量 /%	10.51	苏氨酸（Thr）含量 /%	0.75	缬氨酸（Val）含量 /%	0.96
赖氨酸（Lys）含量 /%	0.50	山嵛酸含量 /%	3.61	异亮氨酸（Ile）含量 /%	0.58
亮氨酸（Leu）含量 /%	1.35	苯丙氨酸（Phe）含量 /%	1.09	组氨酸（His）含量 /%	0.80
精氨酸（Arg）含量 /%	2.14	脯氨酸（Pro）含量 /%	1.19	蛋氨酸（Met）含量 /%	0.24

ICGV93133

种质库编号
GH01963

来源：印度

科名：豆科（Leguminosae）｜属名：落花生属（*Arachis* L.）
类型：珍珠豆型｜观测地：广州市白云区｜生长习性：直立
倍性：异源四倍体｜观测时间：2015 年 6 月｜开花习性：连续开花
保存单位：广东省农业科学院作物研究所

●特征特性

植株长势一般，直立生长，中等高度，分枝数少，收获期落叶性一般，田间表现为中抗锈病和高抗叶斑病。

叶片中等大小，叶绿色，呈长椭圆形。

荚果普通型，中间缢缩极弱，果嘴不明显，表面质地中等，无果脊。种仁呈圆柱形。种皮为粉红色，无裂纹。

单株农艺性状

性状	数值	性状	数值	性状	数值
主茎高 /cm	60	结荚数 / 个	31	烂果率 /%	9.7
第一分枝长 /cm	77	果仁数 / 粒	2	百果重 /g	87.6
收获期主茎青叶数 / 片	15	饱果率 /%	96.8	百仁重 /g	63.6
总分枝 / 条	6	秕果率 /%	3.2	出仁率 /%	72.6

营养成分

成分	数值	成分	数值	成分	数值
蛋白质含量 /%	20.51	粗脂肪含量 /%	50.48	氨基酸总含量 /%	19.67
油酸含量 /%	41.04	亚油酸含量 /%	35.65	油酸含量 / 亚油酸含量	1.15
硬脂酸含量 /%	0.64	花生酸含量 /%	0.54	二十四烷酸含量 /%	2.37
棕榈酸含量 /%	10.27	苏氨酸（Thr）含量 /%	0.68	缬氨酸（Val）含量 /%	0.94
赖氨酸（Lys）含量 /%	0.62	山嵛酸含量 /%	3.72	异亮氨酸（Ile）含量 /%	0.56
亮氨酸（Leu）含量 /%	1.31	苯丙氨酸（Phe）含量 /%	1.09	组氨酸（His）含量 /%	0.90
精氨酸（Arg）含量 /%	2.06	脯氨酸（Pro）含量 /%	1.39	蛋氨酸（Met）含量 /%	0.25

ICGV89104

种质库编号 GH01964

来源：印度

科名：豆科（Leguminosae） | 属名：落花生属（*Arachis* L.）
类型：珍珠豆型 | 观测地：广州市白云区 | 生长习性：直立
倍性：异源四倍体 | 观测时间：2015 年 6 月 | 开花习性：连续开花
保存单位：广东省农业科学院作物研究所

●特征特性

植株长势一般，直立生长，中等高度，分枝数一般，收获期落叶性一般，田间表现为中抗锈病和中抗叶斑病。

叶片中等大小，叶绿色，呈长椭圆形。

荚果茧型，中间缢缩极弱，果嘴不明显，表面质地中等，无果脊。种仁呈圆柱形。种皮为粉红色，有较多裂纹。

单株农艺性状

主茎高 /cm	45	结荚数 / 个	25	烂果率 /%	0
第一分枝长 /cm	65	果仁数 / 粒	2	百果重 /g	69.2
收获期主茎青叶数 / 片	11	饱果率 /%	68.0	百仁重 /g	50.8
总分枝 / 条	7	秕果率 /%	32.0	出仁率 /%	73.4

营养成分

蛋白质含量 /%	22.76	粗脂肪含量 /%	54.21	氨基酸总含量 /%	21.07
油酸含量 /%	44.26	亚油酸含量 /%	34.56	油酸含量 / 亚油酸含量	1.28
硬脂酸含量 /%	1.99	花生酸含量 /%	1.02	二十四烷酸含量 /%	1.24
棕榈酸含量 /%	10.39	苏氨酸（Thr）含量 /%	0.69	缬氨酸（Val）含量 /%	0.87
赖氨酸（Lys）含量 /%	0.89	山嵛酸含量 /%	2.89	异亮氨酸（Ile）含量 /%	0.63
亮氨酸（Leu）含量 /%	1.44	苯丙氨酸（Phe）含量 /%	1.13	组氨酸（His）含量 /%	0.71
精氨酸（Arg）含量 /%	2.35	脯氨酸（Pro）含量 /%	1.02	蛋氨酸（Met）含量 /%	0.23

ICGV92267

种质库编号
GH01966

来源：印度

科名：豆科（Leguminosae） | 属名：落花生属（*Arachis* L.）
类型：珍珠豆型 | 观测地：广州市白云区 | 生长习性：直立
倍性：异源四倍体 | 观测时间：2015 年 6 月 | 开花习性：连续开花
保存单位：广东省农业科学院作物研究所

●特征特性

植株长势旺盛，直立生长，中等高度，分枝数一般，收获期落叶性一般，田间表现为中抗锈病和中抗叶斑病。

叶片中等大小，叶色淡绿，呈长椭圆形。

荚果普通型，中间缢缩弱，果嘴不明显，表面质地粗糙，无果脊。种仁呈圆柱形。种皮为粉红色，有少量裂纹。

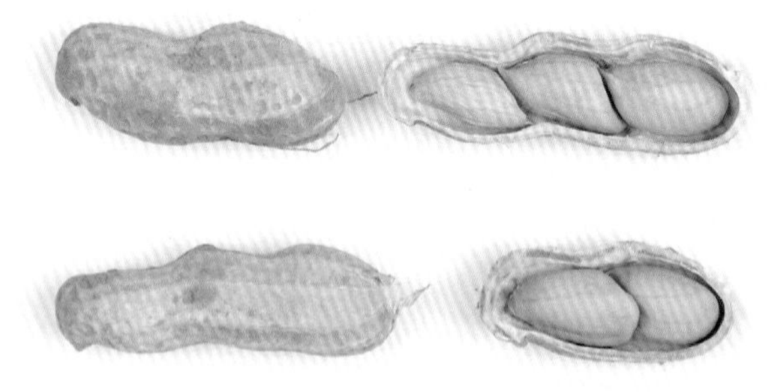

单株农艺性状					
主茎高 /cm	46	结荚数 / 个	27	烂果率 /%	0
第一分枝长 /cm	64	果仁数 / 粒	2~3	百果重 /g	103.6
收获期主茎青叶数 / 片	14	饱果率 /%	92.6	百仁重 /g	74.0
总分枝 / 条	8	秕果率 /%	7.4	出仁率 /%	71.4

营养成分					
蛋白质含量 /%	23.25	粗脂肪含量 /%	53.00	氨基酸总含量 /%	21.80
油酸含量 /%	46.26	亚油酸含量 /%	29.66	油酸含量 / 亚油酸含量	1.56
硬脂酸含量 /%	2.05	花生酸含量 /%	1.03	二十四烷酸含量 /%	1.41
棕榈酸含量 /%	9.87	苏氨酸（Thr）含量 /%	0.64	缬氨酸（Val）含量 /%	0.89
赖氨酸（Lys）含量 /%	0.92	山嵛酸含量 /%	3.27	异亮氨酸（Ile）含量 /%	0.64
亮氨酸（Leu）含量 /%	1.48	苯丙氨酸（Phe）含量 /%	1.19	组氨酸（His）含量 /%	0.84
精氨酸（Arg）含量 /%	2.40	脯氨酸（Pro）含量 /%	1.15	蛋氨酸（Met）含量 /%	0.25

ICGV93135

种质库编号
GH01970

来源：印度

科名：豆科（Leguminosae）｜属名：落花生属（*Arachis* L.）
类型：珍珠豆型｜观测地：广州市白云区｜生长习性：半蔓生
倍性：异源四倍体｜观测时间：2015 年 6 月｜开花习性：连续开花
保存单位：广东省农业科学院作物研究所

●特征特性

植株长势一般，半蔓生生长，植株较矮，分枝数少，收获期落叶性一般，田间表现为高抗锈病和高抗叶斑病。

叶片中等大小，叶绿色，呈长椭圆形。

荚果普通型，中间缢缩极弱，果嘴不明显，表面质地中等，无果脊。种仁呈圆柱形。种皮为红色，有少量裂纹。

单株农艺性状					
主茎高 /cm	29	结荚数 / 个	24	烂果率 /%	0
第一分枝长 /cm	41	果仁数 / 粒	2	百果重 /g	87.2
收获期主茎青叶数 / 片	12	饱果率 /%	95.8	百仁重 /g	49.6
总分枝 / 条	6	秕果率 /%	4.2	出仁率 /%	56.9

营养成分					
蛋白质含量 /%	26.26	粗脂肪含量 /%	49.01	氨基酸总含量 /%	24.07
油酸含量 /%	32.19	亚油酸含量 /%	47.65	油酸含量 / 亚油酸含量	0.68
硬脂酸含量 /%	0.86	花生酸含量 /%	1.04	二十四烷酸含量 /%	2.51
棕榈酸含量 /%	10.18	苏氨酸（Thr）含量 /%	0.89	缬氨酸（Val）含量 /%	1.35
赖氨酸（Lys）含量 /%	0.46	山嵛酸含量 /%	3.51	异亮氨酸（Ile）含量 /%	0.68
亮氨酸（Leu）含量 /%	1.60	苯丙氨酸（Phe）含量 /%	1.26	组氨酸（His）含量 /%	0.81
精氨酸（Arg）含量 /%	2.71	脯氨酸（Pro）含量 /%	0.61	蛋氨酸（Met）含量 /%	0.28

ICGV91283

种质库编号 GH01974

来源：印度

科名：豆科（Leguminosae） | 属名：落花生属（*Arachis* L.）
类型：珍珠豆型 | 观测地：广州市白云区 | 生长习性：蔓生
倍性：异源四倍体 | 观测时间：2015 年 6 月 | 开花习性：连续开花
保存单位：广东省农业科学院作物研究所

●特征特性

植株长势一般，蔓生生长，中等高度，分枝数一般，收获期不落叶，田间表现为高抗锈病和高抗叶斑病。

叶片中等大小，叶绿色，呈长椭圆形。

荚果茧型，中间缢缩极弱，果嘴不明显，表面质地中等，无果脊。种仁呈圆柱形。种皮为粉红色，无裂纹。

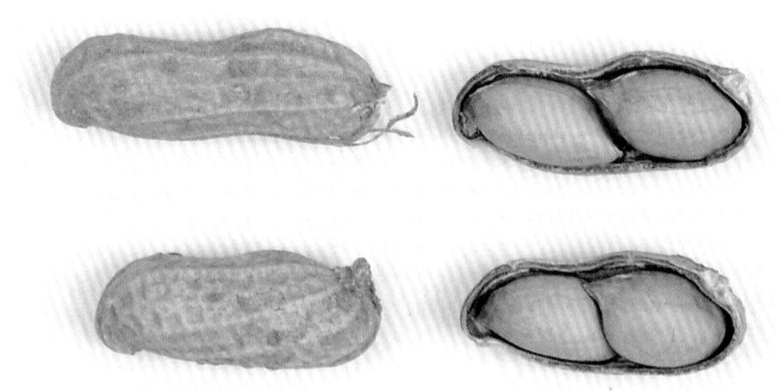

单株农艺性状					
主茎高 /cm	44	结荚数 / 个	62	烂果率 /%	0
第一分枝长 /cm	42	果仁数 / 粒	2	百果重 /g	73.2
收获期主茎青叶数 / 片	19	饱果率 /%	98.4	百仁重 /g	53.2
总分枝 / 条	8	秕果率 /%	1.6	出仁率 /%	72.7

营养成分					
蛋白质含量 /%	21.24	粗脂肪含量 /%	54.80	氨基酸总含量 /%	20.14
油酸含量 /%	46.41	亚油酸含量 /%	33.23	油酸含量 / 亚油酸含量	1.40
硬脂酸含量 /%	1.42	花生酸含量 /%	0.83	二十四烷酸含量 /%	1.80
棕榈酸含量 /%	9.82	苏氨酸（Thr）含量 /%	0.65	缬氨酸（Val）含量 /%	0.85
赖氨酸（Lys）含量 /%	0.77	山嵛酸含量 /%	3.57	异亮氨酸（Ile）含量 /%	0.60
亮氨酸（Leu）含量 /%	1.38	苯丙氨酸（Phe）含量 /%	1.09	组氨酸（His）含量 /%	0.79
精氨酸（Arg）含量 /%	2.19	脯氨酸（Pro）含量 /%	1.32	蛋氨酸（Met）含量 /%	0.23

ICGV92033

种质库编号
GH01975

来源：印度

科名：豆科（Leguminosae） | 属名：落花生属（*Arachis* L.）
类型：珍珠豆型 | 观测地：广州市白云区 | 生长习性：半蔓生
倍性：异源四倍体 | 观测时间：2015 年 6 月 | 开花习性：连续开花
保存单位：广东省农业科学院作物研究所

●特征特性

植株长势一般，半蔓生生长，中等高度，分枝数一般，收获期落叶性好，田间表现为高抗锈病和中抗叶斑病。

叶片中等大小，叶色淡绿，呈长椭圆形。

荚果茧型，中间缢缩极弱，无果嘴，表面质地光滑，无果脊。种仁呈圆柱形。种皮为粉红色，有少量裂纹。

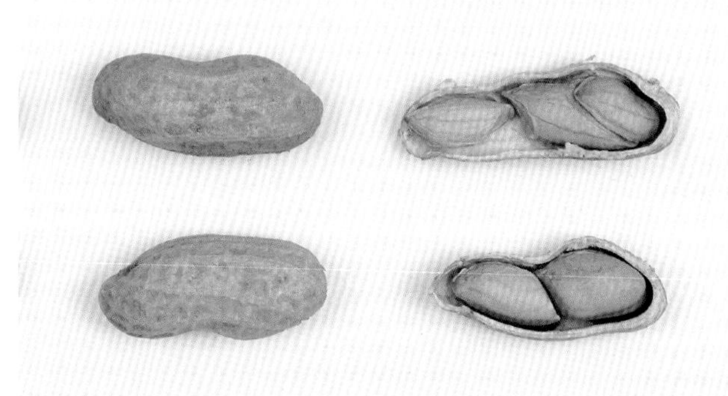

单株农艺性状					
主茎高 /cm	43	结荚数 / 个	26	烂果率 /%	19.2
第一分枝长 /cm	54	果仁数 / 粒	2~3	百果重 /g	103.6
收获期主茎青叶数 / 片	9	饱果率 /%	84.6	百仁重 /g	70.8
总分枝 / 条	7	秕果率 /%	15.4	出仁率 /%	68.3

营养成分					
蛋白质含量 /%	20.57	粗脂肪含量 /%	55.48	氨基酸总含量 /%	19.18
油酸含量 /%	36.96	亚油酸含量 /%	38.50	油酸含量 / 亚油酸含量	0.96
硬脂酸含量 /%	2.20	花生酸含量 /%	1.10	二十四烷酸含量 /%	1.22
棕榈酸含量 /%	11.12	苏氨酸（Thr）含量 /%	0.63	缬氨酸（Val）含量 /%	0.86
赖氨酸（Lys）含量 /%	0.87	山嵛酸含量 /%	2.65	异亮氨酸（Ile）含量 /%	0.57
亮氨酸（Leu）含量 /%	1.30	苯丙氨酸（Phe）含量 /%	1.05	组氨酸（His）含量 /%	0.72
精氨酸（Arg）含量 /%	2.08	脯氨酸（Pro）含量 /%	0.81	蛋氨酸（Met）含量 /%	0.23

ICGV92028

种质库编号
GH01976

来源：印度

科名：豆科（Leguminosae） | 属名：落花生属（*Arachis* L.）
类型：珍珠豆型 | 观测地：广州市白云区 | 生长习性：直立
倍性：异源四倍体 | 观测时间：2015 年 6 月 | 开花习性：连续开花
保存单位：广东省农业科学院作物研究所

●特征特性

植株长势一般，直立生长，中等高度，分枝数一般，收获期落叶性一般，田间表现为高抗锈病和中抗叶斑病。

叶片中等大小，叶色淡绿，呈长椭圆形。

荚果茧型，中间缢缩极弱，无果嘴，表面质地中等，无果脊。种仁呈锥形。种皮为粉红色，有少量裂纹。

单株农艺性状

性状	值	性状	值	性状	值
主茎高 /cm	55	结荚数 / 个	22	烂果率 /%	0
第一分枝长 /cm	64	果仁数 / 粒	2	百果重 /g	79.6
收获期主茎青叶数 / 片	12	饱果率 /%	86.4	百仁重 /g	48.0
总分枝 / 条	7	秕果率 /%	13.6	出仁率 /%	60.3

营养成分

成分	值	成分	值	成分	值
蛋白质含量 /%	23.34	粗脂肪含量 /%	48.50	氨基酸总含量 /%	21.86
油酸含量 /%	30.76	亚油酸含量 /%	46.87	油酸含量 / 亚油酸含量	0.66
硬脂酸含量 /%	0.91	花生酸含量 /%	0.89	二十四烷酸含量 /%	2.35
棕榈酸含量 /%	10.41	苏氨酸（Thr）含量 /%	0.74	缬氨酸（Val）含量 /%	1.18
赖氨酸（Lys）含量 /%	0.52	山嵛酸含量 /%	3.42	异亮氨酸（Ile）含量 /%	0.61
亮氨酸（Leu）含量 /%	1.44	苯丙氨酸（Phe）含量 /%	1.18	组氨酸（His）含量 /%	0.90
精氨酸（Arg）含量 /%	2.38	脯氨酸（Pro）含量 /%	1.01	蛋氨酸（Met）含量 /%	0.28

ICGV92113

种质库编号
GH01979

来源：印度

科名：豆科（Leguminosae） | 属名：落花生属（*Arachis* L.）
类型：珍珠豆型 | 观测地：广州市白云区 | 生长习性：直立
倍性：异源四倍体 | 观测时间：2015 年 6 月 | 开花习性：连续开花
保存单位：广东省农业科学院作物研究所

●特征特性

植株长势一般，直立生长，中等高度，分枝数一般，收获期落叶性一般，田间表现为中抗锈病和中抗叶斑病。

叶片中等大小，叶绿色，呈长椭圆形。

荚果茧型，中间缢缩极弱，无果嘴，表面质地中等，无果脊。种仁呈锥形。种皮为粉红色，无裂纹。

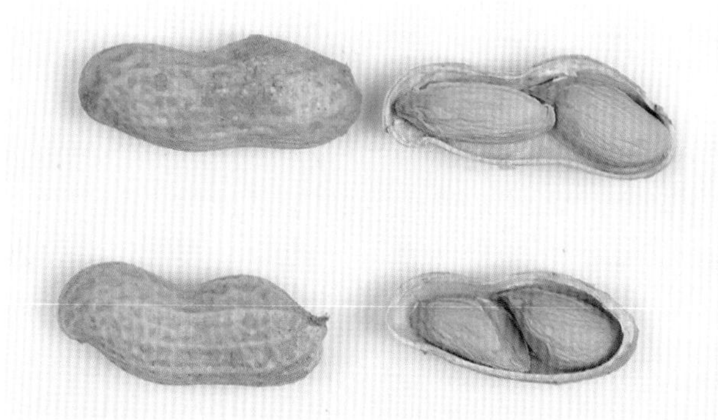

单株农艺性状					
主茎高 /cm	45	结荚数 / 个	28	烂果率 /%	0
第一分枝长 /cm	51	果仁数 / 粒	2	百果重 /g	92.0
收获期主茎青叶数 / 片	14	饱果率 /%	71.4	百仁重 /g	59.2
总分枝 / 条	8	秕果率 /%	28.6	出仁率 /%	64.3

营养成分					
蛋白质含量 /%	24.04	粗脂肪含量 /%	51.34	氨基酸总含量 /%	22.52
油酸含量 /%	37.69	亚油酸含量 /%	41.47	油酸含量 / 亚油酸含量	0.91
硬脂酸含量 /%	0.36	花生酸含量 /%	0.74	二十四烷酸含量 /%	2.47
棕榈酸含量 /%	10.46	苏氨酸（Thr）含量 /%	0.80	缬氨酸（Val）含量 /%	1.13
赖氨酸（Lys）含量 /%	0.42	山嵛酸含量 /%	3.50	异亮氨酸（Ile）含量 /%	0.64
亮氨酸（Leu）含量 /%	1.50	苯丙氨酸（Phe）含量 /%	1.20	组氨酸（His）含量 /%	0.88
精氨酸（Arg）含量 /%	2.44	脯氨酸（Pro）含量 /%	1.22	蛋氨酸（Met）含量 /%	0.27

ICGV93392

种质库编号 GH01980

来源：印度

科名：豆科（Leguminosae） | 属名：落花生属（*Arachis* L.）
类型：珍珠豆型 | 观测地：广州市白云区 | 生长习性：直立
倍性：异源四倍体 | 观测时间：2015 年 6 月 | 开花习性：连续开花
保存单位：广东省农业科学院作物研究所

●特征特性

植株长势一般，直立生长，中等高度，分枝数少，收获期落叶性一般，田间表现为中抗锈病和中抗叶斑病。

叶片中等大小，叶色淡绿，呈长椭圆形。

荚果茧型，中间缢缩极弱，果嘴不明显，表面质地粗糙，无果脊。种仁呈圆柱形。种皮为粉红色，无裂纹。

单株农艺性状

性状	数值	性状	数值	性状	数值
主茎高 /cm	45	结荚数 / 个	31	烂果率 /%	16.1
第一分枝长 /cm	48	果仁数 / 粒	2	百果重 /g	96.4
收获期主茎青叶数 / 片	11	饱果率 /%	93.5	百仁重 /g	74.8
总分枝 / 条	6	秕果率 /%	6.5	出仁率 /%	77.6

营养成分

成分	数值	成分	数值	成分	数值
蛋白质含量 /%	20.92	粗脂肪含量 /%	52.67	氨基酸总含量 /%	19.83
油酸含量 /%	43.97	亚油酸含量 /%	32.59	油酸含量 / 亚油酸含量	1.35
硬脂酸含量 /%	1.58	花生酸含量 /%	0.84	二十四烷酸含量 /%	1.97
棕榈酸含量 /%	10.29	苏氨酸（Thr）含量 /%	0.63	缬氨酸（Val）含量 /%	0.88
赖氨酸（Lys）含量 /%	0.64	山嵛酸含量 /%	3.96	异亮氨酸（Ile）含量 /%	0.58
亮氨酸（Leu）含量 /%	1.34	苯丙氨酸（Phe）含量 /%	1.10	组氨酸（His）含量 /%	0.82
精氨酸（Arg）含量 /%	2.12	脯氨酸（Pro）含量 /%	1.25	蛋氨酸（Met）含量 /%	0.23

ICGV93382

种质库编号 GH01981

科名：豆科（Leguminosae） | 属名：落花生属（*Arachis* L.）
类型：珍珠豆型 | 观测地：广州市白云区 | 生长习性：半蔓生
倍性：异源四倍体 | 观测时间：2015 年 6 月 | 开花习性：连续开花
保存单位：广东省农业科学院作物研究所

●特征特性

植株长势一般，半蔓生生长，中等高度，分枝数一般，收获期不落叶，田间表现为中抗锈病和中抗叶斑病。

叶片中等大小，叶绿色，呈长椭圆形。

荚果茧型，中间缢缩弱，无果嘴，表面质地中等，无果脊。种仁呈圆柱形。种皮为粉红色，无裂纹。

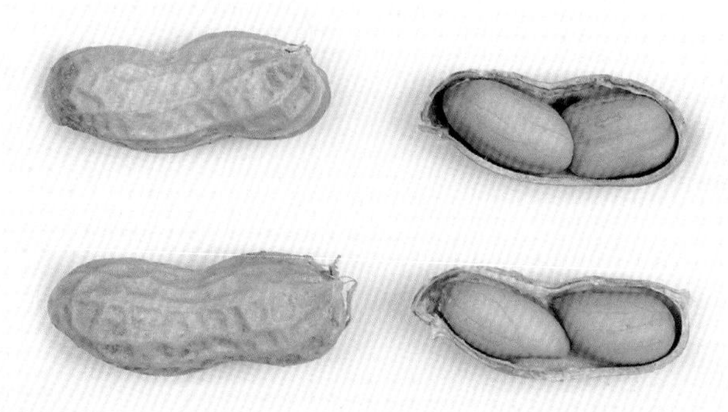

单株农艺性状

主茎高 /cm	42	结荚数 / 个	45	烂果率 /%	17.8
第一分枝长 /cm	56	果仁数 / 粒	2	百果重 /g	84.8
收获期主茎青叶数 / 片	17	饱果率 /%	100	百仁重 /g	62.8
总分枝 / 条	7	秕果率 /%	0	出仁率 /%	74.1

营养成分

蛋白质含量 /%	20.10	粗脂肪含量 /%	54.51	氨基酸总含量 /%	19.16
油酸含量 /%	45.51	亚油酸含量 /%	32.75	油酸含量 / 亚油酸含量	1.39
硬脂酸含量 /%	0.98	花生酸含量 /%	0.69	二十四烷酸含量 /%	2.23
棕榈酸含量 /%	9.88	苏氨酸（Thr）含量 /%	0.61	缬氨酸（Val）含量 /%	0.82
赖氨酸（Lys）含量 /%	0.72	山嵛酸含量 /%	3.95	异亮氨酸（Ile）含量 /%	0.55
亮氨酸（Leu）含量 /%	1.30	苯丙氨酸（Phe）含量 /%	1.05	组氨酸（His）含量 /%	0.84
精氨酸（Arg）含量 /%	2.01	脯氨酸（Pro）含量 /%	1.34	蛋氨酸（Met）含量 /%	0.22

ICGV92222

种质库编号
GH01982

来源：印度

科名：豆科（Leguminosae） | 属名：落花生属（*Arachis* L.）
类型：珍珠豆型 | 观测地：广州市白云区 | 生长习性：直立
倍性：异源四倍体 | 观测时间：2015 年 6 月 | 开花习性：连续开花
保存单位：广东省农业科学院作物研究所

●特征特性

植株长势一般，直立生长，中等高度，分枝数少，收获期落叶性一般，田间表现为感锈病和中抗叶斑病。

叶片较大，叶色淡绿，呈长椭圆形。

荚果茧型，中间缢缩极弱，无果嘴，表面质地粗糙，无果脊。种仁呈圆柱形。种皮为粉红色，有少量裂纹。

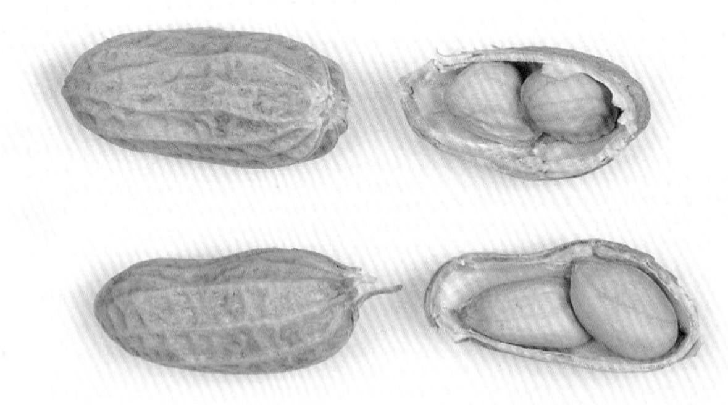

单株农艺性状					
主茎高 /cm	55	结荚数 / 个	22	烂果率 /%	22.7
第一分枝长 /cm	58	果仁数 / 粒	2	百果重 /g	75.2
收获期主茎青叶数 / 片	15	饱果率 /%	86.4	百仁重 /g	54.0
总分枝 / 条	6	秕果率 /%	13.6	出仁率 /%	71.8

营养成分					
蛋白质含量 /%	22.81	粗脂肪含量 /%	52.16	氨基酸总含量 /%	21.05
油酸含量 /%	40.56	亚油酸含量 /%	35.91	油酸含量 / 亚油酸含量	1.13
硬脂酸含量 /%	1.98	花生酸含量 /%	1.01	二十四烷酸含量 /%	1.56
棕榈酸含量 /%	11.05	苏氨酸（Thr）含量 /%	0.62	缬氨酸（Val）含量 /%	0.89
赖氨酸（Lys）含量 /%	0.84	山嵛酸含量 /%	3.27	异亮氨酸（Ile）含量 /%	0.63
亮氨酸（Leu）含量 /%	1.43	苯丙氨酸（Phe）含量 /%	1.15	组氨酸（His）含量 /%	0.78
精氨酸（Arg）含量 /%	2.32	脯氨酸（Pro）含量 /%	0.97	蛋氨酸（Met）含量 /%	0.23

ICGV93388

种质库编号
GH01983

来源：印度

科名：豆科（Leguminosae）｜属名：落花生属（*Arachis* L.）
类型：珍珠豆型｜观测地：广州市白云区｜生长习性：直立
倍性：异源四倍体｜观测时间：2015 年 6 月｜开花习性：连续开花
保存单位：广东省农业科学院作物研究所

●特征特性

植株长势一般，直立生长，中等高度，分枝数一般，收获期落叶性一般，田间表现为中抗锈病和中抗叶斑病。

叶片中等大小，叶绿色，呈长椭圆形。

荚果茧型，中间缢缩极弱，果嘴一般明显，表面质地中等，无果脊。种仁呈圆柱形。种皮为粉红色，无裂纹。

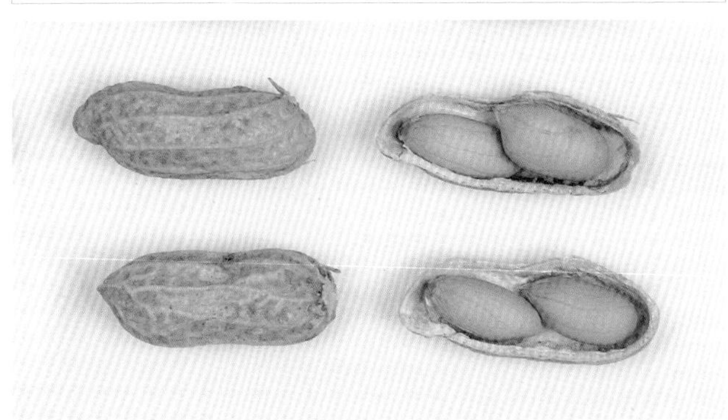

单株农艺性状

主茎高 /cm	41	结荚数 / 个	37	烂果率 /%	13.5
第一分枝长 /cm	49	果仁数 / 粒	2	百果重 /g	50.0
收获期主茎青叶数 / 片	14	饱果率 /%	97.3	百仁重 /g	30.4
总分枝 / 条	9	秕果率 /%	2.7	出仁率 /%	60.8

营养成分

蛋白质含量 /%	24.37	粗脂肪含量 /%	51.23	氨基酸总含量 /%	22.82
油酸含量 /%	43.97	亚油酸含量 /%	35.52	油酸含量 / 亚油酸含量	1.24
硬脂酸含量 /%	0.53	花生酸含量 /%	0.61	二十四烷酸含量 /%	1.51
棕榈酸含量 /%	10.40	苏氨酸（Thr）含量 /%	0.72	缬氨酸（Val）含量 /%	0.95
赖氨酸（Lys）含量 /%	0.99	山嵛酸含量 /%	2.99	异亮氨酸（Ile）含量 /%	0.66
亮氨酸（Leu）含量 /%	1.54	苯丙氨酸（Phe）含量 /%	1.22	组氨酸（His）含量 /%	0.85
精氨酸（Arg）含量 /%	2.52	脯氨酸（Pro）含量 /%	1.30	蛋氨酸（Met）含量 /%	0.25

ICGV93370

种质库编号
GH01984

来源：印度

科名：豆科（Leguminosae） | 属名：落花生属（*Arachis* L.）
类型：珍珠豆型 | 观测地：广州市白云区 | 生长习性：直立
倍性：异源四倍体 | 观测时间：2015 年 6 月 | 开花习性：连续开花
保存单位：广东省农业科学院作物研究所

●特征特性

植株长势一般，直立生长，中等高度，分枝数一般，收获期落叶性一般，田间表现为中抗锈病和中抗叶斑病。

叶片中等大小，叶绿色，呈长椭圆形。

荚果茧型，中间缢缩弱，果嘴不明显，表面质地中等，无果脊。种仁呈圆柱形。种皮为粉红色，无裂纹。

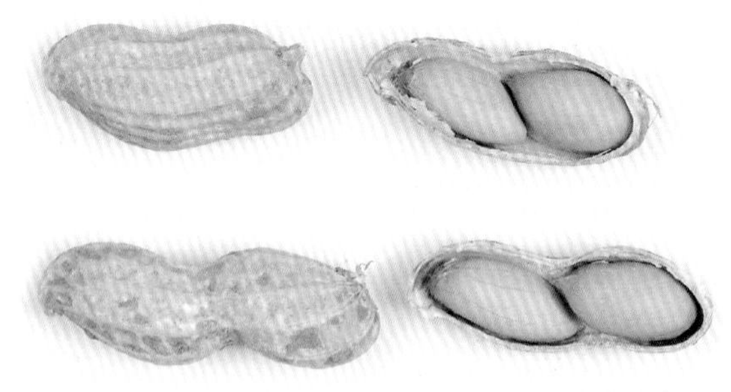

单株农艺性状					
主茎高 /cm	41	结荚数 / 个	34	烂果率 /%	8.8
第一分枝长 /cm	48	果仁数 / 粒	2	百果重 /g	107.6
收获期主茎青叶数 / 片	10	饱果率 /%	97.1	百仁重 /g	82.4
总分枝 / 条	8	秕果率 /%	2.9	出仁率 /%	76.6

营养成分					
蛋白质含量 /%	21.42	粗脂肪含量 /%	55.84	氨基酸总含量 /%	20.59
油酸含量 /%	48.35	亚油酸含量 /%	30.83	油酸含量 / 亚油酸含量	1.57
硬脂酸含量 /%	0.38	花生酸含量 /%	0.60	二十四烷酸含量 /%	0.79
棕榈酸含量 /%	9.42	苏氨酸（Thr）含量 /%	0.79	缬氨酸（Val）含量 /%	0.82
赖氨酸（Lys）含量 /%	1.86	山嵛酸含量 /%	1.74	异亮氨酸（Ile）含量 /%	0.59
亮氨酸（Leu）含量 /%	1.40	苯丙氨酸（Phe）含量 /%	1.11	组氨酸（His）含量 /%	0.84
精氨酸（Arg）含量 /%	2.11	脯氨酸（Pro）含量 /%	1.36	蛋氨酸（Met）含量 /%	0.22

ICGV93269

种质库编号
GH01994

来源：印度

科名：豆科（Leguminosae）｜属名：落花生属（*Arachis* L.）
类型：普通型｜观测地：广州市白云区｜生长习性：半蔓生
倍性：异源四倍体｜观测时间：2015 年 6 月｜开花习性：交替开花
保存单位：广东省农业科学院作物研究所

●特征特性

植株长势一般，半蔓生生长，中等高度，分枝数一般，收获期不落叶，田间表现为中抗锈病和中抗叶斑病。

叶片中等大小，叶绿色，呈长椭圆形。

荚果蜂腰型，中间缢缩弱，果嘴明显，表面质地中等，无果脊。种仁呈圆柱形。种皮为粉红色，无裂纹。

5 cm

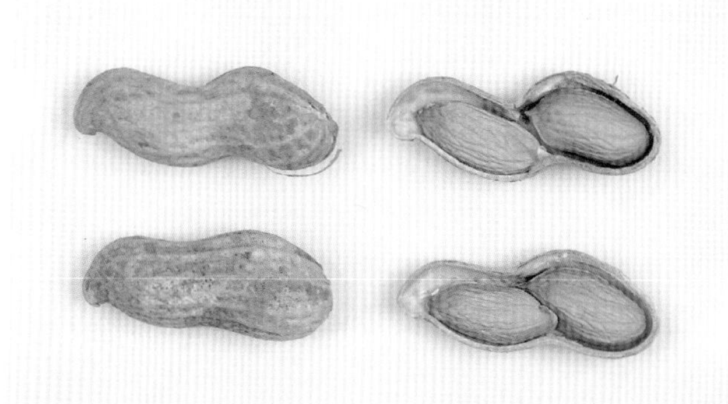

单株农艺性状

主茎高 /cm	48	结荚数 / 个	97	烂果率 /%	0
第一分枝长 /cm	65	果仁数 / 粒	2	百果重 /g	102.4
收获期主茎青叶数 / 片	17	饱果率 /%	95.9	百仁重 /g	71.6
总分枝 / 条	9	秕果率 /%	4.1	出仁率 /%	69.9

营养成分

蛋白质含量 /%	22.68	粗脂肪含量 /%	51.47	氨基酸总含量 /%	21.41
油酸含量 /%	48.62	亚油酸含量 /%	30.10	油酸含量 / 亚油酸含量	1.62
硬脂酸含量 /%	1.41	花生酸含量 /%	0.88	二十四烷酸含量 /%	2.00
棕榈酸含量 /%	9.80	苏氨酸（Thr）含量 /%	0.74	缬氨酸（Val）含量 /%	0.99
赖氨酸（Lys）含量 /%	0.56	山嵛酸含量 /%	2.92	异亮氨酸（Ile）含量 /%	0.63
亮氨酸（Leu）含量 /%	1.45	苯丙氨酸（Phe）含量 /%	1.16	组氨酸（His）含量 /%	0.81
精氨酸（Arg）含量 /%	2.33	脯氨酸（Pro）含量 /%	1.18	蛋氨酸（Met）含量 /%	0.26

ICGV93128

种质库编号
GH01997

来源：印度

科名：豆科（Leguminosae） | 属名：落花生属（*Arachis* L.）
类型：珍珠豆型 | 观测地：广州市白云区 | 生长习性：直立
倍性：异源四倍体 | 观测时间：2015 年 6 月 | 开花习性：连续开花
保存单位：广东省农业科学院作物研究所

●特征特性

植株长势一般，直立生长，中等高度，分枝数一般，收获期落叶性好，田间表现为高抗锈病和高抗叶斑病。

叶片中等大小，叶绿色，呈长椭圆形。

荚果茧型，中间缢缩弱，无果嘴，表面质地粗糙，无果脊。种仁呈圆柱形。种皮为粉红色，有少量裂纹。

单株农艺性状					
主茎高 /cm	45	结荚数 / 个	25	烂果率 /%	0
第一分枝长 /cm	60	果仁数 / 粒	2	百果重 /g	94.4
收获期主茎青叶数 / 片	9	饱果率 /%	68.0	百仁重 /g	64.8
总分枝 / 条	8	秕果率 /%	32.0	出仁率 /%	68.6

营养成分					
蛋白质含量 /%	25.74	粗脂肪含量 /%	52.68	氨基酸总含量 /%	24.03
油酸含量 /%	50.19	亚油酸含量 /%	27.89	油酸含量 / 亚油酸含量	1.80
硬脂酸含量 /%	1.95	花生酸含量 /%	1.03	二十四烷酸含量 /%	1.27
棕榈酸含量 /%	9.94	苏氨酸（Thr）含量 /%	0.71	缬氨酸（Val）含量 /%	1.01
赖氨酸（Lys）含量 /%	0.94	山嵛酸含量 /%	2.24	异亮氨酸（Ile）含量 /%	0.72
亮氨酸（Leu）含量 /%	1.64	苯丙氨酸（Phe）含量 /%	1.29	组氨酸（His）含量 /%	0.81
精氨酸（Arg）含量 /%	2.72	脯氨酸（Pro）含量 /%	1.06	蛋氨酸（Met）含量 /%	0.29

ICGV91317

种质库编号
GH01998

来源：印度

科名：豆科（Leguminosae） | 属名：落花生属（*Arachis* L.）
类型：珍珠豆型 | 观测地：广州市白云区 | 生长习性：直立
倍性：异源四倍体 | 观测时间：2015 年 6 月 | 开花习性：连续开花
保存单位：广东省农业科学院作物研究所

●特征特性

植株长势一般，直立生长，中等高度，分枝数一般，收获期不落叶，田间表现为中抗锈病和中抗叶斑病。

叶片中等大小，叶绿色，呈长椭圆形。

荚果茧型，中间缢缩弱，果嘴不明显，表面质地中等，无果脊。种仁呈圆柱形。种皮为粉红色，无裂纹。

单株农艺性状

主茎高 /cm	52	结荚数 / 个	52	烂果率 /%	1.9
第一分枝长 /cm	66	果仁数 / 粒	2	百果重 /g	86.0
收获期主茎青叶数 / 片	19	饱果率 /%	96.2	百仁重 /g	64.4
总分枝 / 条	7	秕果率 /%	3.8	出仁率 /%	74.9

营养成分

蛋白质含量 /%	26.92	粗脂肪含量 /%	53.77	氨基酸总含量 /%	24.71
油酸含量 /%	32.60	亚油酸含量 /%	41.86	油酸含量 / 亚油酸含量	0.78
硬脂酸含量 /%	2.74	花生酸含量 /%	1.27	二十四烷酸含量 /%	0.96
棕榈酸含量 /%	12.19	苏氨酸（Thr）含量 /%	0.75	缬氨酸（Val）含量 /%	0.99
赖氨酸（Lys）含量 /%	1.00	山嵛酸含量 /%	2.63	异亮氨酸（Ile）含量 /%	0.75
亮氨酸（Leu）含量 /%	1.69	苯丙氨酸（Phe）含量 /%	1.33	组氨酸（His）含量 /%	0.78
精氨酸（Arg）含量 /%	2.92	脯氨酸（Pro）含量 /%	1.05	蛋氨酸（Met）含量 /%	0.28

ICGV91328

种质库编号
GH01999

来源：印度

科名：豆科（Leguminosae） | 属名：落花生属（*Arachis* L.）
类型：珍珠豆型 | 观测地：广州市白云区 | 生长习性：直立
倍性：异源四倍体 | 观测时间：2015 年 6 月 | 开花习性：连续开花
保存单位：广东省农业科学院作物研究所

●特征特性

植株长势一般，直立生长，植株较高，分枝数少，收获期落叶性一般，田间表现为中抗锈病和中抗叶斑病。

叶片中等大小，叶绿色，呈长椭圆形。

荚果普通型，中间缢缩弱，果嘴不明显，表面质地光滑，无果脊。种仁呈圆柱形。种皮为黄白色，无裂纹。

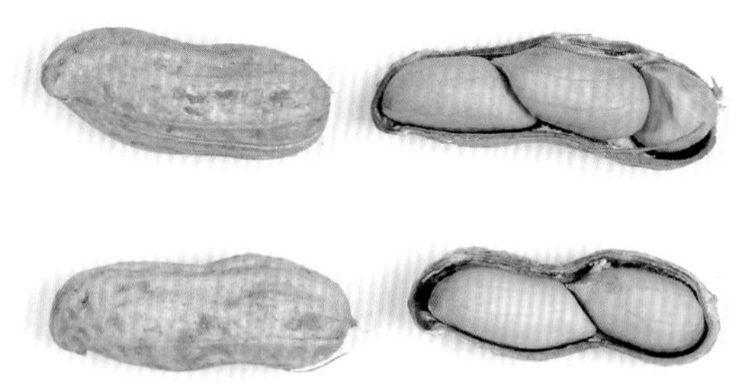

单株农艺性状					
主茎高 /cm	75	结荚数 / 个	29	烂果率 /%	0
第一分枝长 /cm	86	果仁数 / 粒	2~3	百果重 /g	114.4
收获期主茎青叶数 / 片	13	饱果率 /%	96.6	百仁重 /g	85.6
总分枝 / 条	5	秕果率 /%	3.4	出仁率 /%	74.8

营养成分					
蛋白质含量 /%	27.29	粗脂肪含量 /%	51.09	氨基酸总含量 /%	24.96
油酸含量 /%	37.96	亚油酸含量 /%	39.05	油酸含量 / 亚油酸含量	0.97
硬脂酸含量 /%	2.70	花生酸含量 /%	1.21	二十四烷酸含量 /%	1.21
棕榈酸含量 /%	11.31	苏氨酸（Thr）含量 /%	0.71	缬氨酸（Val）含量 /%	0.95
赖氨酸（Lys）含量 /%	0.91	山嵛酸含量 /%	2.97	异亮氨酸（Ile）含量 /%	0.76
亮氨酸（Leu）含量 /%	1.70	苯丙氨酸（Phe）含量 /%	1.34	组氨酸（His）含量 /%	0.77
精氨酸（Arg）含量 /%	2.97	脯氨酸（Pro）含量 /%	1.07	蛋氨酸（Met）含量 /%	0.27

ICGV92116

种质库编号
GH02001

来源：印度

科名：豆科（Leguminosae）　属名：落花生属（*Arachis* L.）
类型：珍珠豆型　观测地：广州市白云区　生长习性：半蔓生
倍性：异源四倍体　观测时间：2015 年 6 月　开花习性：连续开花
保存单位：广东省农业科学院作物研究所

●**特征特性**

植株长势一般，半蔓生生长，中等高度，分枝数多，收获期落叶性一般，田间表现为高抗锈病和高抗叶斑病。

叶片较小，叶绿色，呈长椭圆形。

荚果茧型，中间缢缩弱，果嘴一般明显，表面质地中等，无果脊。种仁呈圆柱形。种皮为粉红色，有较多裂纹。

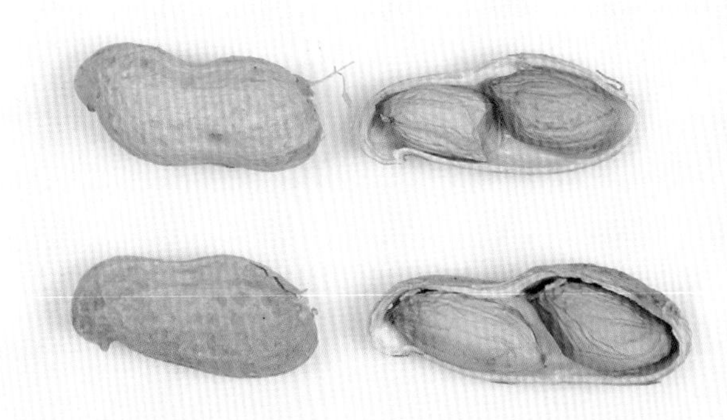

单株农艺性状

性状	数值	性状	数值	性状	数值
主茎高 /cm	43	结荚数 / 个	21	烂果率 /%	0
第一分枝长 /cm	55	果仁数 / 粒	2	百果重 /g	105.6
收获期主茎青叶数 / 片	14	饱果率 /%	95.2	百仁重 /g	68.0
总分枝 / 条	11	秕果率 /%	4.8	出仁率 /%	64.4

营养成分

成分	数值	成分	数值	成分	数值
蛋白质含量 /%	25.63	粗脂肪含量 /%	48.55	氨基酸总含量 /%	24.05
油酸含量 /%	31.75	亚油酸含量 /%	45.62	油酸含量 / 亚油酸含量	0.70
硬脂酸含量 /%	0.84	花生酸含量 /%	0.74	二十四烷酸含量 /%	2.01
棕榈酸含量 /%	11.63	苏氨酸（Thr）含量 /%	0.82	缬氨酸（Val）含量 /%	1.11
赖氨酸（Lys）含量 /%	0.77	山嵛酸含量 /%	2.84	异亮氨酸（Ile）含量 /%	0.68
亮氨酸（Leu）含量 /%	1.60	苯丙氨酸（Phe）含量 /%	1.30	组氨酸（His）含量 /%	0.94
精氨酸（Arg）含量 /%	2.71	脯氨酸（Pro）含量 /%	1.38	蛋氨酸（Met）含量 /%	0.29

F17 种质库编号 GH02142

来源：印度

科名：豆科（Leguminosae） | 属名：落花生属（*Arachis* L.）
类型：珍珠豆型 | 观测地：广州市白云区 | 生长习性：直立
倍性：异源四倍体 | 观测时间：2015 年 6 月 | 开花习性：连续开花
保存单位：广东省农业科学院作物研究所

●特征特性

植株长势一般，直立生长，植株较高，分枝数少，收获期落叶性一般，田间表现为高抗锈病和高抗叶斑病。

叶片中等大小，叶绿色，呈长椭圆形。

荚果茧型，中间缢缩极弱，无果嘴，表面质地中等，无果脊。种仁呈圆柱形。种皮为粉红色，无裂纹。

单株农艺性状

主茎高 /cm	72	结荚数 / 个	36	烂果率 /%	0
第一分枝长 /cm	90	果仁数 / 粒	2~3	百果重 /g	112.4
收获期主茎青叶数 / 片	13	饱果率 /%	97.2	百仁重 /g	81.6
总分枝 / 条	6	秕果率 /%	2.8	出仁率 /%	72.6

营养成分

蛋白质含量 /%	25.22	粗脂肪含量 /%	50.45	氨基酸总含量 /%	23.7
油酸含量 /%	42.27	亚油酸含量 /%	37.88	油酸含量 / 亚油酸含量	1.12
硬脂酸含量 /%	0.44	花生酸含量 /%	0.64	二十四烷酸含量 /%	2.59
棕榈酸含量 /%	10.7	苏氨酸（Thr）含量 /%	0.76	缬氨酸（Val）含量 /%	1.03
赖氨酸（Lys）含量 /%	0.14	山嵛酸含量 /%	4.33	异亮氨酸（Ile）含量 /%	0.69
亮氨酸（Leu）含量 /%	1.60	苯丙氨酸（Phe）含量 /%	1.27	组氨酸（His）含量 /%	0.91
精氨酸（Arg）含量 /%	2.65	脯氨酸（Pro）含量 /%	1.67	蛋氨酸（Met）含量 /%	0.24

ICGV95205

种质库编号
GH02145

来源：印度

科名：豆科（Leguminosae）｜属名：落花生属（*Arachis* L.）
类型：多粒型｜观测地：广州市白云区｜生长习性：直立
倍性：异源四倍体｜观测时间：2015 年 6 月｜开花习性：连续开花
保存单位：广东省农业科学院作物研究所

●特征特性

植株长势一般，直立生长，中等高度，分枝数少，收获期不落叶，田间表现感锈病和感叶斑病。

叶片中等大小，叶绿色，呈长椭圆形。

荚果串珠型，中间缢缩极弱，果嘴不明显，表面质地中等，无果脊。种仁呈圆柱形。种皮为粉红色，有少量裂纹。

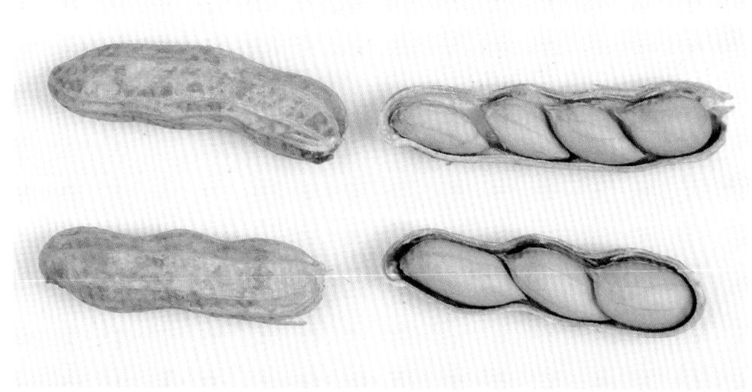

单株农艺性状

性状	数值	性状	数值	性状	数值
主茎高 /cm	64	结荚数 / 个	43	烂果率 /%	2.3
第一分枝长 /cm	82	果仁数 / 粒	3~4	百果重 /g	119.2
收获期主茎青叶数 / 片	19	饱果率 /%	95.3	百仁重 /g	89.2
总分枝 / 条	6	秕果率 /%	4.7	出仁率 /%	74.8

营养成分

成分	数值	成分	数值	成分	数值
蛋白质含量 /%	25.45	粗脂肪含量 /%	52.08	氨基酸总含量 /%	23.68
油酸含量 /%	40.65	亚油酸含量 /%	35.21	油酸含量 / 亚油酸含量	1.15
硬脂酸含量 /%	1.39	花生酸含量 /%	0.85	二十四烷酸含量 /%	2.13
棕榈酸含量 /%	11.09	苏氨酸（Thr）含量 /%	0.77	缬氨酸（Val）含量 /%	1.04
赖氨酸（Lys）含量 /%	0.71	山嵛酸含量 /%	4.03	异亮氨酸（Ile）含量 /%	0.71
亮氨酸（Leu）含量 /%	1.61	苯丙氨酸（Phe）含量 /%	1.28	组氨酸（His）含量 /%	0.87
精氨酸（Arg）含量 /%	2.69	脯氨酸（Pro）含量 /%	1.32	蛋氨酸（Met）含量 /%	0.26

ICGV95115

种质库编号 GH02148

来源：印度

科名：豆科（Leguminosae） | 属名：落花生属（*Arachis* L.）

类型：珍珠豆型 | 观测地：广州市白云区 | 生长习性：直立

倍性：异源四倍体 | 观测时间：2015 年 6 月 | 开花习性：连续开花

保存单位：广东省农业科学院作物研究所

●特征特性

植株长势一般，直立生长，植株较矮，分枝数一般，收获期落叶性好，田间表现为高抗锈病和中抗叶斑病。

叶片中等大小，叶色深绿，呈长椭圆形。

荚果串珠型，中间缢缩极弱，果嘴一般明显，表面质地中等，果脊中等。种仁呈圆柱形。种皮为粉红色，有少量裂纹。

单株农艺性状					
主茎高 /cm	37	结荚数 / 个	48	烂果率 /%	4.2
第一分枝长 /cm	70	果仁数 / 粒	2~3	百果重 /g	85.6
收获期主茎青叶数 / 片	7	饱果率 /%	100	百仁重 /g	62.0
总分枝 / 条	7	秕果率 /%	0	出仁率 /%	72.4

营养成分					
蛋白质含量 /%	24.18	粗脂肪含量 /%	49.60	氨基酸总含量 /%	22.60
油酸含量 /%	39.65	亚油酸含量 /%	38.01	油酸含量 / 亚油酸含量	1.04
硬脂酸含量 /%	0.62	花生酸含量 /%	0.63	二十四烷酸含量 /%	2.29
棕榈酸含量 /%	10.81	苏氨酸（Thr）含量 /%	0.81	缬氨酸（Val）含量 /%	1.04
赖氨酸（Lys）含量 /%	0.73	山嵛酸含量 /%	3.68	异亮氨酸（Ile）含量 /%	0.66
亮氨酸（Leu）含量 /%	1.52	苯丙氨酸（Phe）含量 /%	1.23	组氨酸（His）含量 /%	0.89
精氨酸（Arg）含量 /%	2.51	脯氨酸（Pro）含量 /%	1.34	蛋氨酸（Met）含量 /%	0.25

ICGV94060

种质库编号
GH02149

来源：印度

科名：豆科（Leguminosae）　属名：落花生属（*Arachis* L.）
类型：珍珠豆型　观测地：广州市白云区　生长习性：半蔓生
倍性：异源四倍体　观测时间：2015 年 6 月　开花习性：连续开花
保存单位：广东省农业科学院作物研究所

●特征特性

植株长势一般，半蔓生生长，中等高度，分枝数一般，收获期落叶性好，田间表现为高抗锈病和高抗叶斑病。

叶片中等大小，叶绿色，呈长椭圆形。

荚果普通型，中间缢缩弱，果嘴不明显，表面质地粗糙，无果脊。种仁呈圆柱形。种皮为粉红色，有少量裂纹。

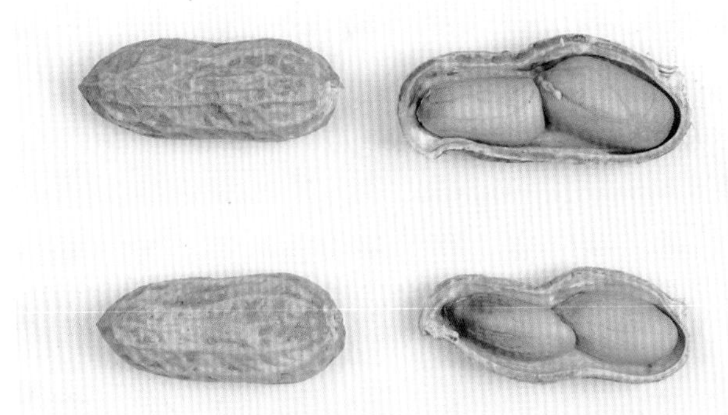

单株农艺性状

主茎高 /cm	50	结荚数 / 个	25	烂果率 /%	4.0
第一分枝长 /cm	75	果仁数 / 粒	2	百果重 /g	122.4
收获期主茎青叶数 / 片	9	饱果率 /%	100	百仁重 /g	80.8
总分枝 / 条	10	秕果率 /%	0	出仁率 /%	66.0

营养成分

蛋白质含量 /%	22.92	粗脂肪含量 /%	49.83	氨基酸总含量 /%	21.27
油酸含量 /%	40.14	亚油酸含量 /%	36.31	油酸含量 / 亚油酸含量	1.11
硬脂酸含量 /%	2.61	花生酸含量 /%	1.13	二十四烷酸含量 /%	1.22
棕榈酸含量 /%	10.74	苏氨酸（Thr）含量 /%	0.65	缬氨酸（Val）含量 /%	0.91
赖氨酸（Lys）含量 /%	0.93	山嵛酸含量 /%	2.72	异亮氨酸（Ile）含量 /%	0.63
亮氨酸（Leu）含量 /%	1.43	苯丙氨酸（Phe）含量 /%	1.17	组氨酸（His）含量 /%	0.78
精氨酸（Arg）含量 /%	2.38	脯氨酸（Pro）含量 /%	1.07	蛋氨酸（Met）含量 /%	0.25

ICGV92267-3

种质库编号
GH04238

来源：印度

科名：豆科（Leguminosae） | 属名：落花生属（*Arachis* L.）
类型：珍珠豆型 | 观测地：广州市白云区 | 生长习性：半蔓生
倍性：异源四倍体 | 观测时间：2015 年 6 月 | 开花习性：连续开花
保存单位：广东省农业科学院作物研究所

●特征特性

植株长势旺盛，半蔓生生长，植株较矮，分枝数少，收获期不落叶，田间表现为高抗锈病和高抗叶斑病。

叶片较小，叶绿色，呈长椭圆形。

荚果串珠型，中间缢缩极弱，果嘴不明显，表面质地中等，果脊中等。种仁呈圆柱形。种皮为红色，无裂纹。

单株农艺性状

性状	数值	性状	数值	性状	数值
主茎高 /cm	26	结荚数 / 个	17	烂果率 /%	11.8
第一分枝长 /cm	32	果仁数 / 粒	3	百果重 /g	102.8
收获期主茎青叶数 / 片	17	饱果率 /%	100	百仁重 /g	76.0
总分枝 / 条	6	秕果率 /%	0	出仁率 /%	73.9

营养成分

成分	数值	成分	数值	成分	数值
蛋白质含量 /%	25.10	粗脂肪含量 /%	51.05	氨基酸总含量 /%	23.18
油酸含量 /%	32.54	亚油酸含量 /%	43.11	油酸含量 / 亚油酸含量	0.75
硬脂酸含量 /%	2.26	花生酸含量 /%	1.07	二十四烷酸含量 /%	1.21
棕榈酸含量 /%	11.93	苏氨酸（Thr）含量 /%	0.73	缬氨酸（Val）含量 /%	0.98
赖氨酸（Lys）含量 /%	1.00	山嵛酸含量 /%	3.06	异亮氨酸（Ile）含量 /%	0.69
亮氨酸（Leu）含量 /%	1.58	苯丙氨酸（Phe）含量 /%	1.26	组氨酸（His）含量 /%	0.79
精氨酸（Arg）含量 /%	2.69	脯氨酸（Pro）含量 /%	1.11	蛋氨酸（Met）含量 /%	0.25

set8-2

种质库编号 GH02247

来源：印度

科名：豆科（Leguminosae） | 属名：落花生属（*Arachis* L.）

类型：珍珠豆型 | 观测地：广州市白云区 | 生长习性：半蔓生

倍性：异源四倍体 | 观测时间：2015 年 6 月 | 开花习性：连续开花

保存单位：广东省农业科学院作物研究所

●特征特性

植株长势较好，半蔓生生长，中等高度，分枝数少，收获期落叶性一般，田间表现为高抗锈病和高抗叶斑病。

叶片中等大小，叶色深绿，呈长椭圆形。

荚果蜂腰型，中间缢缩中等，果嘴明显，表面质地中等，无果脊。种仁呈圆柱形。种皮为粉红色，无裂纹。

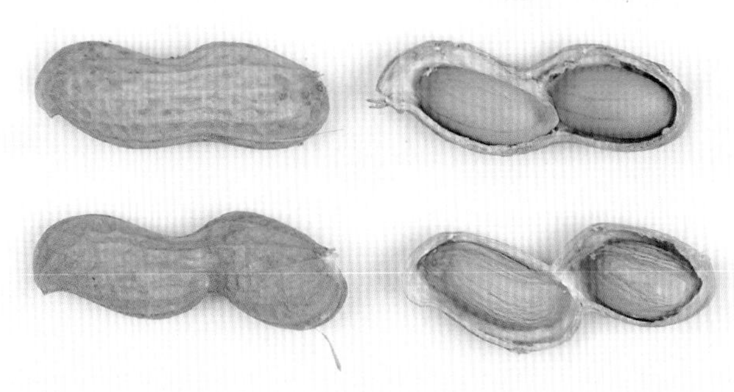

单株农艺性状

主茎高 /cm	41	结荚数 / 个	29	烂果率 /%	0
第一分枝长 /cm	52	果仁数 / 粒	2	百果重 /g	109.2
收获期主茎青叶数 / 片	14	饱果率 /%	100	百仁重 /g	76.8
总分枝 / 条	6	秕果率 /%	0	出仁率 /%	70.3

营养成分

蛋白质含量 /%	29.23	粗脂肪含量 /%	50.02	氨基酸总含量 /%	26.58
油酸含量 /%	35.89	亚油酸含量 /%	42.27	油酸含量 / 亚油酸含量	0.85
硬脂酸含量 /%	1.95	花生酸含量 /%	1.26	二十四烷酸含量 /%	1.48
棕榈酸含量 /%	9.81	苏氨酸（Thr）含量 /%	0.95	缬氨酸（Val）含量 /%	1.30
赖氨酸（Lys）含量 /%	1.03	山嵛酸含量 /%	2.09	异亮氨酸（Ile）含量 /%	0.77
亮氨酸（Leu）含量 /%	1.78	苯丙氨酸（Phe）含量 /%	1.42	组氨酸（His）含量 /%	0.94
精氨酸（Arg）含量 /%	3.11	脯氨酸（Pro）含量 /%	0.99	蛋氨酸（Met）含量 /%	0.29

set8-7

种质库编号
GH01304

来源：印度

科名：豆科（Leguminosae） | 属名：落花生属（*Arachis* L.）
类型：珍珠豆型 | 观测地：广州市白云区 | 生长习性：直立
倍性：异源四倍体 | 观测时间：2015 年 6 月 | 开花习性：连续开花
保存单位：广东省农业科学院作物研究所

● **特征特性**

植株长势一般，直立生长，中等高度，分枝数少，收获期不落叶，田间表现为高抗锈病和高抗叶斑病。

叶片中等大小，叶绿色，呈长椭圆形。

荚果茧型，中间缢缩极弱，果嘴不明显，表面质地光滑，无果脊。种仁呈圆柱形。种皮为粉红色，有少量裂纹。

单株农艺性状

主茎高 /cm	60	结荚数 / 个	14	烂果率 /%	0
第一分枝长 /cm	63	果仁数 / 粒	2	百果重 /g	101.6
收获期主茎青叶数 / 片	17	饱果率 /%	92.9	百仁重 /g	74.8
总分枝 / 条	6	秕果率 /%	7.1	出仁率 /%	73.6

营养成分

蛋白质含量 /%	22.58	粗脂肪含量 /%	52.49	氨基酸总含量 /%	21.00
油酸含量 /%	38.85	亚油酸含量 /%	37.96	油酸含量 / 亚油酸含量	1.02
硬脂酸含量 /%	1.51	花生酸含量 /%	0.85	二十四烷酸含量 /%	1.31
棕榈酸含量 /%	11.15	苏氨酸（Thr）含量 /%	0.70	缬氨酸（Val）含量 /%	0.90
赖氨酸（Lys）含量 /%	0.87	山嵛酸含量 /%	2.40	异亮氨酸（Ile）含量 /%	0.63
亮氨酸（Leu）含量 /%	1.42	苯丙氨酸（Phe）含量 /%	1.14	组氨酸（His）含量 /%	0.80
精氨酸（Arg）含量 /%	2.35	脯氨酸（Pro）含量 /%	1.13	蛋氨酸（Met）含量 /%	0.25

波-43

种质库编号
GH01161

来源：泰国

科名：豆科（Leguminosae） | 属名：落花生属（*Arachis* L.）
类型：普通型 | 观测地：广州市白云区 | 生长习性：蔓生
倍性：异源四倍体 | 观测时间：2015 年 6 月 | 开花习性：交替开花
保存单位：广东省农业科学院作物研究所

●特征特性

植株长势旺盛，蔓生生长，植株较矮，分枝数一般，收获期落叶性一般，田间表现为中抗锈病和中抗叶斑病。

叶片较小，叶绿色，呈长椭圆形。

荚果普通型，中间缢缩极弱，果嘴明显，表面质地中等，无果脊。种仁呈圆柱形。种皮为粉红色，无裂纹。

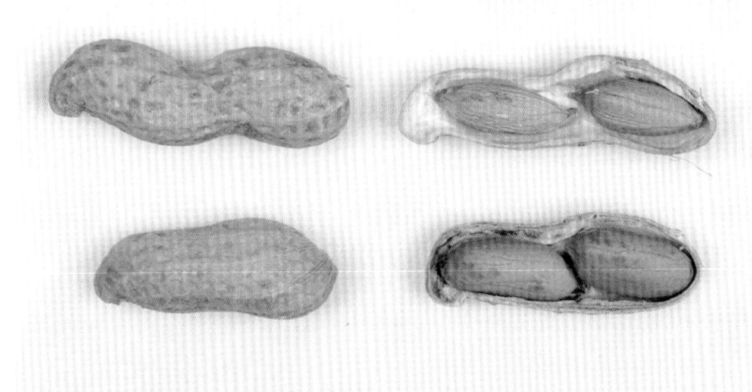

单株农艺性状					
主茎高 /cm	34	结荚数 / 个	67	烂果率 /%	0
第一分枝长 /cm	65	果仁数 / 粒	2	百果重 /g	186.8
收获期主茎青叶数 / 片	11	饱果率 /%	79.1	百仁重 /g	119.2
总分枝 / 条	12	秕果率 /%	20.9	出仁率 /%	63.8

营养成分					
蛋白质含量 /%	23.88	粗脂肪含量 /%	49.81	氨基酸总含量 /%	22.36
油酸含量 /%	40.65	亚油酸含量 /%	36.80	油酸含量 / 亚油酸含量	1.10
硬脂酸含量 /%	1.08	花生酸含量 /%	0.80	二十四烷酸含量 /%	2.58
棕榈酸含量 /%	10.56	苏氨酸（Thr）含量 /%	0.76	缬氨酸（Val）含量 /%	1.10
赖氨酸（Lys）含量 /%	0.30	山嵛酸含量 /%	4.29	异亮氨酸（Ile）含量 /%	0.65
亮氨酸（Leu）含量 /%	1.50	苯丙氨酸（Phe）含量 /%	1.22	组氨酸（His）含量 /%	0.91
精氨酸（Arg）含量 /%	2.47	脯氨酸（Pro）含量 /%	1.36	蛋氨酸（Met）含量 /%	0.26

set7-51

种质库编号
GH02255

来源：泰国

科名：豆科（Leguminosae） | 属名：落花生属（*Arachis* L.）
类型：珍珠豆型 | 观测地：广州市白云区 | 生长习性：直立
倍性：异源四倍体 | 观测时间：2015 年 6 月 | 开花习性：连续开花
保存单位：广东省农业科学院作物研究所

●特征特性

植株长势一般，直立生长，中等高度，分枝数少，收获期不落叶，田间表现为高抗锈病和高抗叶斑病。

叶片中等大小，叶绿色，呈长椭圆形。

荚果串珠型，中间缢缩极弱，果嘴一般明显，表面质地光滑，果脊中等。种仁呈圆柱形。种皮为红色，有少量裂纹。

单株农艺性状					
主茎高 /cm	60	结荚数 / 个	34	烂果率 /%	0
第一分枝长 /cm	62	果仁数 / 粒	2	百果重 /g	145.2
收获期主茎青叶数 / 片	23	饱果率 /%	100	百仁重 /g	104.0
总分枝 / 条	4	秕果率 /%	0	出仁率 /%	71.6

营养成分					
蛋白质含量 /%	26.54	粗脂肪含量 /%	48.31	氨基酸总含量 /%	24.65
油酸含量 /%	32.54	亚油酸含量 /%	43.30	油酸含量 / 亚油酸含量	0.75
硬脂酸含量 /%	1.61	花生酸含量 /%	0.94	二十四烷酸含量 /%	2.32
棕榈酸含量 /%	12.15	苏氨酸（Thr）含量 /%	0.80	缬氨酸（Val）含量 /%	1.09
赖氨酸（Lys）含量 /%	0.93	山嵛酸含量 /%	4.86	异亮氨酸（Ile）含量 /%	0.72
亮氨酸（Leu）含量 /%	1.66	苯丙氨酸（Phe）含量 /%	1.34	组氨酸（His）含量 /%	0.89
精氨酸（Arg）含量 /%	2.83	脯氨酸（Pro）含量 /%	1.39	蛋氨酸（Met）含量 /%	0.26

唐人豆

种质库编号
GH02979

来源：日本

科名：豆科（Leguminosae）｜属名：落花生属（*Arachis* L.）
类型：多粒型｜观测地：广州市白云区｜生长习性：直立
倍性：异源四倍体｜观测时间：2015 年 6 月｜开花习性：连续开花
保存单位：广东省农业科学院作物研究所

●特征特性

植株长势旺盛，直立生长，中等高度，分枝数少，收获期落叶性一般，田间表现为高抗锈病和高抗叶斑病。

叶片中等大小，叶色深绿，呈长椭圆形。

荚果蜂腰型，中间缢缩中等，果嘴明显，表面质地粗糙，无果脊。种仁呈锥形。种皮为粉红色，有少量裂纹。

单株农艺性状					
主茎高 /cm	44	结荚数 / 个	13	烂果率 /%	0
第一分枝长 /cm	52	果仁数 / 粒	2	百果重 /g	157.2
收获期主茎青叶数 / 片	11	饱果率 /%	92.3	百仁重 /g	97.6
总分枝 / 条	6	秕果率 /%	7.7	出仁率 /%	62.1

营养成分					
蛋白质含量 /%	25.66	粗脂肪含量 /%	48.43	氨基酸总含量 /%	23.91
油酸含量 /%	42.71	亚油酸含量 /%	36.42	油酸含量 / 亚油酸含量	1.17
硬脂酸含量 /%	1.00	花生酸含量 /%	0.91	二十四烷酸含量 /%	2.43
棕榈酸含量 /%	9.87	苏氨酸（Thr）含量 /%	0.82	缬氨酸（Val）含量 /%	1.17
赖氨酸（Lys）含量 /%	0.39	山嵛酸含量 /%	3.64	异亮氨酸（Ile）含量 /%	0.69
亮氨酸（Leu）含量 /%	1.60	苯丙氨酸（Phe）含量 /%	1.28	组氨酸（His）含量 /%	0.89
精氨酸（Arg）含量 /%	2.65	脯氨酸（Pro）含量 /%	1.23	蛋氨酸（Met）含量 /%	0.27

索　　引

J

L

M

P

Q

R

S

附录　花生种质资源调查方法

基本信息

● 植物学类型：栽培种花生的植物学类型共5种：①多粒型；②珍珠豆型；③龙生型；④普通型；⑤中间型。

● 种质类型：花生种质类型分为6类：①地方品种；②选育品种；③品系；④遗传材料；⑤野生资源；⑥其他。

形态特征和生物学特性

● 开花习性：根据着生花序在植株的排列方式，分为：①交替开花；②连续开花（图1）。

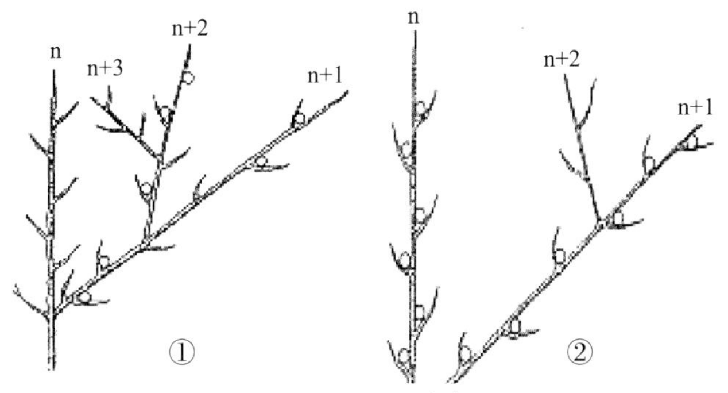

图1　开花习性[1]

①交替开花；②连续开花

● 生长习性：目测整个小区，根据植株形态和主茎与第一对侧枝之间的角度，如图2进行分级。

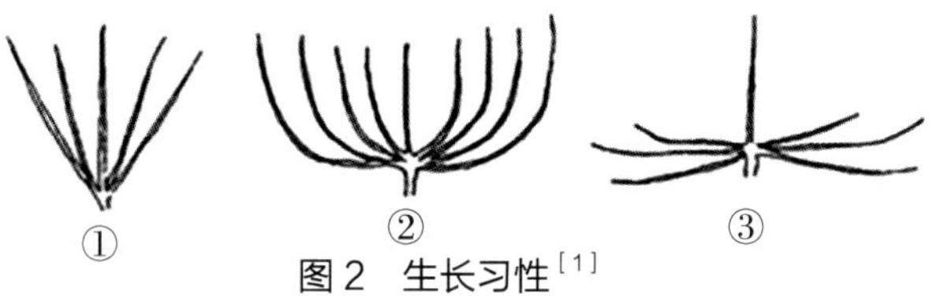

图2　生长习性[1]

①直立；②半蔓生；③蔓生

● 植株主茎高度：饱果成熟期，饱果60%以上，叶片变黄，测量主茎高度，如图3所示，并按表1进行分级。

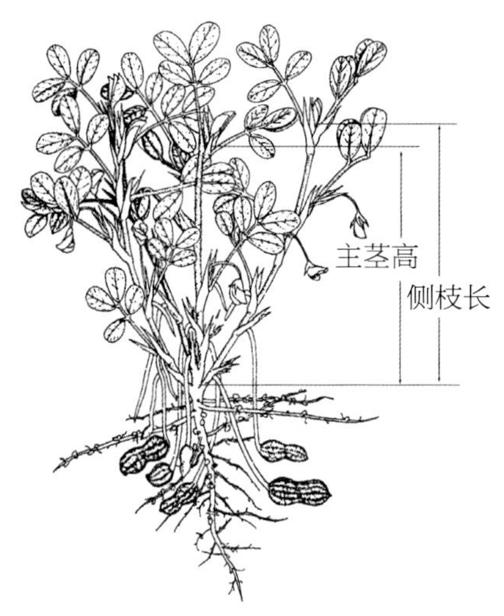

图3　植株主茎高度[1]

表1　植株主茎高度分级

性状描述	矮	中	高
主茎高度/cm	≤40	40~70	>70

● 第一分枝长度：测量第一对侧枝最长一条的长度。

● 分枝数量：测量植株5cm以上的分枝数量，按表2进行分级。

表2　植株分枝数量分级

性状描述	少	中	多
分枝数量/条	≤6	7~12	≥13

● 收获期主茎青叶数：测量收获期植株主茎上青叶片的总数，并按表3进行分级。

表3　植株主茎青叶数量分级

性状描述	收获期落叶性好	收获期落叶性一般	收获期不落叶
主茎青叶数/片	≤9	10~15	≥16

● 小叶绿色程度：根据第一对侧枝中上部完全展开的复叶顶端两片小叶，如图 4 所示进行分级。

图 4　小叶绿色程度分级 [1]

● 小叶形状：根据第一对侧枝中上部完全展开的复叶顶端两片小叶，如图 5 所示进行分级。

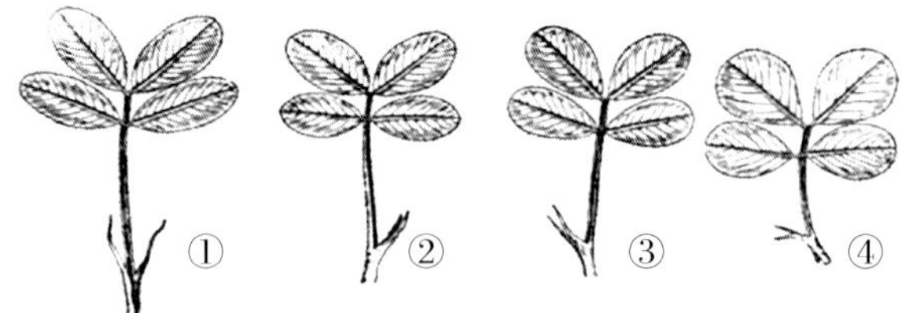

图 5　小叶形状分级 [1]

①长椭圆形；②椭圆形；③倒卵形；④宽倒卵形

● 锈病抗性：花生植株及叶片对锈病的抗性如图 6 进行分级。

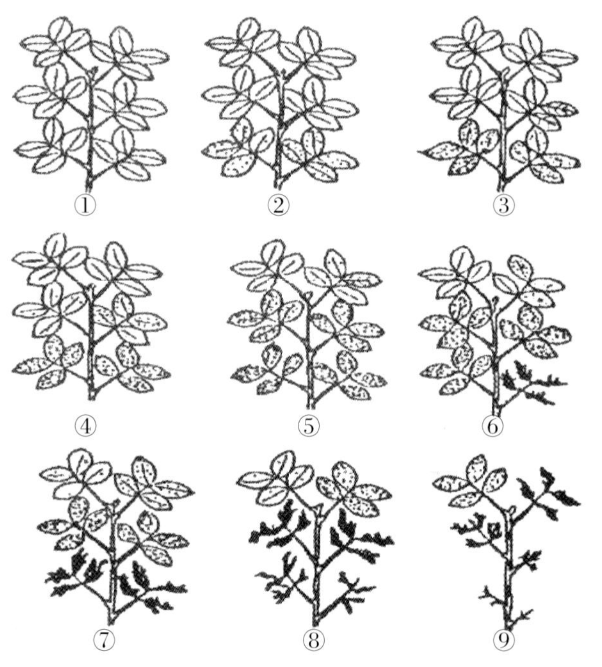

图 6　花生植株及叶片对锈病的抗性分级 [2]

①高抗；⑤中抗；⑦感病；⑨高感

● 叶斑病抗性：花生植株及叶片对叶斑病的抗性程度如图 7 进行分级。

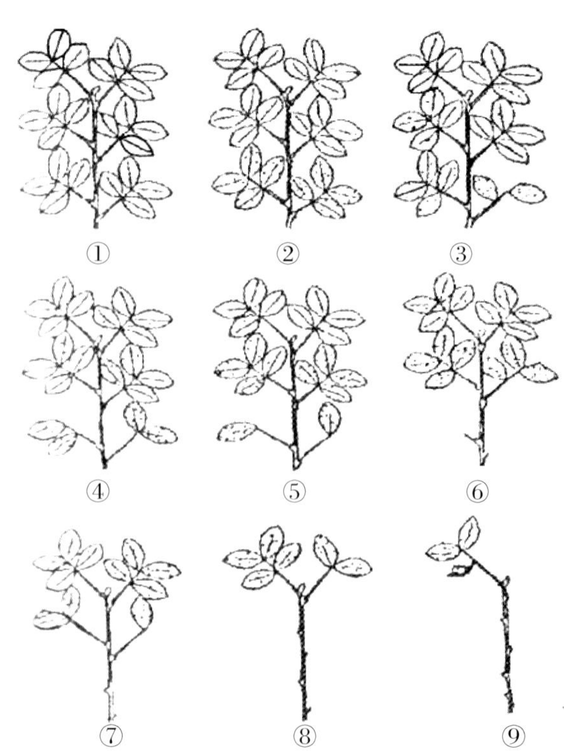

图 7　花生植株及叶片对叶斑病的抗性分级 [2]

①高抗；⑤中抗；⑦感病；⑨高感

● 荚果类型：成熟饱满典型荚果的类型如图 8 所示。

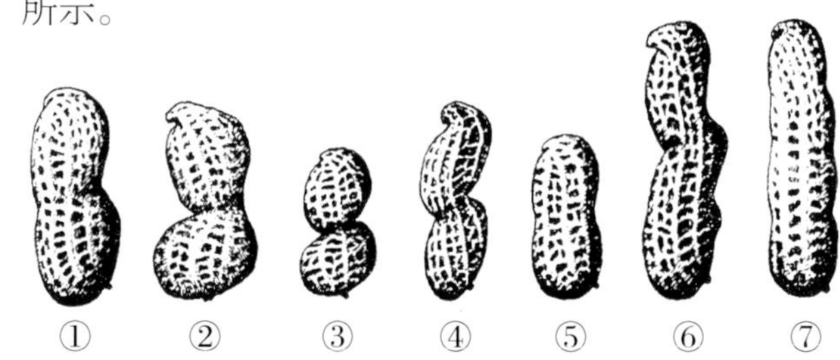

图 8　成熟饱满典型荚果的形状 [2]

①普通型；②斧头型；③葫芦型；④蜂腰型；⑤茧型；⑥曲棍型；⑦串珠型

● 荚果缢缩程度：晾晒入库期，籽仁含水量降至 10% 左右。目测代表性典型荚果缢缩程度，按图 9 进行分级。

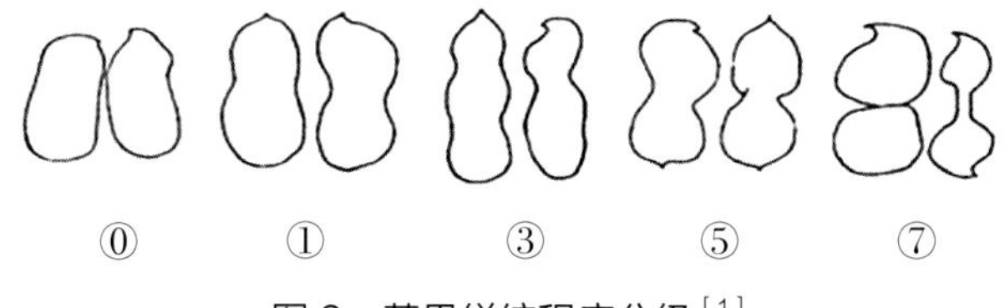

图 9　荚果缢缩程度分级 [1]

⓪无；①弱；③中；⑤强；⑦极强

● 荚果果嘴明显程度：晾晒入库期，籽仁含水量降至10%左右。目测代表性典型荚果果嘴明显程度，按图10进行分级。

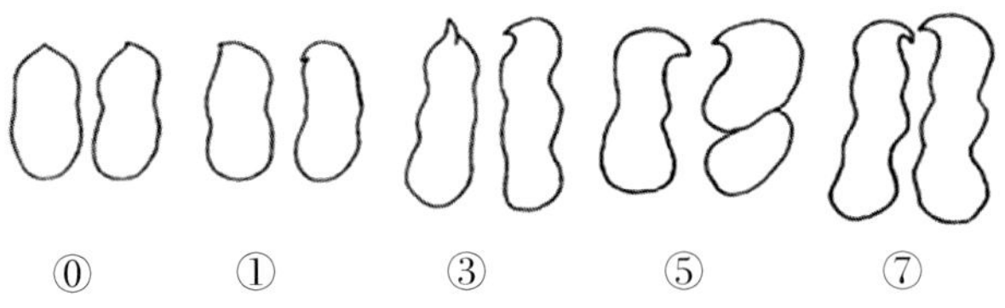

图10　荚果果嘴明显程度分级[1]

⓪无；①不明显；③一般明显；⑤明显；⑦非常明显

● 荚果表面质地：晾晒入库期，籽仁含水量降至10%左右。目测代表性典型荚果表面，按图11进行分级。

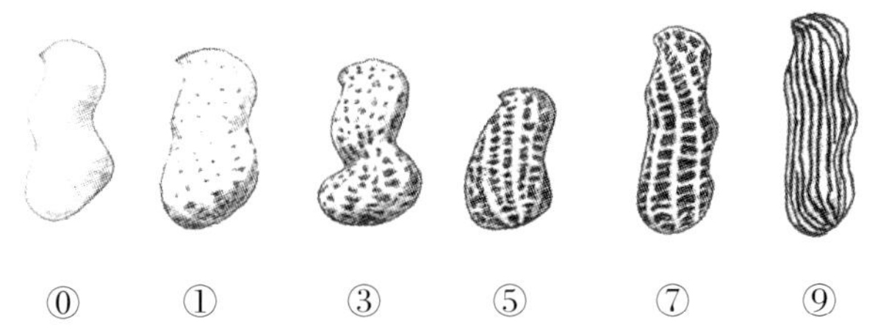

图11　荚果表面质地分级[2]

⓪无；①光滑；③中等；⑤粗糙；⑦非常粗糙；⑨竖纹

● 荚果果脊：荚果背脊状况，按图12进行分级。

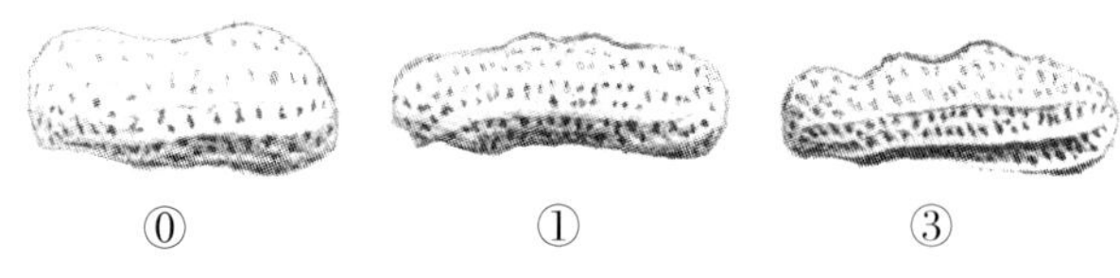

图12　荚果背脊状况分级[2]

⓪无；①中等；③明显

● 籽仁形状：成熟饱满荚果的种子形状如图13所示。

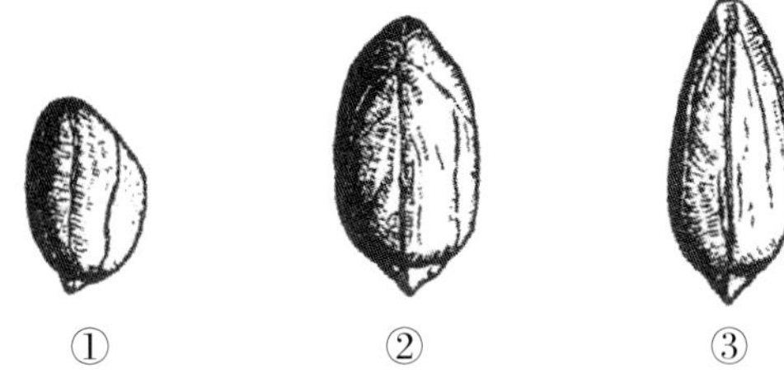

图13　籽仁形状不同类型[2]

①圆形；②圆柱形；③锥形

● 籽仁种皮颜色：晾晒入库期，籽仁含水量降至10%左右。目测代表性典型籽仁种皮外表颜色，按表4进行分级。

表4　籽仁种皮颜色分级[1]

性状描述	白色	黄白色	浅褐色	粉红色	红色	紫色	深紫色	黑色
代码	①	②	③	④	⑤	⑥	⑦	⑧
参考图片	①白色　③浅褐色　⑤红色　⑦深紫色　⑧黑色							

● 籽仁种皮裂纹：收获晒干后1个月内成熟种子的种皮完整性，分4种：0. 无；1. 少量；3. 中等；5. 多。

● 百仁重：晾晒入库期，取100粒成熟饱满完整无发芽的种子重量，重复2次，计算平均值，单位为g，精确到0.1g。

● 百果重：晾晒入库期，取典型成熟饱满荚果100个称重，重复2次，计算平均值，单位为g，精确到0.1g。

● 出仁率：晾晒入库期，称取500g花生干荚果，剥壳后称种子重量，计算出仁率，2次重复，计算平均值，以百分数表示，精确到0.1%。按下列公式计算：

$$H=\frac{S}{P}\times 100$$

式中：H—出仁率

S—种子重

P—荚果重

● 单株饱果率、秕果率和烂果率

单株结荚个数：随机抽取一株花生，所有的成熟荚果数。

单株饱果数：饱满的荚果数。

单株秕果数：粒仁不饱满的荚果数。

单株烂果数：霉烂的荚果数。

$$单株饱果率 = \frac{单株饱果数}{单株结荚个数} \times 100\%$$

$$单株秕果率 = \frac{单株秕果数}{单株结荚个数} \times 100\%$$

$$单株烂果率 = \frac{单株烂果数}{单株结荚个数} \times 100\%$$

品质特性

● 蛋白质含量：收获晒干的成熟饱满、无发芽、无破损、无病斑的完整花生种子 6 个月内，用 DA7200 近红外分析仪检测蛋白质含量。以百分数表示，精确到 0.01%。

● 粗脂肪含量：收获晒干的成熟饱满、无发芽、无破损、无病斑的完整花生种子 6 个月内，用 DA7200 近红外分析仪检测粗脂肪含量。以百分数表示，精确到 0.01%。

● 氨基酸总含量：收获晒干的成熟饱满、无发芽、无破损、无病斑的完整花生种子 6 个月内，用 DA7200 近红外分析仪检测氨基酸总含量。以百分数表示，精确到 0.01%。

● 油酸含量：收获晒干的成熟饱满、无发芽、无破损、无病斑的完整花生种子 6 个月内，用 DA7200 近红外分析仪检测油酸含量。以百分数表示，精确到 0.01%。

● 亚油酸含量：收获晒干的成熟饱满、无发芽、无破损、无病斑的完整花生种子 6 个月内，用 DA7200 近红外分析仪检测亚油酸含量。以百分数表示，精确到 0.01%。

● 油酸含量 / 亚油酸含量：花生油脂中油酸含量与亚油酸含量的比值。

● 硬脂酸含量：收获晒干的成熟饱满、无发芽、无破损、无病斑的完整花生种子 6 个月内，用 DA7200 近红外分析仪检测硬脂酸含量。以百分数表示，精确到 0.01%。

● 花生酸含量：收获晒干的成熟饱满、无发芽、无破损、无病斑的完整花生种子 6 个月内，用 DA7200 近红外分析仪检测花生酸含量。以百分数表示，精确到 0.01%。

● 二十四烷酸含量：收获晒干的成熟饱满、无发芽、无破损、无病斑的完整花生种子 6 个月内，用 DA7200 近红外分析仪检测二十四烷酸含量。以百分数表示，精确到 0.01%。

● 棕榈酸含量：收获晒干的成熟饱满、无发芽、无破损、无病斑的完整花生种子 6 个月内，用 DA7200 近红外分析仪检测棕榈酸含量。以百分数表示，精确到 0.01%。

● 山嵛酸含量：收获晒干的成熟饱满、无发芽、无破损、无病斑的完整花生种子 6 个月内，用 DA7200 近红外分析仪检测山嵛酸含量。以百分数表示，精确到 0.01%。

● 苏氨酸（Thr）含量：收获晒干的成熟饱满、无发芽、无破损、无病斑的完整花生种子6个月内，用 DA7200 近红外分析仪检测苏氨酸含量。以百分数表示，精确到 0.01%。

● 缬氨酸（Val）含量：收获晒干的成熟饱满、无发芽、无破损、无病斑的完整花生种子6个月内，用 DA7200 近红外分析仪检测缬氨酸含量。以百分数表示，精确到 0.01%。

● 赖氨酸（Lys）含量：收获晒干的成熟饱满、无发芽、无破损、无病斑的完整花生种子6个月内，用 DA7200 近红外分析仪检测赖氨酸含量。以百分数表示，精确到 0.01%。

● 异亮氨酸（Ile）含量：收获晒干的成熟饱满、无发芽、无破损、无病斑的完整花生种子6个月内，用 DA7200 近红外分析仪检测异亮氨酸含量。以百分数表示，精确到 0.01%。

● 亮氨酸（Leu）含量：收获晒干的成熟饱满、无发芽、无破损、无病斑的完整花生种子6个月内，用DA7200近红外分析仪检测亮氨酸含量。以百分数表示，精确到0.01%。

● 苯丙氨酸（Phe）含量：收获晒干的成熟饱满、无发芽、无破损、无病斑的完整花生种子6个月内，用DA7200近红外分析仪检测苯丙氨酸含量。以百分数表示，精确到0.01%。

● 组氨酸（His）含量：收获晒干的成熟饱满、无发芽、无破损、无病斑的完整花生种子6个月内，用DA7200近红外分析仪检测组氨酸含量。以百分数表示，精确到0.01%。

● 精氨酸（Arg）含量：收获晒干的成熟饱满、无发芽、无破损、无病斑的完整花生种子6个月内，用DA7200近红外分析仪检测精氨酸含量。以百分数表示，精确到0.01%。

● 脯氨酸（Pro）含量：收获晒干的成熟饱满、无发芽、无破损、无病斑的完整花生种子6个月内，用DA7200近红外分析仪检测脯氨酸含量。以百分数表示，精确到0.01%。

● 蛋氨酸（Met）含量：收获晒干的成熟饱满、无发芽、无破损、无病斑的完整花生种子6个月内，用DA7200近红外分析仪检测蛋氨酸含量。以百分数表示，精确到0.01%。

参考文献

[1] 刘洪，任永浩，2012. 花生新品种DUS测试原理与技术[M]. 广州：华南理工大学出版社.

[2] 姜慧芳，段乃雄，2006. 花生种质资源描述规范和数据标准[M]. 北京：中国农业出版社.